U0162289

梅文鼎全集

第三册

（清）梅文鼎 著
韓琦 整理

黄山書社

歷算叢書輯要卷十一

方程論

叙

古之君子不爲無用之學六藝次乎德行皆實學足以經世者也數雖居藝之末而爲用甚鉅測天度地非數不明治賦理財非數不核屯營布陣非數不審程功董役非數不練古人少而學焉壯而服習焉措諸政事工虞水火無不如志後世訓詁帖括之學興而六藝俱廢數尤鄙爲不足學一旦有民社之任會計簿書頭岑目眩與一握算不知顛倒自郡縣以至部寺之長往往皆然於是黠胥猾吏得起而操官府之權姦弊百出而莫能詰則亦不學數之過也古算經諸書多不傳九章諸術今人不能盡通由於學士大夫莫肯究心而賈人胥吏習其法而莫

能言其意近代惟西洋幾何原本一書詳言立法之故最爲精深其所用籌算亦最簡便然惟曆家習之世莫曉也吾邑有隱君子曰王寅旭先生深明曆理兼通中西之學余少嘗問歷焉知學曆必先學算於是粗通算術惜未竟學罷去今寅旭亡久矣余徧行天下求彷彿其人者而不可得歲丙寅過宣城始得梅子勿菴勿庵儒者學行純篤覃精曆學若干年洞見根底多所著述於數學尤鈎深索隱發前人不傳之秘蓋九章中最難明者無過勾股方程二事西人論勾股割圓之法詳矣方程則有所未盡於是勿庵著論六卷專明方程其於正負減併之數和較雜變之情帶分疊腳之術銖分縷析創例立法以盡天下無窮之變數學至此神矣妙矣不可以復加矣其見於文詞也

晦者使之明煩者使之約俗者使之雅質而文雜而有倫俾覽者因言以得數因數以知法因法以晤理洞然明白而不苦於難習庶幾數學復明而人多綜理練達之材其有裨于世豈淺尠哉夫得浮華之士百不如得實學之士一得詞賦之書百不如得傳世之書一使寅旭勿菴而見用於世高可爲杜預劉宴下亦不失爲洛下閎一行乃勿菴尙沉淪一經未知遭遇何如而其書則旣成矣可以傳矣吾獨悲寅旭遯世埋名坎壈憔悴以死著書僅有存者吾學不足以窺其深而力不足以表章之也其以勿菴爲地上之子雲可乎

康熙庚午孟春松陵潘耒撰

方程論自叙

方程於數九之一也何獨於方程乎論曰方程猶勾股也數學之極致故二以殿乎九今之爲數學往往覃思勾股而畧方程不寧惟畧抑多沿誤俻於闕矣數九而闕其一可以無論乎議者謂勾股測量用以知道里之修城邑之廣山之高水之深天地日月之行度若方程算術多取近用米鹽淩雜非其精且大是不然精觕小大人則分之而自一至九之數無分也且數何兆與當其未始有物之初混沌鴻濛杳冥恍惚無始無終無聲無形無理可名無數可紀乃數之根也是謂眞一眞一者無一也一且非一而況其分及其自無之有無一而忽然有一有一則有萬萬者一之萬也萬各其一一各其萬即萬即一環應無

端又孰從而精粗之小大之乎故果蓏之有理而星度齊觀理實同源數亦宜會苟未達此而侈言高遠遺乎目睫將日用之酬酢有外乎理數以自立者哉而二之也古者數學大司徒以備鄉之三物教萬民而賓興之其屬保氏掌之以教國子具曰九數未嘗右勾股於方程也雖然古之人以其進乎數者治數故用之簡易而言之約今欲於古學既湮之日出獨是以信衆疑使方程之沿誤皆正而九數闕而復全則意取共明固不敢謬託簡古以自文其疏愚之論乃不覺其複矣凡六卷論成於壬子之冬寫而成帙則甲寅之夏勿庵梅文鼎自識

方程論發凡

一方程立法之始

按周禮九數。一曰方田。以御田疇界域。一曰粟米。一作粟布。以御交質變易。一曰差分。一名衰分。以御貴賤廩稅。一曰少廣。以御冪積方圓。一曰商功。以御功程積實。一曰均輸。以御遠近勞費。一曰盈朒。一云贏不足。以御隱雜互見。一曰方程。以御錯糅正負。一曰勾股。一云旁要。以御高深廣遠。是則方程者九數之一。乃九章中之第八章也。通雅以九數爲周公之法。蓋自隸首作算數以來有九章。卽有方程。淵源遠矣。

一方程命名之義

方者比方也。程者法程也。程課也。數有難知者。据現在之數

以比方而程課之則不可知而可知卽互乘減併之用

一方程殘缺之故

按七十子身通六藝則九數在其中自漢以後史稱卓茂劉歆馬融鄭玄何休張衡皆明算術唐宋取士有明算科六典算學十經博士弟子五年而學成宋大儒若邵康節司馬文正朱文公蔡西山元則許文正王文肅莫不精算然則算學之疏乃近代耳

夫數學一也分之則有度有數度者量法數者算術是兩者皆由淺入深是故量法最淺者方田稍進爲少廣爲商功而極於勾股算術最淺者粟布稍進爲衰分爲均輸爲盈朒而極於方程詳見五卷方程能御雜法方程於算術猶勾股之於量法皆其

最精之事不易明也而算學無關進取皆視為賈人胥吏之事而不屑從事又其用近小但於方田粟布取之亦無不足故近代諸刻多不具九章其列九章者不過寥寥備數學者雖欲推明古法孰從而求之此方程殘闕之由也

一方程謬誤之故

方程勾股皆不為近用所需然勾股測望自昔恒有專書近者西學驟興其言勾股尤備故九章所載雖簡而不至大謬至若方程別無專書可證所存諸例又為俗本所亂妄增歌訣立為膠固之法印定後賢耳目而方程不復可用竟如贅疣周官九數幾缺其一愚不自揆輒以管窺之見反覆推論以明之務求其理衆曉而不疑於用庶不至謬種流傳以亂

古法云爾。詳第四卷刊誤。

一　方程條件與舊不同之故

舊傳方程分二色為一法。三色為一法。四色五色以上為一法。頭緒紛然。而和較之分欵未清。法無畫一。所立假如僅可施之本例。不可移之他處。然如此。則為無用之法。而方程一章為徒設矣。竊以古人立法。決不如此。今按方程有和有較。有兼用和較。有和較交變。約法四端。已盡方程之用。不論二色三色以至多色。其法盡同。正不必每色立法。反滋紛擾也。然惟如此。則有定法。而方程為有用。且其用甚多。竊以古人立法。必當如此。夫古人往矣。愚生千載之下。蓬戶山居。耳目局隘。不能盡見古人之書。亦何以斷其然哉。夫亦惟是反之心而無疑。措之事而可用。則此心此理之同。庶可共信。非敢好爲新奇以自炫也。天下大矣。鄴架藏書。豈無足考。倘冀博雅好古君子。惠示古本。庶有以證明其說。而廣其所未知。則所深望已。詳見第一卷及第四卷刊誤。

一方程以論名篇之故

算學書有例無論。則不知作法根源。一再傳而多誤。蓋由於此。本書欲明算理。故論多於例。每卷之首。皆有總論以爲之提綱。然後舉例以實其說。卽假如也。而例中或有疑似之端。仍各有說以反覆申明之。令覽者徹底澄清。無纖毫之凝滯。凡爲論者十之七。而例居其三。以論名篇。著其實也。

一方程例有詳畧可以互明

既欲推明其理則無取夸多故首卷和較雜變四端不過數例意在假此例以發吾論但求大義曉暢更不繁引多例以亂人思其後數卷舉例稍繁然每設一例即明一義務求委曲盡變庶令用者不疑前詳者後必畧前畧者後乃詳更無重複細觀自見

一方程著論校刻緣起

鼎性耽苦思書之難讀者恒廢寢食以求之必得其解乃已有未能通則耿耿胸中雖歷歲時未敢忘也算數諸書尤性所嗜雖隻字片言亦不敢忽必一一求其所以然了然於心而後快竊以方程算術古人既特立一章於諸章之後必有精理而中西各書所載皆未能慊然於懷疑之殆將二紀歲

壬子。拙荊見背。閉戶養疴。子以燕偶有所問。忽觸胸中之意。連類旁通若千門之乍啟。亟取楮墨。次第錄之。得書六卷。於是二十年之疑。渙然氷釋。然後知古人立法之精深。必非後世所能易。書雖殘缺。全理具存。苟能精思。必將我告。管敬仲之言不予欺也。

論成後。冀得古書爲徵而不可得。不敢出以示人。惟亡友溫陵黃俞邰太史。桐城方位伯廣文。豫章王若先明府。金陵蔡璣先上舍。曾鈔副墨。而崑山徐揚貢明府。攜李曹秋岳侍郎。姚江黃棃洲徵君。頗加鑒賞。厥後吳江潘稼堂太史尤深擊節。歲丁卯。薄遊錢塘。同里阮於岳鴻臚。付貲授梓。屬以理裝北上。未遂殺青。續遇無錫顧景范北直劉紀莊二隱君。嘉禾徐敬可先輩朱竹垞供奉淮南閻百詩寧波萬季野兩徵士於京師並蒙印可又得中州孔林宗學博杜端甫孝廉錢塘袁惠子文學共相質正乃重加繕錄以爲定本謬辱安溪李大中丞厚菴先生下詢歷算命之論撰以質同人獲與介弟安卿孝廉晨夕酬對承其謬賞玆編錄副以歸手校剞劂視余稿本倍覺清明嚮使湖上匆劇雕板反不能如是之精良矣感書成之非偶驚歲月之易流而良朋好我之殷受益弘多更僕難數爰玆畧記以誌不忘

方程論目錄

刊誤

立負之誤　加減之誤　法實之誤　併分母之誤

設問之誤

方程論五　卷之十五

以方程御雜法原係第六今移置第五

方程論六　卷之十六

測量原係第五今移置第六

按測量原在雜法之前但測量非方程事雖略具所兼而非其粹先君固已言之矣故移置於卷末孫穀成敬識

歷算叢書輯要卷十一

宣城梅文鼎定九甫著

男　以燕正謀甫學

孫　瑴成循齋甫　玕成肩琳甫　重校錄

曾孫　鈖二如甫　鈁導和甫　同校字

方程論一

正名

名不正則言不順。諸本方程。皆以二色三色四色等分欵立法。而不分和較。宜其端緒糾紛。而說之滋謬也。故先正其名。正名有四。一和數。二較數。三和較雜。四和較交變。和者無正負。如只云某物如干。某物如干。共價如干。以問每物各價者是也。較者有正負。如云以某物如干與某物如干相較。多價如干。或少價如干。或相當適足者是也。雜者半有正負半無正負。如一行云某物某物各如干。共價如干。而其一行則又云以某物如干較某物如干。差價如干。或價相當適足者是也。變者或先無正負而變爲有正負。或先有正負變而無正負。三色以徃。重列減餘。兼用兩行者是也。

總論曰。萬算皆生於和較。和較可以御萬算。分合之義也。萬物之未形。一而已矣。一且未有。況萬乎。及其有也。有一則有二。有二則有三。自此以至於無窮。而數生焉矣。和者諸數之合也。較者諸數之分也。分則有差。故謂之較。較與和相求而法立焉矣。故一與一和則二也，一與二和則三也，一與二之較一也，一與三之較二也。萬算雖多，準此矣。故和較者萬算之綱也。算之用至於勾股、方程至矣盡矣，窺高致遠，探賾窮幽，無所不備，然其用不出於和較。且以方程言之，凡方程列位，皆以下位爲之端，如所列下一位爲上中兩位之總價則和也，若下一位爲上中兩位相差之價則較也。較故分正負，和故不分正負。雖不立正負，然必以兩和互乘對減以得其差，然後其數可得而知矣。故三色以往，先無正負者有時而正負立焉。故方程之法，以和求較而已矣。較者易知，和者難知。和之中有較，較之中又有較，此萬數之所由生，萬法之所由起。

和數方程例

方程用互乘對減。與差分章貴賤相和法同。但貴賤相和有總物總價。又有每物每價。不過以帶分之故。難用匿價分身。而變爲換影之術耳。方程則有總物總價。而無每數。又有三色四色以至多色。頭緒紛然。自非遍減。何以取之。此古人別立一章之意也。

用法曰。二色者任以一色列於上。以一色列於中。以總價列於下。於是以列上者爲乘法。左右互乘。又互遍乘中下。得數左右對減。其上一色必兩相若而減盡。其中一色對減。必有相差之數。下價對減。亦必有相差之數。數相差。則減不能盡。於是取其餘數以爲用。一爲法。一爲實。以法除實。而得中一色每價。乃以中價乘原列中物。得中物總價。以中物總價減原列兩色之總價。得上物總價。以原列上物除之。得上一色每價。若更以中一色列於上。依法求之。亦先得上一色價矣。故上中之位可以互更也。詳見後。

假如有山田三畝。塲地六畝。共折輸糧實田四畝七分。又有山田五畝。塲地三畝。共折實田五畝五分。問田地每畝折實科則各如干。答曰每山田一畝。折實田九分。每地一畝。折實田三分畝之一。

法各列位

	上	中	下
右	上田三畝 得十五畝	地六畝 得三十畝	折實田共四畝七分 得廿三畝五分
左	上田五畝 得十五畝	地三畝 得九畝	折實田共五畝五分 得十六畝五分
	減盡	餘廿一畝	餘七畝

先以右上田三畝爲法。遍乘左行得數。次以左上田五畝爲法。遍乘右行得數。上位各得田十五畝對減盡。中位左得地九畝。去減右行卅畝。餘地廿一畝爲法。下位左折田得十六畝五分。去減右行廿三畝五分。餘折田七畝爲實。以法除實。不滿法。約爲三之一。爲地每畝折實田之數。地一畝折田三分三釐三毫不盡。即地三畝折田一畝也。就以右行折實田共四畝七分。內減原地六畝折實田二畝。餘二畝七分。以右上田三畝除之。得九分。爲田每畝折實之數。或以左行折田內。減左原地三畝。該折實田一畝。餘四畝五分。以左上田五畝除之。亦得九分。爲田每畝折實之數。

論曰。以右上田三畝遍乘左行得數。是各三之也。爲五畝田者三。爲三畝地者三。則爲田地共折實五畝五分者亦三也。

以左上田五畝遍乘右行得數。是各五之也。爲三畝田者五。爲六畝地者五。則爲田地折實共四畝七分者亦五也。於以對減。而上位田各十五畝減而盡。則其數同也。惟中位地餘二十一畝在右行。則是右行之地多於左行之地二十一畝也。而下位折實數亦餘七畝在右行。則是右行折實之數亦多於左行折實之數七畝也。合而觀之。此所餘折實七畝者。正是餘地二十一畝之所折也。

此以田地問折數。故以地二十一畝爲法。折七畝爲實也。若以折數問原田地。則以折七畝爲法。地二十一畝爲實。法除實得每折一畝原地三畝。於是以右地六畝折二畝減折田四畝七分。餘二畝七分爲法。除右田三畝。得每折一畝原田一畝又九分畝之一。卽一分一釐一毫一一不盡也。

若更置以地列於上。則先得田折數如後圖

	上	中	下
右	地六畝（得十八畝）	田三畝（得九畝）	折實田共四畝七分（得十四畝一分）
左	地三畝（得十八畝）	田五畝（得三十畝）	折實田共五畝五分（得三十三畝）
	減盡	餘廿一畝	餘十八畝九分

先以左上地三畝。遍乘右行得數。

次以右上地六畝。遍乘左行得數。　上位各得地十八畝。對減盡。　中位左得田三十畝。內減去右得九畝。餘二十一畝爲法。　下位折田左得三十三畝。內減去右得十四畝一分。

餘十八畝九分爲實。以法除實。得九分。爲田每畝折畝數。

就以右田三畝折二畝七分。減右折實共四畝七分。餘二畝。以右上地六畝除之。不滿法。命爲三分畝之一。爲地每畝折實數。或於左行折實五畝五分內。減去左田五畝。該折四畝五分。餘一畝。以左地三畝除之。亦得地折實每畝三之一。

論曰。以右上地六畝遍乘左行。是各六之也。爲三畝地者六。爲五畝田者六。爲地三畝田五畝之折實田共五畝五分者亦六也。以左上地三畝遍乘右行。是各三之也。爲地六畝者三。爲田三畝者三。爲地六畝田三畝之折實共四畝七分者亦三也。以之對減而地在上位者。各十八畝。既對減而盡。則其各十八畝之折實在折實共數中者。亦必對減而盡也。田在中位者。既對減去九畝。而僅餘左行之二十一畝。則其各九畝之折實在共數中者。亦必對減而盡也。由是以觀。則其所餘之左下折田十八畝九分。正是左中餘田二十一畝之所折也。故以餘田二十一畝爲法。而以餘折田十八畝九分爲實。卽田之折數可知。知田數。知地數矣。

若以折問田地。則一十八畝九分折爲法。二十一畝田爲實。實如法而一。得每折一畝。原田一畝又九分之一。於是以分毋九通右行田三畝。得二十七分。而以一畝又九分之一共一十分爲法除之。得二畝七分。以減共折四畝七分。餘折二畝。以除右地六畝。得每折一畝。原地三畝。以上二色例也。三色四色以至多色。

凡和數者皆同。但須重列減餘以求之。今不悉具。於後諸條中詳之。

較數方程例

凡較數方程分正負之價。與盈朒畧同。但盈朒章有盈朒。又有出率。方程則但有總物與盈朒而無每出之率。又兼數色。所以不同。又盈朒者是有每率而不知總。所言盈朒適足是總計所出以與原立總價相較之數也。方程正負則是兩總物自相較之數。若不立正負。則下價之與上物。不知其孰爲同異矣。此正負之法異於盈朒也。負與正對。所以分別同異。蓋對數之所餘。即正數之所欠。故謂之負。與負責之負略相似。老子言萬物負陰而抱陽。蓋正即正面。負即反面也。開方法有負隅。言隅之空隙也。郭太史曆經三差法。有負減。言反減也。本於平差內減去立差。今立差反多於平差。故於立差內反減平差。是爲負減。兼此數端。而正負之義可見矣。

法曰。任以一色爲正。則以相當之一色爲負。此據二色者言之。三色以上。或以一色與多色相當。或以多色與多色相當。其法皆同二色。正物之價多為正價。負物之價多為負價。正與負為異名。異名相併。正與正負與負為同名。同名相減。

首位同名者。仍其正負不變。首位同數同名。即可減去。此正法也。

首位異名者。變其一以相從。首位亦同數。但不同名。故變一而同之。則亦同數同名而可減盡矣。首位既變。則其行內皆從而變。此通法也。蓋必如是。則同減異加。始歸畫一。而於和較交變之用。尤便也。

其法皆於互乘時。以得數變之。蓋減併只用得數也。只變一行。其相對之行不必再變。二色三色以至多色並同。何也。三色以上行數雖多。而乘併之用。皆以各相對之一行論同異。即同二色之理。

論曰。和數方程有減無併。皆同名故也。較數方程有減有併。或同名或異名也。減併者方程之綱要，正負消則同異之名混，而減併皆失矣。今諸本所言正負同異，誃離舛錯，雖加減得數，皆偶合耳。西人論勾股三角八線割圓幾何原本，可謂詳密矣。至方程增立諸率，亦復草草，未窮其故也。

用法曰：以一色列於上，以相當之一色列於中，任以一色爲主而分正負。此亦以二色爲例。三色以上，皆以兩相當者主其一以分正負，皆與二色法同。以兩色相較之價列於下，以正負爲主而分同異。或正物所多之價，命之爲正；或正物所少之價，命之爲負；正物之所少，卽負物之所多。或正物負物之價兩相若，命之適足，則空位列之。亦以列上位者爲乘法，左右互乘，遍乘中下，以首位爲主而變正負。得數對減，其上一色必數相若，且又同名，而減盡中一色與下價或同名或異名異名者併之同名者對減取其減併之數以爲用一爲法一爲實以法除實得中一色每價以原列中物乘之得中物總價以與原列下價同名相減異名相併得數以原列上物除之得上一色每價其上中亦可互求

假如以硏七枚換筆三矢硏多價四百八十文若以筆九矢換硏三枚筆多價一百八十文問筆硏價各如干

答曰筆每矢價五十文　硏每枚價九十文

法各列位

	上	中	下
右	硏正七 得負二十一	筆負三 得正九	價正四百八十 得負一千四百四十
左	硏負三 得負二十一	筆正九 得正六十三	價正一百八十 得正一千二百六十
	減盡	減餘五十四	併得二千七百

先以左行研負三遍乘右行得數。首位異名，須變一行以相從，故研正變爲負，筆負變爲正，價正變爲負，皆於得數變之。

次以右行研正七遍乘左行得數。右行既變，則左行不必再變，故研負筆正價正皆仍舊。

於是以上研各負二十一同名相減盡。次以中筆兩正同名相減，餘五十四爲法。再以下價左正右負異名相併，得二千七百爲實。以法除實，得五十文爲筆價。以左行筆正九乘筆價，得四百五十，內減同名價正百八十，餘二百七十，以左研負三除之，得九十爲研價。或以右筆負三共價一百五十，加異名價正四百八十，共六百三十，以右研七除之，亦得研價九十。

論曰左行原是九筆多於三研一百八十文乘後得數則是六十三筆多於二十一研共一千二百六十文也右行原是七研多於三筆四百八十文乘後得數則是九筆少於二十一研一千四百四十文也於是以兩行得數較之上位研負二十一兩行盡同研之數同則其價亦同惟中位筆數左行多五十四枝則是左行筆多價一千二百六十文者以多此五十四筆而右行筆少價一千四百四十文者以少此五十四筆也夫右行筆價原少於二十一研者一千四百四十文以左行多五十四筆而反多於二十一研者一千二百六十文是此五十四筆既補却右行之所少而仍多此數也故併右行之所少與左行之所多共此二千七百以爲五十四筆之

價知筆價知研價矣。

若先求研價者。以研列中爲除法。以筆列上爲乘法。如後圖。

問者或云筆三矢換研七枚。少價四百八十文。又有研三枚以換筆九矢。少價一百八十文。則其下價爲兩負。四百八十是筆少於研之價。一百八十是研少於筆之價。

右筆正三得負二十七　研負七得正六十三　價負四百八十得正四千三百二十

減盡　餘五十四　併四千八百六十

左筆負九得負二十七　研正三得正九　價負一百八十得負五百四十

先以左行筆負九徧乘右行得數。首位異名。宜變一行。故其正負皆更之。

次以右行筆正三徧乘左行得數。故右變則左不變。正負皆仍之。

於是以得數較其同異而爲之減併。　筆各負二十七同名減盡。研正同名相減。餘五十四爲法。　價正負異名併得四

千八百六十爲實　實如法而一得九十爲研價　以研價乘左正研三得二百七十異加價負一百八十共四百五十以左負筆九除之得五十爲筆價或以右研七價六百三十與價四百八十同減餘一百五十以筆三除之亦得筆價五十

論曰左行原是研三少於筆九者一百八十文乘後得數則是九研少於二十七筆者五百四十文也　右行原是三筆少於七研者四百八十文乘後得數則是六十三研多於二十七筆者四千三百二十文也

夫兩行筆皆二十七則其價同也而右行研價多於筆四千三百二十文左行研價反少於筆五百四十文是兩行研價

相差者共四千八百六十文也。推求其説，則只是兩行中相差五十四研之故也。故減去相同之筆，用此相差之研以除此相差之研價，而每研之價可知矣。

若如難題所列，以研爲正，筆爲負，問者當云：以七研換三筆，研多價四百八十；以三研換九筆，研少價一百八十文。則價右正左負。難題係書名。

右研正七　共正二十一　筆負三　負九　價正四百八十　正一千四百四十

減盡

左研正三　共正二十一　筆負九　負六十三　餘負五十四　價負一百八十　負一千二百六十　併得二千七百

左右研正遍乘得數，其正負皆不變。首位本同名，故研減盡，筆餘五十四爲法，價異併二千七百爲實，法除實得筆價，以次得研價如前。

若以筆爲正，研爲負，則其價右負左正。

右筆正三　正二十七　研負七　負六十三　價負四百八十　負四千三百二十

左筆正九　正二十七　研負三　負九　價正一百八十　正五百四十

減盡　減餘五十四　倂得四千八百六十

依法先得研價如第一圖。

以前四圖或以筆為正或以筆為負。或以研為正或以研為負。或以價為兩正或以價為兩負或以價為一正一負。其所呼正負之名無一同者。要其為同異加減之用則一也。

試以一行中同異言之。其左行之價必與筆同名何也。左行之價乃筆多於研之數也。故與筆同名而與研異名也。其右行之價必與研同名何也。右行之價乃研多於筆之數也。故與研同名而與筆異名也。

試以兩行中同異言之。其上位皆減盡。其中位皆相減為法。

其下價皆相併爲實。其減也皆以同名。其併也皆以異名。

此下價異併例也。

假如有大小餘勾不知數。但云倍小餘勾以當三大餘勾。則不及一丈五尺三寸。若倍大餘勾。則如七小餘勾。

答曰大餘勾六尺三寸。　小餘勾一尺八寸。

法以正負列位

右小餘勾二正　負十四　大餘勾三負　正十二　負一丈五尺三寸　正丈〇七尺一寸

減盡　減餘十七

左小餘勾七負　負十四　大餘勾二正　正四　適足

先以左小餘勾負七徧乘右得數。首位異名宜變以相從。故小勾變負。大勾下負數皆變正。

次以右小餘勾正二徧乘左得數。右行既變。則此行不變。下適足無乘。亦無正負。

乘訖乃較之。小餘勾各十四同減盡。大餘勾同減餘一十七爲法。下正數十丈零七尺一寸無對不減就爲實。以法除實得六尺三寸爲大餘勾。乃置左行二大句該一丈二尺六寸。以左行相當適足之七小句除之。得一尺八寸爲小餘勾。或用右行三大句該一丈八尺九寸。以同名負一丈五尺三寸減之。餘三尺六寸。以右行二小勾除之。亦得一尺八寸。合問。

論曰以左小句偏乘右。是各七之也。爲小句二大句三者七。其相較之數亦七也。以右小句偏乘左。是各二之也。爲小句七大句二者二。其相當適足者亦二也。但以首位必同名。然後可減。故以右小句正變而爲負。以從左名也。小句變爲負。則所與相較之大句不得不變而正矣。於是小句同減盡。

大句同名減去四。餘右行正十七。下較數無減。仍餘十丈。七尺一寸。然則此所餘者。正是減餘大句之數矣。何也。小句十四左右皆同。若只如左行四大句則與小句相當適足矣。而今右行獨餘此較數者。非以右多十七大句之故乎。

試以大句列於上。則先得小句如後圖。

右大句正三　負六　小句負二　正四　正一丈五尺三寸　負三丈○六寸

減盡　餘左十七

左大句負二　負六　小句正七　正廿一　適足無乘

如法左乘右。更其正負。　右乘左。仍其正負。　大句同減盡。

小句同減。餘正一十七。在左行爲法。　下較數負三丈。六寸。在右行無對不減。就用爲實。以法除實得一尺八寸爲小句。　就以左行小句七。該一丈二尺六寸。以左相當適足之大句二除之得六尺三寸爲大句。或於右行正一丈五尺三寸。加異名小句負二該三尺六寸。共一丈八尺九寸。以右大句三除之。亦得六尺三寸。

論曰。左行原是小句七。以當大句二適足今以右大句乘而各三之。則是小句二十一以當大句六而亦適足也。右行原是大句三。以當小句二而大句多一丈五尺三寸今以左大句乘而各二之則是大句六以當小句四而多三丈〇六寸也。以兩行之得數較之大句既減盡惟左行之小句餘一十七。則是左行得數所以相當適足者以多此十七小句之故而右行小句得數小於大句三丈〇六寸者以少此十七小句之故也。然則此三丈〇六寸者正是十七小句之數也。

依此論。可見左行之所多。卽右行之所少。故左行名正者。用於右行卽爲負。而隔行之異名卽爲同名。

此下較無減例也。

假如有大小方積不知數。但云一大方積以當二小方積。多數八十九。若以三大方積當七小方積。仍多二百五十一。

答曰大方積一百二十一。　小方積一十六。

法以正負列位。

右大積正一　小積負二　正八十九

左大積正三　小積負七　正二百五十一

（得正三　減盡　負六　餘一　正二百六十七　餘一十六）

先以右大積一。徧乘左行皆如原數。　次以左大積三徧乘右行得數。首位同名。故兩行正負皆不變。　大積同減盡。　小積同減餘一爲法。較數同減餘一十六爲實。　法除實。仍得一十六爲小積。　以右行小積負二該三十二。加異名正八十九。共一百二十一爲大積。或以左行小積負七該一百一十二。加異名正二百五十一。共三百六十三。以左大積三除之。亦得一百二十一爲大積。

論曰。左行原是大積三多於七小積者二百五十一。乘後得數亦同。　右行原是大積一多於二小積者八十九。乘後得數。則是大積三多於六小積者二百六十七也。　於是以兩行之得數對擞。其大積既減盡。惟小積左行餘負一。其下較數則右行餘正十六。夫此十六數者與大積同名。是右行大積之數也。右行少一小積而大積之盈數多十六。左行多一小積而大積之盈數少十六。然則此十六數者正是此一小積之數矣。若以小方積爲正。則其下較數爲兩負。皆小積所少之數也。故皆爲負。

右小方積二正　正一十四　　大積負一　負七　　減餘一　負八十九　負六百二十三　　減餘二百廿一

減盡

左小方積七正　正一十四　　大積負三　負六　　負二百五十一　負五百〇二

依法偏乘對減。餘大積一爲法。餘負一百二十一爲實。法除實不動。就以一百二十一爲大積。右大積一該一百二十一同名減負八十九。餘三十二。以小積二除之。得一十六爲小積。

此是右行多一大方積。故多一同名之數一百二十一。同在一行。易知不須重論。

以上二圖正負所呼迥異。然所同者兩行之較數。皆與大方積同名。何也。皆大方積多於小方積之數。故與大方積同名。而與小方積異名也。

此下較同減例也。

總論曰。凡較數方程原列較數。是本行中正與負之較也。其乘後得數同減異加而得者。則是兩行中正與正之較。或負與負之較也。故本行中以異名相較。而兩行對減或加。是以兩行之同名相較。

假如原列較數與正物同名。是正多於負之較也。若列較與負同名。是負多於正之較也。故曰本行中異名相較也。

假如乘後得數而兩行之較數皆與正物同名。則兩較亦自同名。乃以之對減而餘在一行。則知此一行正物必多於對行之正物。而其所多之數。即如此所餘之較數矣。

假如兩行較數皆與負物同名。則兩較亦自同名。以之對減而餘在一行。則知此一行負物。必多於對行之負物。而其所多之數。正是此所餘之較數矣。此同名相減之理也。

假如右行較數與正同名。而左行較數却與負同名。則一是正多於負之數。而一是負多於正之數也。夫正與負原相待。負多於正之數。卽正少於負之數也。於是用異名相加法。以左行負多於正之數。變爲正少於負之數。以相併。則知右行之正數。必多於左行之正物。而其所多幾何。正是此兩較之併數矣。此異名相加之理也。

合同減異。併而觀之。總是兩行中同名相較也。

又論曰。較數方程。以兩相較而爲用。雖有三色四色乃至多色。其相較也必兩。此正負所由立也。立正負以别同異。猶彼我也。夫彼我者豈有一定之稱哉。以此爲正。則以彼爲負。若以彼爲正。則此反爲負矣。正負之相呼。猶彼我之相視也。故曰無定。雖然無定者正負。有定者同異。其無定者在未立正負之先。其有定者在既立正負之後。既以一爲主。則同乎此者皆同名。異乎此者皆異名矣。是故無定而實有定也。

今試以所列方程最下位觀之。其言正負者必上物之較數也。不言正負者必上物之和數也。較數有盈有朒有適足和則否。

假如下價盈。則爲正。正與正同名。試於正物價之中減去下同名正價之盈。則所餘之價。必與負物之價相當矣。　正與負異名。試又取上負物之價以加下異名正價。則又必與正物之價相當矣。

假如下價朒則爲負。正物之朒負物之盈也。負與負同名。試於負物價之中。減去下同名負價。則所餘之價必與正物之價相當矣。負與正異名。試又取上正物之價以加下異名負價。又必與負物之價相當矣。

假如下價適足空位無盈朒。則其上正負物價必自相當。

又論曰。正負之術。分別同異。全在有交變之法以通其窮。要其爲用。惟在使兩行之首位同名而已。何也。方程以互乘遞減立法。每乘一次。卽減去一色。然惟和數則一乘之後卽可對減。若較數則有同數而不同名之時。若不減首位卽不成方程。若徑以異名而減。勢必以同名而併。法不畫一。而於後條和較交變之時益混淆而難用故以法變之使首位之同數者無不同名而仍爲同名相減焉首位既以同名減則凡減者皆同名凡併者皆異名而其法畫一矣故首位既變則行內之正負皆變何也從首位也行內之正負既皆從首位而變由是而原與首位同名者皆與隔行之首位同名也原與首位異名者卽與隔行之首位異名也如此則隔行之同減異併亦清矣正負猶陰陽也各行中各有正負猶兩儀之生四象也乘而交變猶剛柔相推而生變化也隔行之正本行以爲負隔行之負本行以爲正眞陰眞陽互居其宅也同名相減者陰陽之偏不得其配也異名相併者陰陽得類雌雄相食也是皆有自然之理焉可以思古人立法之原矣

以上亦以二色者舉例。三色以上乃至多色。正負之用尤顯。詳具諸卷中。茲不贅列。然其理著矣。

和較相雜方程例

方程之用以御隱雜。妙在雜與變。知其雜則雜而不亂矣。知其變則變而不失其常矣。諸書所論胥未及此。故求之甚詳。去之愈遠也。

用法曰。凡方程和較雜者。和數從和法列之。不立正負。　較數從較法列之。明立正負。　其偏乘得數。後在較數行中者。仍其正負之名。在和數行中者。皆變從乘法之名。和數原無正負。則無可變。但乘後得數。取其與較數之首位同名而已。首位既同名。下不得不同名矣。

凡兩較者。下價或有減有併。而中物只同減。若一和一較者。下價亦有減有併。而中物皆異併。此以兩色言之。三色以上。

隨數通變。皆以同異名御之。

假如有大小句不知數。但云三其大句。倍其小句。共二丈三尺。若倍大句。則如六小句。問若干。

答曰大句九尺。　小句三尺。

法以一和一較列位。適足者以相較而得名。即同較義。

右大句　三　得正六　　小句二　得正四　　併得二十二　共二丈三尺　得正六丈六尺

減盡

左大句正二　得正六　　小句負六　得負一十八　　適足空

右行和數也。不立正負。　左行較數也。明立正負。

右乘左而三之。和乘較也。故其正負皆如故。

左乘右而二之。較乘和也。故得數皆爲正。從乘法之名也。

如法遍乘訖。以兩行對勘。　大句同名相減盡。　小句異名相併得二十二爲法。正數六丈六尺無減就爲實。法除實得三尺爲小句。以左行小句六共一丈八尺爲實以大句二爲法除之得九尺爲大句。或於右行共三丈三尺內同減小句二共六尺餘二丈七尺以大句三除之亦得九尺。

論曰。右行大句三小句二共三丈三尺乘後得數則是六大句四小句共六丈六尺也。左行大句二小句六其數相當乘後得數則是六大句十八小句亦相當適足也。於以對減而兩大句同減盡則其數同也而右行正數猶有六丈六尺左則無有其故何也右行正數中有小句四而左則無且不惟無之而已其相對之負數反有十八小句焉是左行正數又自除却十八小句之數也右行正數多四小句左行正數又自除却十八小句。則是右行正數之多於左行正數者。二十二小句也。故併此二十二小句爲右行所多之正物。其六丈六尺則右行之正數也。以正物除正數而小句可知。知小句。知大句矣。

又細考之。六大句合四小句。共六丈六尺。則以與六大句相當之十八小句合四小句。亦必六丈六尺也。此亦西儒比例之理。而以同異名盡之。可見古人用法之簡快。

試題列之。以小句居上。則先得大句亦同。

右小句二 得負十二　大句三 得負十八　共三丈三尺 得負十九丈八尺

左小句負六 得負十二　大句正二 得正四　併二十二　適足

減盡

先以右小句二徧乘左行得數。和乘較也。故仍其正負。

次以左小句六徧乘右行得數。較乘和也。故皆命爲負。與乘法同名。兩小句同減盡。　兩大句異併二十二爲法。　負數十九丈八尺無減。就爲實。法除實得大句九尺。　以右行大句三該二丈七尺減共三丈三尺餘六尺。以小二句除之得小句三尺。

論曰小句互乘之後則其數同也。小句數同則負數亦同而右行之負數獨有十九丈八尺。左則無有者。以右之負數中有大句十八而左則無。不惟無也。其所對之正數中反有大句四。是左行負數中又原少四大句也。右負數多十八大句。左負數少四大句。是右之負數多於左之負數者共廿二大句也。然則右之負數獨有此十九丈八尺者。正是此二十二大句之數也。此和數與適足借也。

假如有江湖兩色船載物不知數但云江船五以較湖船一則江船多二千八百石江船三湖船五則共載二千八百石問船力若干。答曰江船六百石。湖船二百石。

法以一和一較列位

	江船	湖船	載物
右	正五　得正十五	負一　得負三	正二千八百　得正八千四百
左	三　得正十五	五　得正二十五	共二千八百　得正一萬四千
	減盡	并二十八	減餘五千六百

如法左右徧乘得數。

江船同減盡。湖船異并二十八為法。載物同減餘五千六百石為實。法除實得二百石為湖船數。以湖船數加右行異名正二千八百共三千石以右江船五除之得江船

數六百石（或以湖船五共一千石同減左行二千八百石餘一千八百石以左江船三除之亦得六百石）

論曰偏乘後江船數同則其載數亦同今以兩正數相減而左多五千六百者以左正數中有湖船二十五而右則無不惟無也其所對之負數中反有湖船三是右行正數中又自少三湖船也左多二十五右少三是左正數多於右數者共二十八湖船也然則左之正數獨多五千六百者正此二十八湖船之數也

此和數借一正也負亦同

和較交變方程例

凡方程三色以上以減餘重列則有和變較較變和者不可不察也　若非和較之雜則二色方程之中物有減無併矣若

非和較之變則三色四色方程和數者有減無併矣夫和數較數非自我命之名也其下價之爲和爲較不可誣也

用法曰和變較者但和數減餘有分在兩行者兼而用之卽變較數也　和旣變較卽以較數法列之其法以一行之餘數命爲正以一行之餘數命爲負　其下餘價以與中位餘物同在一行者卽爲同名從其正負而命之　若下價減盡無餘者命爲適足

若減餘只在一行者無變也只用和數法

較變和者但視較數減餘或有一行內皆正或皆負者卽變和數也卽如和數法列之不立正負（其較數異併者以一行爲主而以隔行之異名從本行爲同名）

若減餘行內有正負者無變也。只用較數法。

若有兩異併而一位左正右負。一位右正左負。亦仍爲較數不變。雖減餘分在兩行。而一行餘正物。一行餘負物。亦和數也。何也。隔行之異名。乃同名也。

若減餘同名而分餘於兩行。即仍爲較數不變。何也。隔行之同名。乃異名也。

若兩異併皆左正右負。或皆左負右正。亦和數也。

和數重列。有俱變爲較者。有只變一行爲較。而餘行如故者。

較數重列。有俱變爲和者。有只變一行爲和。而其餘如故者。

皆如上法。以和較雜列之。

若四色以上。有和變較。較復變和者。有較變和。和復變較者。

皆以前法御之。

假如以衡較弓弩之力。但云大神臂弓二。弩九。小弓二。共重七百一十斤。又有神臂弓三。弩二。小弓八。共五百三十五斤。又有神臂弓五。弩三。小弓二。共五百一十五斤。問各力。

答曰大神臂弓力五十五斤。　弩力六十斤。　小弓力三十斤。

法先以和數列位。凡三色者。可任以一行爲主。與餘二行數相乘而減併之。故前後之行可互見也。詳見第三卷。

右	中	左
神臂三　中乘得六　減盡	神臂二　右乘得六　左乘得十	神臂五　中乘得十　減盡
弩二　中乘得四　減餘中二十三	弩九　右乘得二十七　左乘得四十五	弩三　中乘得六　減餘中三十九
小弓八　中乘得十六　減餘右十	小弓二　右乘得六　左乘得十	小弓二　中乘得四　減餘中六
力五百三十五　得一千○五十　減餘中一千○八十	力七百一十　右乘二千一百三十　左乘三千五百五十	力五百一十五　中乘一千○三十　減餘中二千五百二十

先以中行神臂弓二爲法。徧乘左右得數。此以中行爲主。與左右互乘。取其行閒易爲減併之用也。

次以右行神臂三徧乘中行得數。與中行對減。　神臂弓中右各六對減盡。　中弩二十七內減去右弩四餘二十三。中行餘也。　中小弓六去減右小弓十六餘十。右行餘也。　中力二千一百三十。內減去右一千〇五十。餘一千〇八十斤。中行餘也。

以上減餘分在兩行。已變較數矣。卽用較數之法分正負列之。而以弩與力命爲同名。弩與力同在中行故也。

次以左行神臂五徧乘中行得數。而以中左兩行對減。　神臂弓各十減而盡。　中弩得四十五。內減去左行弩六餘三十九。

中行小弓得十。內減去左小弓四餘六。中力得三千五百五十內減去左一千〇三十。餘二千五百二十斤。

以上減餘俱在中行。仍爲和數也。不分正負。

論曰此和數方程變爲一和一較也。何也中右得數兩大弓減盡則其力相若也。弩數相減而餘在中行是中行之弩力多於右行也。小弓相減而餘在右行是右行小弓之力多於中行也。弩力中多於右。小弓力右多於中而今共力相減惟中多一千〇八十斤則是此一千〇八十斤者非餘弩餘弓之共數。而餘弩所多於餘弓之較數也。雖欲不分正負。不可得矣。

如中左對減。而餘弩餘小弓俱在中行。則中行之餘力二千五百二十斤者。仍爲餘弩餘小弓共數。無正負之可分也。故以此兩減餘者依和較雜法重列而求之。

如前對減既於共力中清出首一色大神臂弓不與弩小弓雜矣。然所餘之力尚爲弩小弓共數與其較數而未能分別此二色之每數也。故必重測。

較數餘弩正二十三　得正八百九十七　　小弓負十　得負二百八十　　力正一千〇八十　得正四萬二千一百二十

和數餘弩三十九　得正八百九十七　　小弓六　得正一百三十八　　共二千五百二十　得正五萬七千九百六十

減盡　　併五百二十八　　減餘一萬五千八百四十

依和較雜法。以左右餘弩互徧乘得數。左乘右和乘較也。故仍其正負。右乘左較乘和也。故變從乘法之名皆曰正。

弩同減盡。　小弓異併五百廿八爲法。　力同減餘一萬五千八百四十爲實。　法除實得三十斤爲小弓力。　以小弓力乘右行餘小弓十。得三百斤。異加力正一千〇八十斤。共一千三百八十斤。以餘弩廿三除之。得六十斤。爲弩力。或於左行共力二千五百二十斤內。同減小弓六。該一百八十斤。餘二千三百四十斤。以餘弩三十九除之。得六十斤。亦同。卽此可見兩減餘之爲一和一較。乃於原列任取右行八小弓力二百四十斤。二弩力一百二十斤。以減共力五百二十五斤。餘一百六十五斤。以大神臂弓三除之。得五十五斤。爲大神臂弓力。

論曰。兩弩正同數。而其力不同者。小弓之故也。左行和數也。是弩偕小弓之力也。右行較數也。是弩力中減去小弓之力。而餘者也。合而觀之。則是左行之弩力有小弓一百三十八以爲之益。而右行之弩力反減去小弓三百九十。然則左行正數之多於右行者。凡共差小弓五百二十八。而左行正數所以多於右行一萬五千八百四十斤者。正是此小弓五百二十八之力也。

凡此減餘之數。亦可互求。若更置之。以小弓列上。則先得弩力。如後圖。

小弓負十　得負六千　弩正二十三　得正一百三十八　力正一千〇八十　得正六千四百八十

小弓六　得負六千　減盡　弩三十九　得負三百九十　併五百二十八　力共二千五百二十　得負二萬五千二百　併得三萬一千六百八十

以法右左徧乘得數。左乘右。和乘較也。故仍其正負。右乘左。較乘和也。故變從乘法之名。皆名之曰負。

小弓同減盡。　弩異併得五百二十八爲法。　力異併得三萬一千六百八十爲實。　法除實得六十斤爲弩力　以弩力乘右行弩二十三得一千三百八十斤同減正一千〇八十斤。餘三百斤。以小弓十除之。得小弓力。

論曰。兩小弓同名負。其數既同。而左行負數之力有若干。右則無之。而且反少於正數之力若干者。何也。以左行負數中有弩三百九十。右則無之。而其所對之正數反有弩一百三十八以為之除算。則是左負數之多於右者。共五百二十八弩也。右負數少此五百二十八弩。而正數力遂多六千四百八十斤。左負數多此五百二十八弩。則不但補卻右行之所少。而又自有力二萬五千二百斤。然則左行共多於右三萬一千六百八十斤者。正是此五百二十八弩之力也。

此三色和變較例也。四色以上。雜見諸卷中。

問有甲乙丙三數。甲加七十三。得為乙丙數者倍。乙加七十三

得爲甲丙數者三丙加七十三得爲甲乙數者四其本數各幾何。答曰甲七。乙十七。丙廿三。

法先以較數列位

右	甲負三	減盡	乙正一	減餘正五	丙負三	并得正九	負七十三	并得正二百九十二
中	甲正一	右乘負三 左乘負四	乙負二	右乘正六 左乘正八	丙負二	右乘正六 左乘正八	負七十三	右乘正二百十九 左乘正二百九十二
左	甲負四	減盡	乙負四	并得正十二	丙正一	減餘正七	負七十三	并得正三百六十五

先以中行甲正一遍乘右左得數皆如故。只變中行。故兩行之正負俱不變。又是一數爲乘法。故數亦不變。

次以右行甲負三徧乘中行。次以左行甲負四徧乘中行。各得數。左右既省不變。故變中行以從之。首位變負。下三位俱變正。

次以中右得數相減并。甲同減盡。中乙得正六同減右得正一。餘正五。　中丙得正六異併右得負三。共得正九。中較數得正二百一十九異併右負七十三共得正二百九十二。

次以中左得數相減併。　甲同減盡。　中乙得正八異併左得負四。共得正十二。　中丙得正八同減左得正一。餘正七。　中較數得正二百九十二異併左負七十三共得正三百六十五以上減併之數皆同名又皆在一行知已變爲和數矣。即用和數重列之不分正負。依此顯得雖同名。而或乙正在中。丙正在左。即不得變和數也。何也。左行之正。中行之負也。

論曰。此較數變爲和數也。以中右之得數言之。中行六个乙六个丙共多於三个甲者二百一十九。右行一个乙少於三个甲。三个丙者七十三。于是以兩相對較。則兩行之甲皆三个。其數本同。而中行之乙丙多於甲二百一十九者。因中行之乙多於右行之乙者五个。又有同名之丙六个以益之。而中行之甲。又非若右行之甲與三个丙同名。是又少三个丙也。夫甲股內少。則乙丙股內多。合而觀之。則是中行之乙丙股內共多五个乙。九个丙。而右行之乙股內共少此五个乙。九个丙也。夫中行之乙丙股內多五个乙。九个丙。便多於三个甲者二百一十九。右行之乙股內少五个乙。九个丙。則不惟不多。而反少於三个甲者七十三。然則併此多二百一十九少七十三。共二百九十二者。正是此五个乙。九个丙之共數。而非其較數也。故不分正負。

又以中左之得數言之。中行正數是八个乙。八个丙。負數是四个甲。而正數多者二百九十二。左行正數是一个丙。負數是四个甲。四个乙。而正數少者七十三。于是兩相對勘則兩行負數之甲皆四个。其數本同惟中行之正數內比左正數多七个丙。又加八个乙。而中行之負數又比左負數少四个乙。合而觀之。是中行之正數比左行共多十二个乙。與七个丙而左行之正數比中行共少十二个乙。七个丙也。然則中行正數之多於負數二百九十二者。以多此十二个乙。七个丙。而左行正數之反少於負數七十三者。以少此十二个乙七个丙也。則是併此多二百九十二少七十三之數。共三百六十五者。正是此十二个乙。七个丙之共數。而非其較數也。故亦不分正負。

右乙餘五　六十　　丙併九　一百〇八　　共二百九十二　三千五百〇四

減盡　　餘七十三

左乙併十二　六十　　丙餘七　三十五　　共三百六十五　一千八百二十五　　餘一千六百七十九

如法以乙數左右互徧乘得數相減。無正負故有減無併

乙減盡　丙減餘七十三爲法。　下位餘一千六百七十九爲實。　法除實得二十三爲丙數。以丙數乘左行丙七得一百六十一。以減共三百六十五。餘二百〇四。以左乙十二除之得一十七爲乙數。

又以乙數與加原列右行負七十三。共九十。內減原右行丙三該六十九。餘二十一。以原右行甲三除之得七爲甲數。

論曰此同文算指所立疊借互徵設問之一也。原法繁重。今改

用方程。簡易如此。

此所設問三色方程耳。以西術求之。已不勝其難。況四色以往乃至多色乎。此亦足見方程之不可廢。而古人別立一章之誠有實用也。

此三色較變和例也。　四色以往至於多色。則其變益多。要不出於和較。例具後諸卷中。茲不詳列。

終

歷算叢書輯要卷十二

方程論二

極數

吾論方程至和較之雜之變盡矣。雖然。不知帶分疊脚重審之法。無以窮其致。故極數次之。

極數有三。一帶分。二疊脚。三重審。皆不離乎和較之四術。

帶分方程例

法曰。視原問中有云幾分之幾者。則以分母通其全數而列之。或云有物幾數又幾分之幾者。以分母通其全數而納其子。如法列位。偏乘減併以求一法一實。既得法以除實而得者。卽所求物之一分也。以所得一分之數。分母乘之。則爲物之全數矣。

或云幾分之幾又幾分之幾者。以兩分母相乘爲全數而列之。又以兩分母互乘其子爲所用之分而列之。所用之分同在一行者併而列之。分用於兩行者不併也。併之而所用之分反大於全數者。以全數除之。命爲幾全數又幾分之幾。其入算乘除。仍用所併之分得數。後則只以全數之分乘之爲全數。以上兩法皆化整爲零。乘除竟用零分。故先得一分之數。

又法。

凡較數有以此之全數。當彼之幾分之幾者。則通其一行之內。皆以分母乘之而後列焉。則其所得即爲全數。而非其一分也。如云乙得甲三分之二。則以分母三乘乙全數。得全乙者三。乘甲之二分得六分。是爲全甲者二。則以三乙當二甲而列之。驟視之如倒列其子母。其實皆全數耳。若有正負之數。亦以分母乘而列之。亦全數非零分也。是爲以零變整與化整爲零之法不同。故徑得其全數。所用乘除。皆整數。非分故也。得即爲整。其所用分母。只在本一行中。如一物有兩分母。又分用於各行。則各以其行中分母爲用。凡积數中有一位帶分。而餘只全數者。亦可以分母通乘而列之。其所得亦爲全數而非分。如甲三。乙二又三之一。共十六。則以分母三乘甲得九。乘乙二得六。乘乙之一得三。亦整一也。併得整七。乘共十六。得四十八。是爲甲九乙七共四十八。變零爲整。徑以整數乘除。所得即爲整數。

又法

凡帶分之法。或化整爲零。或變零爲整。取其畫一也。此外又有雜用零整之法。亦所當知。知行中有幾位。或原帶有零分者。以化整爲零法列之。其原未帶分者。只以整數列之。但乘除得數後。整列者所得即爲整數。零分列者所得只爲零分之數。仍須以分母乘之爲全數。

又法

視所帶之分。有可以分母除之而盡者。則以所除分秒附於整數而列之。則其乘除後得數亦爲所求之全數。若分母除其子不能盡者。則不用此法。

今有甲字庫貯金。丁字庫貯銀。各不知總。但云取甲四之三加丁五之二。則一百一十萬。若以甲加丁之倍數。則四百四十萬。問各若干。

答曰。甲庫金四十萬。　丁庫銀二百萬。

法以分子甲之三分丁之二分列右。以分母四通甲整一得四分以分母五通丁整二得十分列左。

甲四之三　十二分　丁五之二　八分　共一百一十萬　四百四十萬

減盡　餘二十二分　餘八百八十萬

甲四之四　十六分　丁五之十　三十分　共四百四十萬　一千三百二十萬

依和數法互乘對減餘丁之分二十二爲法餘八百八十萬爲實。法除實得四十萬爲丁之一分。以丁之分母五乘丁之一分。得二百萬爲丁庫銀數。　乃以丁庫數倍之得四百萬減四百四十萬餘四十萬爲甲庫金數。

此化整從零法也。原列零分。故得亦零分之數。

又法。以丁分母五互甲之三。得十五以甲分母四互丁之二。得八列右。又以兩分母五四相乘得二十爲甲丁共母以乘一甲得二十乘倍丁得四十列左。　乃以甲丁共母乘一百一十萬得二千二百萬列右乘四百四十萬得八千八百萬列左。

分母相乘爲母。母互乘子。只是通分之法。妙在以分共母乘其和數。而零數皆爲整用矣。此用法之妙。

甲十五百萬　丁八百萬　共二千二百萬　四億四千萬

甲二十百萬　減盡　丁四十百萬　餘四百四十　共八千八百萬　十三億二千萬　餘八億八千萬

依法乘減。餘丁四百四十為法。　八億八千萬為實。　以法除實得二百萬為丁數。　以丁四十計之。得八千萬。減八千八百萬。餘八百萬。以甲二十除之。得四十萬為甲數。

此變零為整法也。原列整數。故所得即為整數。

又法。以甲分母四除之。三得七分五秒。以丁分母五除之。二得四分。列之。則其餘數皆不變。

甲○七五　丁○四　共一百一十萬

甲一得○七五　減盡　丁二得十五　減餘二　共四百四十萬　得三百三十萬　減餘三百三十萬

左甲一乘右行。皆如原數。　右甲○七分五秒乘左行。各得四分之三甲各〇七分五秒減盡。丁餘一一上一整數。下一是分。乃十分之一。為法。共數減餘二百二十萬為實。法除實得二百萬為丁數。以丁數倍之。減共數。餘四十萬即為甲數。

此除零附整法也。零分既除為分秒。則乘除之際皆以整數為主。故所得亦即為整數。

今有甲乙二數。不知總。但云取乙五之三。又取乙四之一以益甲。則甲之數倍。取甲三之二。又取甲七之二以與乙較。則乙多數二百四十。問甲乙本數各幾何。

答曰。甲本數一千〇七十一。乙本數一千二百六十。

法以較數帶分取之。本二色也。却有三位。以分母通之。仍二位也。先以乙分母五四相乘得二十。以當乙之全數。又以分母五互乘分子一得五。以分母四互乘分子三得十二。併之得十七。以當乙所益甲之分。　是爲乙二十分之十七以益甲也。

次以甲分母七三相乘。得二十一。以當甲之全數。　又以分母三互乘分子二得六。以分母七互乘分子二得十四。併之共二十。以當甲所與乙較之分。　是爲甲二十一分之二十以與乙較也。

於是分正負列位。

甲二十一 正四百二十　乙之十七 負三百四十　適足 以乙之分益甲而甲倍是其分與甲相當也

甲之二十 正 四百二十　減盡　乙二十 負 四百二十　餘八十分　負二百四十 五千〇四十

依較數法乘減　乙餘八十分爲法。　負數無減就以五千〇四十爲實。　法除實。得六十三爲乙之一分。　以乙全分二十乘之得一千二百六十爲乙本數。乙本數同減負二百四十餘一千〇廿即甲與乙較之分也。以左行甲之二十分除之得五十一爲甲之一分。以甲全分廿一乘之得一千〇七十一爲甲本數。

乃細攷之。置乙本數三因五除之得七百五十六爲五之三。又置乙本數四除之得三百一十五爲四之一。併兩數共一千〇七十一則與甲數同。故以此益甲而甲倍也。置甲本數二因三除之得七百一十四爲三之二。又置甲本數二因七除之得三百〇六爲七之二。併兩數共一千〇二十。以此較乙則不及二百四十。

此只是以乙之分與甲較。又以甲之分與乙較也。末卷所列諸率。則是以乙之分益甲而轉與乙所存之分相較。又以甲之分益乙而轉與甲所存之數相較。故自不同合而觀之則見。

今有寶泉寶源二局鑄錢不知總。但云取寶源五之四又四之三以益寶泉則寶泉之數倍。若取寶泉三之二以與寶源較則多於寶源四十二貫。

答曰寶泉原數一千九百五十三貫。寶源原數一千二百六十貫。

法先以寶源分母五四相乘得二十分爲全數。又以分母五互乘分子三得十五。分母四互乘分子四得十六。併之共三十一分爲寶源所以益寶泉之分。全數二十分所用以益寶

泉者反有三十一分是爲以寶源全數又二十分之十一以益寶泉也。　其寶泉只一分母故不用乘併

乃列位

右寶泉三分（正六分）　寶源之三十一分（負六十二分）　適足

左寶泉之二分（正六分）　減盡　寶源二十分（負六十分）　餘二分　正四十二貫（得一百二十六貫）

如法乘減。　中位餘二分爲法。　下位餘一百廿六貫爲實。法除實得六十三貫爲寶源局廿分之一分。　以分母廿乘之得一千二百六十貫爲寶源數。　以寶源數異加正四十二貫共一千三百○二貫即寶泉局三分之二也。於是以分子之二除以分母三乘得一千九百五十三貫爲寶泉數。　置寶源數。四因五除之。得一千。○八爲五分之四。又置寶源數三因四除之。得九百四十五爲四之三。併兩數。亦恰得一千九

百五十三貫。如寶泉數。以加寶泉。是爲寶泉者倍也。

論曰。乘得數後寶泉分數同。惟右行之寶源多於左行者二分。而遂能與寶泉等。若左行之寶源少此二分。而其少於寶泉者遂一百二十六貫。然則此一百二十六貫者正是寶源之二分矣。知分數。即知全數。知寶源。即知寶泉。

此二則皆化整爲零。而分母不同也。

今有貨泉刀貝四種之幣。各不知數。但云泉八之一。兼刀布七之二。則如貨數也。　若刀布七之三。兼貝六之四。則其數如泉也。若貝六之五。又外加數八千九百七十。則如刀布也。若貨數自加九之一。則其數如貝也。問本數各幾何。

答曰。貨五千一百三十。　泉九千六百八十。

刀布一萬三千七百二十。　貝五千七百。

法以各分母通其原數。然後以正負列之。　貨分母九。　泉分母八。　刀布分母七。　貝分母六。丁行貨全數一。又九分之一。共十。是爲九分之十。凡全數帶分者準此。

	貨	泉	刀布	貝	
甲	貨正九 得正九十分	泉負之二 得負十八分	刀布負之三 得負二十七分	○無乘	適足
乙	○	泉正八	刀布負之三	貝負之四	適足
丙	○	○	刀布正七	貝負之五	正五千九百七十 此二行首位貨空。故先不用乘。存與減餘相對。
丁	貨負之十 得正九十分	○無乘	○無乘	貝正六 得負五十四分	適足

減盡

先以甲行貨正九分爲法。偏乘丁行得數。　又以丁行貨負十分爲法。偏乘甲行得數。因首位異名。故變一行以相從。而以丁從甲。乃以甲丁兩行得數相減。　貨同減盡。　甲行泉負十分。刀布負二十分。皆無對不減。丁行貝負五十四分亦無對不減。下適足無乘無減仍爲適足。

乃以泉刀同名在甲行者爲一類。貝同名在丁行者爲一類。分正負重列而求之。丁行之負。甲行之正也。

因餘行已無貨位當以泉爲乘法尋乙行中有泉徑用與減餘相對。

右減餘泉負十分 正八十分　刀布負二十分 正一百六十分　貝正五十四分 負四百三十二分　適足

減盡　併一百九十　減餘三百九十二

左乙行泉正八分 正八十分　刀布負三分 負三十分　貝負四分 負四十分　適足

如法徧乘得數乃相減併。泉同減盡。刀布異併得正一百九十分。貝同減餘負三百九十二分。

以減餘爲主命其正負而重列之

因餘行已無泉。當以刀布爲乘法。尋丙行有刀布。徑用與減餘相對。

右減餘刀布正三百四十分正二千三百八十分　貝負三百九十二分負二千七百四十四分　適足

左丙行刀布正七分正二千三百八十分　減盡　貝負五分負九百五十分　餘一千七百九十四分　正八千九百五十正一百七十萬四千三百

如法徧乘得數。　刀布同減盡貝同減餘一千七百九十四分爲法。正一百七十萬四千三百無減就爲實。　法除實得九百五十爲貝之一分。　以丙行貝之五分該四千七百五十與加正八千九百七十共一萬三千七百二十爲刀布原數。　以刀布分母七除原數得一千九百六十爲刀布之一分。　以刀布之三分該五千八百八十貝之四分該三千八百併之得九千六百八十爲泉數。用乙行也。以泉分母八除泉數得一千二百一十爲泉之一分。以泉之一分加刀布之二分三千九百二十共五千一百三十爲貨數。（用甲行也。）以貨分母九除貨數得五百七十爲貨之一分。以貨數加一分共五千七百爲貝數。（用丁行也。）

甲丁兩行乘減論曰既互乘則甲丁之貨等。而甲行之泉若刀布及丁行之貝又各與其首位之貨等。則甲之泉若刀布必與丁之貝等也。故對減去貨。而徑以甲之泉若刀布與丁之貝分正負而命之適足也。此即西學中比例之理然方程中自有之。且簡快如此。

乙行減併論曰左右兩行之正負皆適足。若於右正數內減左正右負數內減左負。其所餘者亦必適足也。今右正內既減去同名之泉。右負内又減去同名之貝。而左負内有刀布不與右同名。不能相減。故反用以加。加則正數多。正數多則負數少。而其數亦必適足矣。

又論曰。隔行之異名。乃同名也。今兩行之正與負既皆適足。若以左之正泉益右之負貝而共爲負。以左之負刀布貝益右之正泉刀布而共爲正。則亦適足也。於是以兩者右泉刀布左刀布貝爲一類。左泉右貝爲一類。對減其相同之物泉各減八十分貝各減四十分。則其所餘之物必亦適足也。左右刀布爲正。右貝減餘爲負。

又論曰。右行刀布正數也。正多於負之數也。左行刀布負數也。正少於負之數也。合此二數。則是右正之多於左正者。此兩行之刀布也。然刀布之數。右正雖多於左正。而貝之數右負亦多於左負。故兩行皆適足也。然則右正之所多與右負之所多亦必相當。適足矣。

丙行乘減論曰。刀布本同。惟右之貝多於左。右之貝多則左之貝少矣。左之貝少則刀布多矣。然則左之刀布獨有盈數者。正是此相差之貝也。

此亦化整爲零。而又有整帶零。四邑有空之例也。

問品官月俸。六品爲五品八之五。七品爲六品四之三。八品爲七品十五之十三。九品爲七品十五之十一。倍九品加八品六品七品各一。則如五品之倍數而多三石。各若干。

法以分母各通其原數而正負列之。　五品通爲八。　六品通爲四。　七品通爲十五。　八品九品以全數原無分母故也。

五品倍則爲十六。

甲五品正之十六分（正八十分）　六品負四分（負二十分）　七品負十五分（負七十五分）　八品負一（負五）　九品負一（負五）　負三石（負十五石）

（減盡）

乙五品正之五分（正八十分）　六品負四分（負六十四分）　○　○　○　適足

（餘四十四分）

丙○　六品正之二分　七品負十五分　○　○　適足（丙丁戊三行無五品）

丁○　○　七品正之十三分　八品負一　○　適足（可減存之與減餘相）

戊○　○　七品正之十二分　○　九品負一　適足（對）

先以甲行五品十六分遍乘乙行五品六品得數。餘空位無乘。

次以乙行五品五分遍乘甲行得數。乃對減。五品各八十分同名對減盡。六品同名對減餘四十四分乙行之負物也爲一類。七品八品九品併祿米較數皆無對不減皆甲行之負物負數也爲一類。分正負列之與丙行相對。

右減餘　六品正四百零八分　正一百二十分　減盡　七品負七十五分　負三百二十五分　八品負五　負十五　九品負十　負三十　負十五石　負四十五石

右丙行　六品正三十分　正一百二十分　七品負　十五分　負六百六十分　餘四百三十五分。　適足

如法以減餘六品分遍乘丙行六品七品分得數。餘空無乘。又以丙行六品分遍乘減餘得數。乃以對減。六品得數各一百三十二分同名減盡。七品同名減餘四百三十五分。丙行之負物也自為一類。其餘三位無減皆減餘之負物負數也共為一類。分正負列之與丁行相對。又因丁戊兩行皆有七品是多一算也乃更置之以八品列首位。

右減餘八品負十五　負十五　減盡　七品正四百三十五分　餘正二百四十分。　九品負三十　負四十五石

左丁行八品負一　負十五　七品正十三分　正一百九十五分　適足

如法以丁行八品負一徧乘減餘皆如故。首行同名故兩行之正負亦皆不變。

又以減餘八品負十五分遍乘丁行八品七品得數。乃對減。八品同減盡。七品同減餘二百四十分右行之正物也。爲一類。九品三十無減。祿米四十五石亦無減。皆右行之負物負數也。同名共爲一數。乃分正負重列之。與戊行相對

右減餘七品正二百四十分　正二千六百四十分　九品負三十　負三百三十　負四十五石　負四百九十五石

戊行七品正十一分　正二千六百四十分　減盡　九品負一　負二百四十　餘九十　適足

如法以左右七品分互遍乘得數。首行同名。故兩行之正負皆不變。七品同減盡。九品同減餘九十爲法。祿米四百九十五石無減就爲實。法除實得五石五斗爲九品月俸。置九品俸以相當之七品之十一分除之得五斗爲七品月俸十五分

之一。而以與八品相當之十三乘之。得六石五斗爲八品月俸。又以七品之分母十五乘其一分。得七石五斗爲七品月俸。又置七品俸以相當之六品之三分除之。得二石五斗爲六品四之一。而以其分母四乘之。得十石爲六品月俸。置六品俸以相當之五品之五分除之。得二石爲五品八之一。而以其分母八乘之。得十六石爲五品月俸。

計開　五品每月十六石。　六品每月十石。　七品每月七石五斗。　八品每月六石五斗。　九品每月五石五斗。

論曰。此所列有二種。　六品通爲四分者。問原云四之三。是可以四分者也。七品通爲十五分者。原云十五之十三之十一。是可以十五分者也。五品通爲十六分者。原云八之五。是可以八分者也。又倍之而十六。則爲八分者二矣。此皆以分立算化整從零之法也。　八品則只是原數。九品亦是原數。而又有倍數。然只是原數之倍。非如五品倍其分也。此兩者皆不用分。只用整。　合而言之。乃零整雜用之法也。　零與整雜。似不倫矣。然乘除得數則同。　但用分者所得數亦爲一分之數。故必以分母乘之。乃合原數。而其原不用分者得卽原數。更不須乘。能知此理。則用分無誤矣。

甲乙兩行論曰。兩行正數內五品本同。而甲有負多於正之較。乙則無。有是此較數。乃甲負多於乙負之較也。於是以兩負相減。以去其同之分。而觀其所不同之處。則甲有諸品而乙惟六品之減餘。然則甲負之獨多此較者。乃甲諸品多於乙六品減餘之較矣。

丙行乘減論曰。兩得數對減。而六品減盡。是其數同也。其與六品爲正負者。又減去相同之七品分。而左仍餘七品之餘分。右仍餘諸品之全分。則是兩行諸數皆同。而惟此二者有差也。然則右之獨有盈於六品之較者。正此二者之差數也。

丁行論曰。兩行對減。而於負數內減去相同之八品。惟餘九品。於正數內減去相同之七品分。惟餘七品之餘分。然則右行負數獨有盈於正數者。正是右行九品與其七品餘分之較也。何也。與之對減者。乃左行適足之數。故於較數無關也。

戊行論曰。右行內減去左行適足數。惟餘九品數。則其下盈數。必所餘九品之數也。　此條遞減歸一。其理較明。學者翫之。

此零整雜列也。亦五色方程有空例也。有減無併。可悟偶加奇減之非。

問有物一百七十四。以三人分之。乙所分如甲七之三。仍不足單六。丙所分如乙七之三而多二。數各幾何。

答曰。甲數一百一十二。乙數四十二。丙數二十。

甲數三因七除之。得四十八。多於乙數六。

乙數三因七除之。得十八。少於丙數二。

法列位。以甲乙分母七化整爲零。丙無分。仍用整。

甲七分 正三十分　乙七分 正二十一分　丙一 正三　共一百七十四 正五百廿二　減餘四百八十

甲七之三分 正 正三十分　減盡　乙七分 負 負四十九分　併得七十分　○　正六 正四十二

○　乙七之三分 正　丙一 負　負二　此行無甲數存與減餘重列

此三色有空。先以和較雜法。用兩行甲互遍乘之。和數甲全分七。乘較行得數。依共正負以較數甲正三分。乘和行得數。從乘法皆命為正。　甲各二十一分同減盡。　乙異併七十分。正　丙三無減。正　下數同減餘四百八十。正　皆同名不分正負以和數重列與第三行較數求之。

和減餘　乙七十分　正三百十分　丙三　正九　共四百八十　正

較第三行　乙七十分　正　正百十分　丙一　負　負七十　併七十九　負一　負一百四十　併一千五百八十

如法互乘減併。　乙同減盡。　丙異併七十九為法。　下數異併一千五百八十為實。　法除實得二十為丙數。　丙數同減負二得一十八為乙七之三乃以三分除之得六為乙七之一。以分母七乘之得四十二為乙數。　乙數異加正六。共四十八當甲七之三。乃以三分除之得十六為甲七之一。

以甲分母七乘之得一百一十二爲甲數。此亦零整雜用之法也。

若依變零從整法則以分子母倒位列之其正負以分母乘之。乃與和數列而求之。

論曰。倒位何也。非倒位也。分母遍乘則然也。以分母七乘子三而皆七之。則爲三分者七。爲三分者七。是爲全數者三矣。而其所當者全數也。七之則爲全數者七矣。是乙以全數當甲七之三者七乘之則七乙當三甲也。故如倒位然皆全數也。非分也。故非倒位。　正負亦用分母乘何也。乙一當甲七之三而少六則七乙當三甲而共少七个六爲四十二也。丙一當乙七之三而多二則七丙當三乙而共多七个二爲十四也。

甲一 正三　乙一 正三　丙一 正三　共一百七十四 正五百廿二

減盡　併十　減餘四百八十

甲三 正三　乙負七 負七　○　正四十二 正四十二

乙三 正卅　丙負七 負七十　負十四 負一百四十

減盡　併七十九　併一千五百八十

重列減餘乙十 正卅　丙三 正九　共四百八十 正一千四百四十

如法以前兩行遍乘減併。又重列之，與第三行遍乘減併。乙減盡，丙異併七十九爲法。下數異併一千五百八十爲實。法除實得二十爲丙數。

七因丙數得一百四十，同減負十四，餘一百二十六，以乙三除之，得四十二爲乙數。

七因乙數得二百九十四異加正四十二共三百三十六以甲三除之得一百一十二爲甲數

此變零從整而分母同者也亦有分母不同但取其本一行中所用之分母遍乘本行以爲用不必齊同如後條

問有數不知總以三八分之亦不知各所分之數但云甲如乙丙共數二之一乙如甲丙三之二丙如甲乙四之三而不足四又四分之一總數分數各幾何

答曰總數十五　甲五　乙六　丙四　乙丙共十其二之一則五如甲　甲丙共九其三之二則六如乙　甲乙共十一其四之三則八又四之一以丙相較不足四又四之一也

法曰此各行分母不同如甲有三之二又有四之三乙有二之一又有四之三丙有二之一又有三之

二。皆有兩分母。宜用變零從整之法。以不同同之。用分則不同。變而用整則不同而同矣。以分母各遍乘其本行而列之

右甲正二（中乘正四）減盡　乙負一（中乘負二）減餘四　丙負一（中乘負二）併得六　適足

中甲正二（右乘正四）（左乘正六）　乙負三（右乘負六）（左乘負九）　丙正二（右乘正四）（左乘正六）　適足

左甲正三（中乘正六）減盡　乙正三（中乘正六）併十五　丙負四（中乘負八）併十四　正十七（中乘正三十四）

如法互乘減併。以三色較數變為二色而重列之。雖減併不同。皆仍為較數不變。宜詳。

右餘乙正四（正六十）減盡　丙負六（負九十）減餘三十四　適足

左餘乙正十五（正六十）　丙負十四（負五十六）　正三十四（正一百三十六）

如法互乘。乙同減盡。丙同減餘負三十四為法。正一百三十六無減就為實。法除實得四為丙數。以六乘丙

數得二十四以相當適足之四乙除之得六爲乙數以原列右行乙丙各一共十以相當適足之甲二除之得五爲甲數也

論曰甲爲乙丙二之一則是二甲當一乙一丙也皆二因之也乙爲甲丙三之二則是三乙當二甲二丙也皆三因之也丙爲甲乙四之三而不足四又四之一則是四丙以當三甲三乙而不足十七也皆四因之也甲乙丙各有兩分母若化整爲零當以分母相乘爲原數母互乘子爲所用之分殊多事矣

二因甲得二二因乙丙二之一得乙丙各一

三因乙得三三因甲丙三之二得甲丙各二

四因丙得四四因甲乙四之三得甲乙各三四因正四又四

之一得正十七（以一丙與甲乙四之三較不足四又四之一若以四丙與四个甲乙四之三較亦不足四个四又四个四之一是爲十七）

問有數九百六十以四人差等分之乙與甲如二與八丙與乙如三與七丁與丙如四與六各幾何

答曰甲六百七十二　乙一百六十八　丙七十二　丁四十八

法以共數命爲和相當數命爲較依和較雜法列之

乙二而甲八是乙得甲八之二故八乙可當二甲也丙三而乙七是丙得乙七之三故七丙可當三乙也丁四而丙六是丁得丙六之四故六丁可當四丙也（推此知二八三七四六各種差分皆可以方程御之）

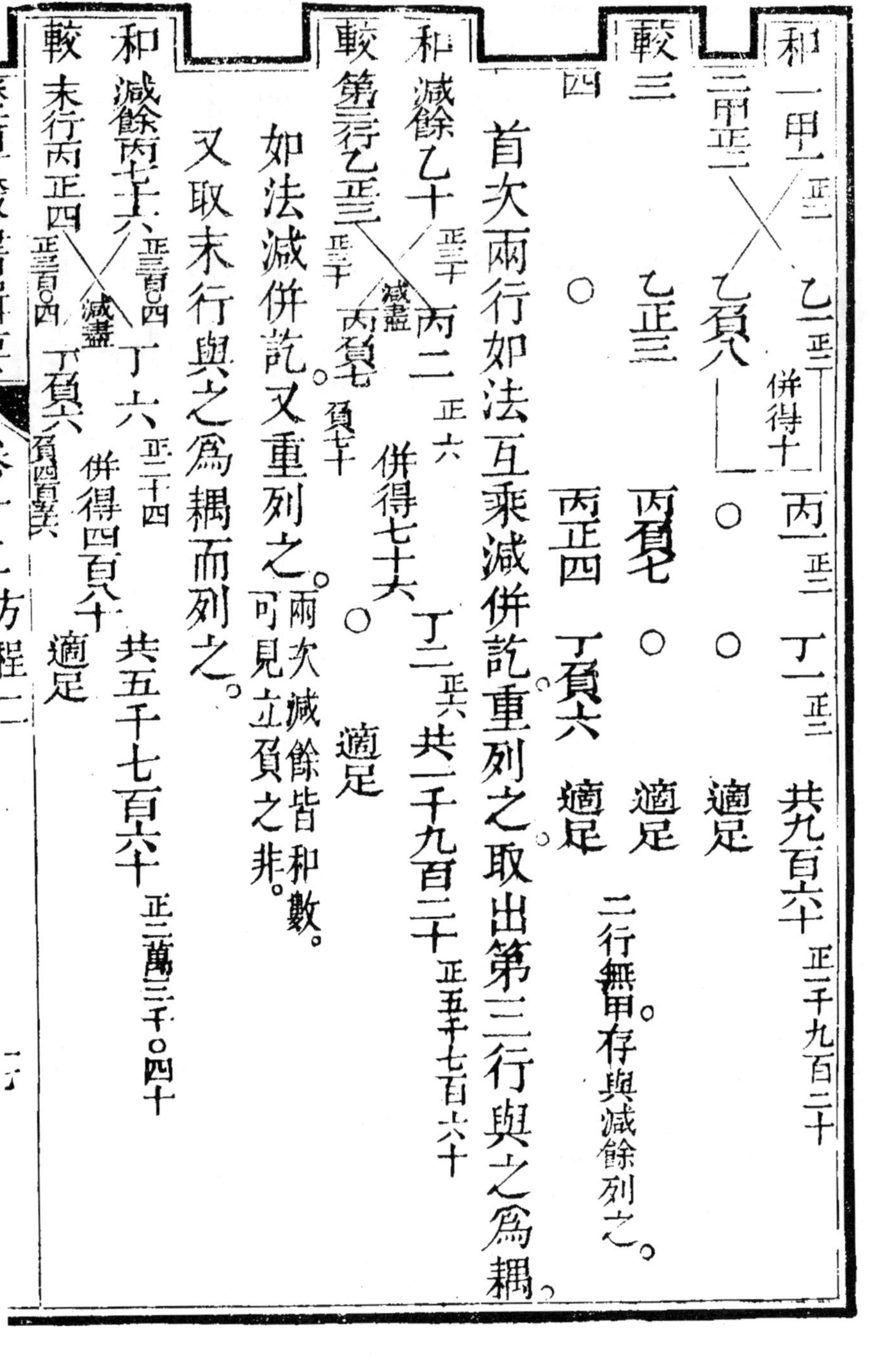

和一　甲二正三　乙一正三　丙二正二　丁一正三　共九百六十正一千九百二十
三甲正三　乙負八　併得十一　○　適足
較三　乙正三　丙負七　○　適足
四　○　丙正四　丁負六　適足　二行無甲，存與減餘列之。

首次兩行如法互乘減併訖重列之，取出第三行與之爲耦。

和減餘乙十正三十　丙二正六　丁二正六　共一千九百二十正五千七百六十
較第三行乙正三正三十　丙負七負七十　減盡　併得七十六　○　適足

如法減併訖又重列之。兩次減餘皆和數。可見正負之非。

又取末行與之爲耦而列之。

和減餘丙七十六正三百○四　丁六正二十四　共五千七百六十正二萬三千○四十
較末行丙正四正三百○四　丁負六負四百五十六　減盡　併得四百八十　適足

如法乘減丙減盡　丁併得四百八十爲法　正二萬三千〇四十無減就爲實　法除實得四十八爲丁數　六因丁數得二百八十八以相當之四丙除之得七十二爲丙　七因丙數得五百〇四以相當之三乙除之得一百六十八爲乙數　八因乙數得一千三百四十四以相當之二甲除之得六百七十二爲甲數

試以甲併乙共八百四十以八因之得甲數若二因亦得乙數是乙與甲二八差分也　試以丙併乙共二百四十以七因之得乙數若三因亦得丙數是丙與乙三七差分也　併丙丁共一百二十以六因之得丙數若四因亦得丁數是丁與丙四六差分也

又試以八除甲數得八十四以二除乙數亦得八十四若以八十四除甲數必得八以八十四除乙數必得二也　又試以七除乙數以三除丙數皆得二十四若以二十四除乙數必得七除丙數必得三也　以六除丙數以四除丁數皆得十二若以十二除丙數必得六除丁數必得四也

問有數七百四十一以四八分之乙於甲爲三之二丙於乙爲五之三丁於丙爲七之五各幾何

答曰甲三百一十五　乙二百一十　丙一百二十六　丁九十

法曰乙得甲三之二是三乙當二甲也丙得乙五之三是五丙當三乙也丁得丙七之五是七丁當五丙也故皆命以適足

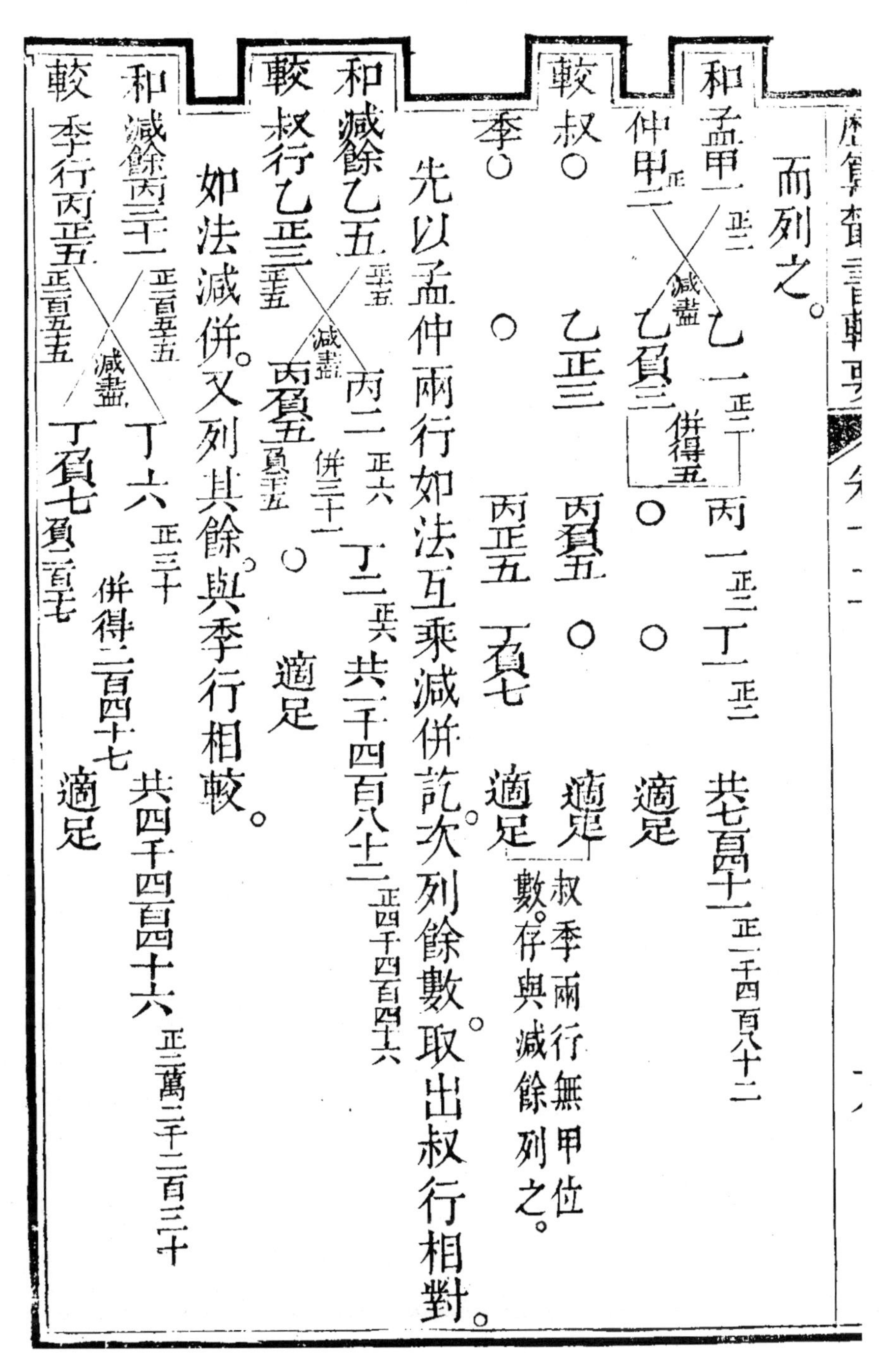
而列之。
和　孟甲一　乙一　丙一　丁一　共七百四十二
仲甲二　乙負三　併得五
較　叔〇　乙正三　丙負五　〇　適足
季〇　〇　丙正五　丁負七　適足
叔季兩行無甲位數。存與減餘列之。
先以孟仲兩行如法互乘減併訖次列餘數取出叔行相對。
和　減餘　乙五　丙二　丁二　共一千四百八十二
較　叔行　乙正三　丙負五　〇　適足
如法減併。又列其餘與季行相較。
和　減餘丙三十一　丁六　共四千四百四十六
較　季行丙正五　丁負七　適足
併得二百四十七

如法減併。丁二百四十七爲法。正二萬二千二百三十爲實。法除實得九十爲丁數。七因丁數五除之得一百二十六爲丙數。五因丙數三除之得二百一十爲乙數。三因乙數二除之得三百一十五爲甲數。

問有數七百四十一以四人分之乙如甲三之二丙如甲五之二丁如甲七之二各幾何。

因前問中有疊數故作此問以互明之。

乙三當甲二而丙五又當乙三是丙五亦當甲二也。

丙五當甲二而丁七又當丙五是丁七亦當甲二也。又丁七亦當乙三。今云爾者。以甲爲主也。

在西法謂之連比例。

和　甲二正　乙二正　丙二正　丁二正　共七百四十一正一千四百八十二

較　甲二正　減盡　乙三負　併五　○　○　適足

甲二正　減盡　○　丙五負　○　適足

甲二正　減盡　○　○　丁七負　適足

首行互乘次行如故。次行乘首行皆二之。甲減盡。乙異併得五。正丙二。正丁二。正正一千四百八十二。皆無減。仍皆為和。同名在一行故也。

次行乘三行因兩首位同不用乘竟以對減。甲減盡。乙三。次行負也。丙五。三行負也。皆無減命為正負適足。同名在兩行。故為較數。

三行末行首位亦同亦徑減。甲減盡。乙空。丙五。三行負也。丁七。末行負也。皆亦無減命為正負適足。亦同名在兩行。

乃以減餘重列之。如三色有空之法。

和乙五十五　丙二三十六　丁二三十六　共一千四百八十一正四千四百八十六

較乙三十三十三　減盡　丙負五負七十五　併三十二　○　○　適足

較○　丙正五正一百五十五　丁一負七負一百七　適足

和重列減餘丙三十一正一百五十五　減盡　丁六正三十六　併一百四十七　共四千四百四十六正二萬二千二百三十

如法減併。得二百四十七為法。二萬二千二百三十為實。

法除實得丁數。以次求得甲乙丙數。皆如前問之數。

問有米三百八十五石五斗二升。令二等八戶以四六差分出之。甲上等二十六戶。乙下等四十戶。下戶出率。則如上戶六之四。

答曰上戶各七石三斗二升。　廿六戶共一百九十石○三

斗二升　下戶各四石八斗八升。四十戶共一百九十五石二斗。

法以和較列位。

和　甲廿六戶 正一百〇四　乙四十戶 正一百六十　共三百八十五石五斗二升。正一千五百四十二石〇八升

減盡

較　甲四戶 正一百〇四　乙負六戶 負一百五十六　併三百一十六　適足

如法互乘得數。甲同減盡。乙異併三百一十六戶為法米一千五百四十二石〇八升無減就為實。法除實得四石八斗八升為下等戶則例。以下等六戶乘其則例得二十九石二斗八升以相當之上等四戶除之得七石三斗二升為上等戶則例。

問有米三百一十七石給與四色八戶。甲二十戶。乙三十戶。丙

四十戸丁五十戸丁每戸如丙戸七之三丙每戸如乙戸六之四乙每戸如甲戸八之二各幾何。

答曰甲每戸八石四斗。廿戸共一百六十八石。

乙每戸二石一斗。三十戸共六十三石。

丙每戸一石四斗。四十戸共五十六石。

丁每戸六斗。五十戸共三十石。

法列位

和甲廿戸 正三　乙三十戸 正三　丙四十戸 正四　丁五十戸 正五　共三百十七石 正三十一石七斗

較甲正二　乙負八　（減盡　併得十一）　適足

乙正四　丙負六　適足

丙正三　丁負七　適足　兩行無甲故存之爲用

首行甲廿戶十倍於次行甲正二但以首行甲退一位作二。則齊同矣甲退十為單。其下各位皆退十為單。即如互遍乘而可以對減矣。

乃以減併之餘重與第三行列之。

和餘數乙十一 正四十四　丙四 正一十六　丁五 正二十　共三十一石七斗 正一百二十六石八斗

減盡　併八十二

較原數乙正四 正四十四　丙負六 負六十六。　適足

又以減併之餘重與第四行列之

和餘數丙八十二 正二百四十六　丁二十 正六十　共一百二十六石八斗 正三百八十石〇四斗

減盡　併六百三十四

較原數丙正三 正二百四十六　丁負七 負五百七十四　適足

依法求得六百三十四為法。三百八十石〇四斗為實。

法除實得六斗為丁戶則例。七因丁則得四石二斗丙三

除之得一石四斗爲丙則　六因丙則四除之得二石一斗爲乙則　四因乙則得八石四斗爲甲則（此條有省算法說見後卷）

此上數條皆變零從整法也

有兩數相較而爲十之八十之七者即非二八三七差分也

有二例見末卷

瓔珞方程例

瓔珞者言其聯綴而垂象瓔珞也謂之疊腳

凡算方程皆以多色遞減至一法一實以先知一色之數然此所先求之一色却原帶有不同之數則法一而實非一故以一總法而除多實非疊腳之法不可也（亦有以下爲法上爲實者則實一而法有

多名。在合問者之所求而定之。詳刊誤條。

今有大江南北兩處糧艘。載米不同。因水程遠近。給耗米亦不等。但云南船三隻。北船兩隻。共運米一千九百七十石。外給耗米共六百六十八石。又南船一隻。北船四隻。共運米一千九百九十石。外給耗米五百五十六石。問各船正耗米數。以便稽核。

答曰。北船每隻正運米四百石。　給耗米一百石。　共正米耗米五百石。　每正米一石。耗米二斗五升。

南船每隻正運米三百九十石。　給耗米一百五十六石。

共正米耗米五百四十六石　每正米一石。給耗米四斗。

法各列位。

右南船三　北二　共正米一千九百七十石　共耗六百六十八石

左南船一（三）　北四（十二）　共正米一千九百九十石（五千九百七十石）　共耗五百五十六石（一千六百六十八石）

減盡　減餘十　減餘四千石　減餘一千石

先以左行南船一遍乘右行各得原數。

次以右行南船三遍乘左行得數。南船三與右減盡。北船十二減去右二餘十隻爲總法。

正運米五千九百七十石減去右一千九百七十石餘四千石爲運米實。

耗米一千六百六十八石減去六百六十八石餘一千石爲耗米實。

以總法除正運米實得四百石爲北船每隻運數。

以總法除耗米實。得一百石。爲北船每隻耗米數。總計正耗得北船每隻米五百石。

任於左行總運米一千九百九十石內。減北船四隻。該運米一千六百石。餘三百九十石。爲南船一隻運數。一故不除。或於右行運一千九百七十石內。減北船二隻運八百石。餘一千一百七十石。以南船三隻除之。亦得三百九十石。

於左行總耗米五百五十六石內。減北船四隻。該耗四百石。餘一百五十六石。爲南船一隻耗米數。或於右行耗米六百六十八石內。減北船二隻耗二百石。餘四百六十八石。以南船三隻除之。亦得一百五十六石。總計正耗得南船每隻米五百四十六石。

以北船四百石。除其耗米一百石。得每石給耗米二斗五升。

以南船三百九十石。除其耗米一百五十六石。得每石給耗四斗。

此問每船米數。故以船爲法。米爲實。

若問每米一萬石該用幾船。則以減餘船十隻。用異乘同除。以一萬乘得十萬爲總船實。　以運米減餘四千石爲法。　法除實。得二十五爲每運米一萬石用北船之數。　於是任以右行北船二隻亦用異乘同除。以一萬石乘之。二十五船除之。得八百石。以減共米一千九百七十石。餘一千一百七十石。又用爲法。以右行原列南船三乘一萬石。得三萬石爲實。法除實。得二十五隻又三十九分之二十五。爲每米一萬石用南船之數。

若問耗米給過五千石。該得幾船者。則亦用異乘同除。以五千石乘減餘十隻爲北船實。以減餘耗米一千石爲法除實。得五十隻爲每耗米五千石給北船之數。任以右行北船二隻五千石乘之。五十隻除之。得二百石。以減共耗六百六十八石。餘四百六十八石。又用爲法。以原列南船三乘五千石爲實。法除實。得三十二隻又三十九分之二。爲每耗米五千石給南船之數。

假如有南運船二隻。以比北船三隻。則南船運米不及北船四百二十石。其南船帶耗米反多於北船一十二石。若以南船三當北船五。則南船運米不及北船八百三十石。其耗米亦不及北船三十二石。問各幾何。

法以正負列位。

南正二　正六　北負三　負九　負運米四百二十石　負一千二百六十石　正帶耗十二石　正三十六石

減盡　減餘一隻　減餘四百石　併得一百石

南正三　正六　北負五　負十　負運米八百三十石　負一千六百六十石　負帶耗三十二石　負六十四石

如法乘減餘北船一隻爲總法。運米同減餘四百石爲運米實即爲北船每隻運數。總法一故不除。下同。耗米異併得一百石爲耗米實即爲北船每隻耗數。任以右行北船三乘其運數得一千二百石同減負四百二十石餘七百八十石以南船二除之得三百九十石爲南船運數。以右行北船三乘其耗數得三百石異加正十二石共三百一十二石以南船二除之得一百五十六石爲南船耗數。若問每米一萬石須幾船運者則以減餘北船一以一萬石乘之爲船實。以減餘四百石爲運米法。法除實。得二十五隻。爲北船每運一萬石之數。又以一萬石任乘右行北船三。以二十五隻除之。得一千二百石。同減負四百二十石。餘七百八十石。又爲法。以一萬石乘南船二。爲實。法除實。得二十五隻又三十九分船之二十五。爲南船每運一萬石之數。

若問耗米五千石。該給幾船者。則亦以五千石乘減餘北船一隻。爲船實。以減餘一百石爲耗米法。法除實。得五十隻。爲北船耗米五千石之船數。又以五千石乘右行北船三。以五十隻除之。得三百石。異加正十二石。共三百一十二石。又爲法。以五千石乘南船二。爲實。實如法而一。得三十二隻又三十九分船之二。爲南船耗米五千石之船數。

此因耗米與正運不同故也。若耗米亦以一萬石爲問，則北船之實皆同。

今有墨一百二十七錠，研六十六枚，給與修史局六十八人、校書局六十三人；又有墨五十八錠，研三十二枚，給與修史局二十四人、校書局四十二人。問各幾何。

答曰：史局每人墨一錠又六分之四，六人四錠也。十研四分之三，四人三共三研。校書局每人墨七分之三，七人共三錠。研三分之一，三人共一研。

法各列位

史局六十八人　一千四百四十　校書六十三人　一千五百一十二　墨一百二十七　三千〇四十八　研六十六　一千五百八十四

史局二十四人　一千四百四十　校書四十二人　二千五百二十　墨五十八　三千四百八十　研三十二　一千九百二十

減盡　餘一千〇〇八　餘四百三十二　餘三百三十六

如法乘減餘校書一千〇〇八人爲總法

墨餘四百三十二爲墨實。

研餘三百三十六爲研實。

以總法除墨實得七分之三。爲校書局給墨數。七人得墨三錠。就以七人除右行校書六十三人。以墨三錠乘之得二十七錠。以減總給一百二十七錠。餘一百錠。以史局六十人除之得一錠又六分之四。六人得四錠。并整數爲六人十錠。爲史局給墨數。

又以總法除研實得三分之一。爲校書局給研數。三人共一研。就以三除校書六十三人。得二十一研。以減總給研六十六。餘四十五研。以史局六十人除之得四分之三。四人三研。爲史局給研數。

問修艌船隻。內有舊船二隻。新船一隻。共用桐油二百六十斤。

麻一百三十斤。釘十七斤。石灰二百一十斤。計工兩月有半。又舊船一隻。新船三隻。共用桐油二百八十斤。麻一百四十斤。釘十六斤。灰二百三十斤。工兩月有半。其新舊船各幾何。

答曰每新船一隻。　用桐油六十斤。　麻三十斤。　釘三斤。

灰五十斤。　每工一月修兩隻。

每舊船一隻。　用桐油一百斤。　麻五十斤。　釘七斤。　灰八十斤。　每工一月修一隻。

法各列位

舊船二	新一	油一百六十	麻一百三十	釘七	灰二百一十	工兩月半
減盡	餘五	餘四百	餘一百五十	餘二十五	餘二百五十	餘兩月半
舊船一得二	新三得六	油二百八十得五百六十	麻一百四十得二百八十	釘十六得三十二	灰二百三十得四百六十	工兩月半得五月

先以左舊船二遍乘右行如故。

次以右舊船二遍乘左行得數。乃相減。上位舊船對減
盡。中位新船減餘五爲總法。
下位油相減。餘三百斤爲新船油實。以總法除之得六十斤爲新船油數。
麻相減。餘一百五十斤爲新船麻實。以總法除之得三十斤爲新船麻數。
釘相減。餘一十五斤爲新船釘實。以總法除之得三斤爲新船釘數。
灰相減。餘二百五十斤爲新船灰實。以總法除之得五十斤爲新船灰數。
任以左行新船三隻乘其油數。得一百八十斤。以減總油二百
八十斤。餘一百斤爲舊船一隻油數。
以新船三隻乘其麻數。得九十斤。以減總麻一百四十斤。餘
五十斤爲舊船一隻麻數。
以新船三隻乘其釘數。得九斤。以減總釘一十六斤。餘七斤

爲舊船一隻釘數。

以新船三隻乘灰數得一百五十斤。以減總灰二百三十斤。

餘八十斤爲舊船一隻灰數。

　此爲以船求油麻等故以船爲法。以麻油等爲實。

乃以減餘新船五隻爲總實。

以減餘工兩月半爲法。　法除實得兩隻爲每工一月修新

船之數。就以二隻除左行新船三隻得一月有半。以減總工

兩月半餘一月。以除舊船一隻如故得每工一月修舊船一

隻。

　此以工求船。故以工爲法。船爲實。與前相反。

重審方程例

凡算方程皆以有總數無各數故遞減以求之然有并其總數亦隱者此當用兩次求之故曰重審

假如品官祿米不知數但云甲支三品俸四个月又帶支四品俸五个月乙支三品俸六个月又帶支四品俸五个月不知甲乙各得數但云以甲十三分之一益乙則三百五十石若以乙十一分之三益甲亦三百五十石問兩品祿米各幾何

答曰三品俸每月三十五石　四品每月俸二十四石

法曰此當先求出甲乙兩家支過祿米再求各品月俸謂之重審先以帶分法列位

甲十三分　乙之三分　共三百五十石

甲之一分得十三分　乙十一分一百四十三分　共三百五十石四千五百五十石

減盡　餘一百四十分　餘四千二百石

左右如法遍乘。甲減盡。乙減餘一百四十分爲法。餘俸四千二百石爲實。法除實得三十石爲乙之一分。以乙分母十一乘其一分得三百三十石爲乙支過米數。以乙支過米數減總三百五十石。餘二十石爲甲之一分。以甲分母十三乘其一分得二百六十石爲甲支過米數。

既得兩家支過米數。乃重列之以求品俸。

甲三品四月 二十四月　四品五月 三十月　共支二百六十石 一千五百六十石

減盡　餘十月　餘二百四十石

乙三品六月 二十四月　四品五月 二十月　共支三百三十石 一千三百二十石

如法左右乘減。餘四品十月爲法。餘俸米二百四十石爲實。法除實得二十四石爲四品每月俸。以四品五月計一百二十石。減甲支二百六十石。餘一百四十石。以甲支

三品四月除之得三十五石為三品每月俸

假如品官支俸本折兼支不知數但云甲支一品俸四个月又帶支二品俸五个月乙支一品俸六个月又帶支二品俸十个月不知甲乙支過數但云取乙本色三分之一以益甲共五百六十六石若取甲本色三分之二以益乙則八百六十五石　取乙折色五分之二以益甲共四百九十八石若取甲四分之一以益乙則五百七十九石問各幾何

答曰一品月俸八十七石

內實支本色一半四十三石五斗　折色鈔一半數同

二品月俸六十一石

內實支本色六分三十六石六斗　折鈔四分二十四

石四斗。

法當重審。先求本色依帶分法列位。

甲三分六分　乙之一分二分　共本色五百六十六石一千一百三十二石

減盡　餘七分　餘一千四百六十三石

甲之二分六分　乙三分九分　共本色八百六十五石二千五百九十五石

如法乘減。餘乙之七分爲法。餘本色一千四百六十三石爲實。實如法而一。得二百〇九石爲乙本色之一分。以減右行共本色五百六十六石。餘三百五十七石爲甲支過本色數。又以乙分母三乘其一分。得六百二十七石爲乙支過本色數。

計開

甲支過本色三百五十七石。內一品俸四个月。二品俸五个月。

乙支過本色六百二十七石。內一品俸六个月。二品俸十个月。

次求折色。亦依帶分法列位。

甲四分　乙之二分　共折色四百九十八石

減盡　餘十八分

甲之二分四分　乙五分二十分　共折色五百七十九石二千三百一十六石　餘一千八百一十八石

如法左右乘減。乙餘十八分爲法。餘折色一千八百一十八石爲實。法除實得一百〇一石爲乙折色之一分。以乙分母五乘之得五百〇五石爲乙支過折色數。以乙之二分乘其一分得二百〇二石以減共折色四百九十八石餘二百九十六石爲甲支過折色數。

計開　甲支過折色二百九十六石。內亦一品俸四个月。二品俸五个月。

乙支過折色五百〇五石。內亦一品俸六个月。二品俸十个月。

既得甲乙兩家支過本折。然後乃求各品月俸。

依疊脚法列其所得本折而重測之。

甲一品四月二十四月　二品五月三十月　共本色三百五十七石二千一百四十二石　折二百九十六石一千七百七十六石

減盡　餘十月　餘三百六十六石　餘二百四十四石

乙一品六月二十四月　二品十月四十月　共本色六百二十七石二千五百〇八石　折五百〇五石二千〇二十石

如法遍乘得數。　上位一品減盡。　中位二品餘十个月為總法。　下位本色餘三百六十六石為本色實。折色餘二百四十四石為折色實。

乃以總法除本色實得三十六石六斗為二品每月俸本色數。

以乙二品十个月計三百六十六石減乙共本色六百二十七石。餘二百六十一石以乙一品六个月除之得四十三石五斗為一品月俸本色。

又以總法除折色實。得二十四石四斗。爲二品月俸折色。以乙二品十个月。計二百四十四石。減乙共折色五百〇五石。餘二百六十一石。以乙一品六个月除之。亦得四十三石五斗。爲一品月俸折色。其右行亦可互求。則先得甲數也。

於是以一品本色折色併之。得每月俸八十七石。本折各半支。

以二品本折併之。得每月俸六十一石。四六支。本色六分。折色四分。

終

歷算叢書輯要卷十三

方程論三

致用

筭之用惟捷其說惟詳。詳說之斯能捷用。省筭列位諸法。由是以生也。故致用次之。

致用有二。一者省筭。一者列位。例雜見諸卷中。故不具列。而備論其理。

省算法亦有二。一者行有空則省算。一者數偶同則省乘。

凡方程之法去繁就簡。同者去之。異者存之。歸於一法。一貫而已矣。故三色以上有空位則可徑求。

若三色方程無空位者。必須乘減得數。變爲二色以求之。此常法也。若內有一行中空一位。則以所空之位列於首而先以其餘兩行不空者如法乘減得數。卽重列之。與原有空位者相對。如二色方程也。以兩行無空者相乘對減。則減去一色。惟餘二色。其有空者原只二色。故可相對如二色也。則省一笇。原法乘減三次。今只兩次。故曰省一笇。

凡三色方程。不論一行有空。或兩行各有空。或三行各有空。皆只省一算。何也。其各行中雖有空位。而不相對故也。何以知其不相對。若兩行有空而又相對。則徑可以二色算之矣。卽不成三色方程。　三色有空例。襍見前卷。

凡四色五色以至多色。有幾行空位者。如上省算。徑求最爲簡捷。若中行無空。則必如法乘減。以五色變四色。四色變三色。三色又變二色。漸次求之。不可徑求而省算也。今諸書所載。皆其各位之有空者耳。非通法也。而欲以此盡方程可乎。

凡四色方程有乘减六次者常也若有一位空則省一算一行中空兩位或兩行各空一位而相對則省二算　若一行空兩位又一行空一位則省三算止矣　或有四行中各空一位而不相對亦只省一算而已何也惟首位空乃能省算若首位不空而空在下數位則乘減之後自然補實不能省矣亦有兩行各空兩位而只省二算者亦以空位相左乘後補實耳故雖四行中各空兩位亦只省三算也

假如四色中有一行空兩位則將此無空之三行如法乘減變爲兩行又將此兩行如法乘併變爲一行此減餘一行却有二位恰與空兩位之行相對矣便以重列如三色方程取之此最方程中要法而諸書未及也故詳論之

若四色方程有兩行各空一位。而又相對。則將其無空之兩行。如法互乘而減去此不空之位。變爲一行。與空位之兩行同列。如三色法取之。尤爲易見。

其四色各行空兩位而省三算。卽今諸書中所載是也。可無更贅。然但欲知其爲省算方程。而非常法耳。

其四色無空乘減六次者。竟無其式。故誤以省算爲常。然旣明其理。亦不必一一爲式矣。

凡五色方程無空。則有乘減十次者。常法也。五色變四色。則有四算。四色又變三色。則有三算。三色又變二色。則有二算。二色又一算。乃得法實。合之爲十算。故五色而爲四圖者。亦常法也。原列一圖。以減餘重列爲四色。而三色。而二色。又各一圖。合之爲四圖。

若有空一位。則省一算。或空兩位而省二算。須兩位空在一行。或兩位俱空首位乃可。

空三位而省三算。須空在一行或三行同空首位或一行首位空。一行首次兩空則可。

空四位而省四算。須一行空三位。而一行又空一位。恰與空三位者同。或二行俱空首位。而一行又空首次兩位乃可。或兩行俱空首次亦可。

空五位而省五算。須兩行空首位。而一行空首次三位。或兩行空首次。而一行空首位。或一行空首次。而一行空首次三之位。乃可。

空六位亦省六算。須一行空首位。一行空首次。一行空首次三之位乃可。

省至六算止矣。六算以上。雖多空位無關省算也。

今諸書有載五色方程者。皆其各行空三位者耳。總計之有空十五位。而其爲法亦必用四算。然後得數。則所省者亦只六算。而竟不知其爲省算之法。則習而不察也。

假如五色方程內只一行空三位。法當以有空之三色列於上。而先以其無空之四行。如法乘減。變爲四色者三行。又以乘減變爲三色者二行又以乘減變爲二色者一行則恰與空位之行相對矣再乘減一次得所求矣故曰省三算也變四色時省一算變三色時省一算變二色時省一算共省三算

假如五色方程內有兩行各空二位而相對法當以有空之二色列於首次而先以其無空之三行如法乘減變爲四色者二行又以乘減變爲三色者一行則恰與空位之兩行相對矣於是以三色法取之得所求矣故曰省四算也變四色時省二算變三色時亦省二算

假如五色方程內有兩行空首位又一行空首次三之三位法當以無空之兩行如法乘減變爲四色者一行則恰與空首位之兩行相對矣　乃以原數兩行減餘一行相並列之用

相乘減變爲三色者兩行又相乘減變爲二色者一行則又恰與空三位者相對矣　乃以原空三位者與減餘列而求之即得之矣故曰省五算也（變四色時省三算變三色與二色又各省一算）

若五色方程内有兩行各空三位者即如一行空兩位一行空三位也法以無空之三行先用乘減變爲四色者兩行又以乘減變爲三色者一行則恰與空首位次位者對矣取出原空兩位者與減餘列而求之變爲二色者一行又恰與空三位者相對矣又取出與減餘列而求之即得所問故亦省五算也（變四色三色時各省二算變二色時又省一算共五）其兩行雖各空三位而不相對故也（若各空三位而相對即成二色方程矣）

若五色方程各行俱有空位不等要之省六算止矣省六算者

必一行空首位而省一算○一行空首次而省二算○一行空首次三之位而省三算○其餘空位必不相對○不能省算○與無空同也○

其法先以不空之兩行乘減得數○變爲四色○與空首位者相對○又乘減變爲三色○與空首次者相對○又乘減變爲二色與空三位者相對再乘減○即得所求○

諸例不能悉具○智者反隅可也○

論曰○常與變相待而成○吾論方程省算○而特詳其不省之算者○欲窮其變○先得其常也○

以上所論雖止五色○引而伸之○若六色七色八色九色乃至多色○其理一也○

以常言之。二色者一算。三色者三算。四色者六算。五色者十算。六色者十五算。七色者二十一算。八色者二十八算。九色者三十六算。十色者四十五算。十一色者五十五算。十二色者六十六算。

以空位言之。三色者有省一算。四色者有省一算至三算。五色者有省至六算。六色者有省至十算。七色有省十五算。八色有省二十一算。九色有省二十八算。十色有省三十六算。十一色有省四十五算。十二色有省五十五算。

以省算所用而言之。三色者有只用二算。四色者有只用三算。五色有只用四算。六色有只五算。七色有只六算。八色有只七算。九色有只八算。十色有只九算。
十一色有只十算。十二色有只十一算。
總而言之。二色則只一算。三色則有二算或三算。四色則有三算以至六算。五色則有四算以至於十算。六色則自五算以至十五算。七色則自六算至二十一算。八色則自七算至二十八算。九色則自八算至三十六算。十色則自九算至四十五算。十一色則自十算至五十五算。十二色則自十一算至六十六算。
擴而充之。猶舉一隅耳。然其法不外於和較與和較之襍與變。愚故不欲以四色五色等分爲之目也。必如此則方程之法乃爲通法。若諸書所列四色者必各行空二位。五色必各空三位。非通法也。方程者所以御襍糅正負也。而必遇空相等。乃可用算。是法有所不及而窮於問也。豈古人立法之意哉。

此以上論空位省算。省算者乘減併俱省之也。非若省乘者但省互乘而不省減併。

凡方程互遍乘者。取其首位齊同耳。故乘減一次則少一色。以首位之齊同必減而盡也。然亦有其首位之數偶爾相同者。法當徑以對減而省其互乘。此雖省其乘而不省其減併。故與前論省算同而微異也。

假如和數方程。首位同則徑減矣。　若較數者又須論其正負之名。　同數矣而又同名。徑對減矣。　同數而不同名則更其一行之正負以相從。而後減併爲。此要訣也。不則首位雖減去。而其下之同異淆。則加減皆誤矣。

若和較雜者。首位之數同。亦必以較數首位之名名其和數之一行。而後減併之。但省其互乘可也。

以上論同數省乘。

亦有首位數雖不同。而可以分數相命者。則以其分數改其一行之數。以從一行。則首位齊同。竟以對減。可省互乘。

若較數或和較襍。皆如前法。齊同其首位之名。斯減併無誤耳。較數首位同名。則仍之。異名者改一行以相從。和較雜者以較數首位之名名其和數之一行。

假如兩首位爲五與十。是倍數也。則半之。葢五與十互乘各得五十。而其下諸數從之而溢矣。今但以首位十半之爲五而

其下諸數皆半之以相減併則五之行可無乘而數亦簡明殊散人懷也

若兩首位爲二十與二是十之一也則以退位之法乘之使二十之一行皆爲十之一　若爲八爲四亦倍數也　若爲八與二是四之一也四除其八之行則得矣　若九與三則三之一也以三除九則亦三而其一行皆三除之則可減併矣然三除多有不盡不如只以三因其三之行也此活法也

若爲五與三則六因其五之行而退位　五與二則四因退位　五與四則八因退位皆同　若六十四與八則八之一也八除其六十四之行猶互乘也　若此類者不可枚舉得其意者酌而用之可也尤要在首位之必同名

亦有不可強齊者。如七與二。九與四之類。只用互乘爲無弊也。省乘者爲省事而設也。強齊之反多事矣。

此以上論分數省乘。

此外又有不拘首位者。但數同則徑以對減。施之二色爲宜。蓋二色方程。只須減去一色。其所餘即一法一實矣。然亦須同名方可減去。若異名者。改而齊之可也。

假如較數方程。其中一色同名。而又同數。徑減去矣。若但同數而不同名。則更其一行之正負。乃減去之。

假如和較雜。其中一色同數。則以之爲主。使和數一行皆與此一色同名。乃減去之。

若和數則不須爾。但同數者即減去之。此二色捷法。

合此三者省算之理備矣。

問田糧七則起科甲有上田一畝。上次田一畝。輸糧七斗。乙有上田一畝。上次田四畝。上中一畝。糧一石八斗。丙有上次上中田各一畝。糧五斗。丁有上中田中田各二畝。糧五斗。戊有中田三畝。中次五畝。中下五畝。已有中下八畝。下田十三畝。庚有中下田下田各十畝。皆糧五斗。問各則若何。

法曰。此方程斷續法也。以甲乙丙借作三色。已庚借作二色各如法求得田則。則其中兩色自知。

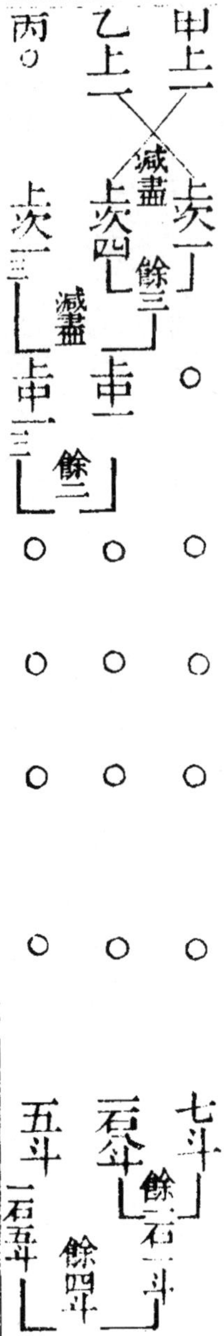

甲 上一	上次一	○	○	○	○	○	七斗
乙 上一（減盡）	上次四（餘三）	上中一	○	○	○	○	一石八斗（餘一石一斗）
丙 ○	上次一 三（減盡）	上中一 三（餘二）	○	○	○	○	五斗 一石五斗（餘四斗）

丁〇　○　上中二　中二　○　○　○　五斗

戊〇　○　○　中三　中次五　中下五　○　五斗

己〇　○　○　○　○　中下八」減盡　下十三」餘五　五斗」餘一斗

庚〇　○　○　○　○　中下十八」　下十八」　五斗　四斗」

先以甲乙兩行遍互乘減。去上田。餘上次田三畝上中田一畝。糧一石一斗。用與丙行乘減。上次田減盡。餘上中田二畝爲法。糧四斗爲實。法除實得二斗爲上中田則例。

就以上中田則。減丙糧五斗。餘三斗。爲上次田則例。

以上次田則。減甲糧七斗。餘四斗爲上田則例。以上三色法也。

又以上中田則例。乘丁田二畝。得四斗。以減丁糧五斗。餘一

斗以二畝除之得五升爲中田則例

又以戊中田三畝乘其則例得一斗五升以減戊糧五斗餘

三斗五升爲戊中次中下各五畝之共數

因此處斷而不屬故又先求末兩行

再以二色法用巳庚兩行如法遍乘減去中下田餘下田五

畝爲法糧一斗爲實法除實得二升爲下田則例以八因庚行而退位省乘法也

以庚下田十畝乘其則例得二斗以減庚糧五斗餘三斗以

中下田十畝除之得三升爲中下田則例以上二色法也

乃以戊中下田五畝乘其則例得一斗五升以減戊中下中

次共三斗五升餘二斗以戊中次五畝除之得四升爲中

次田則例。

計開　上田每畝糧四斗。　上次田每畝糧三斗。

上中田每畝糧二斗。　中田每畝糧五升。

中次田每畝糧四升。　中下田每畝糧三升。

下田每畝糧二升。

論曰。此雖七色。因行中斷續。卽非七色。借三色二色之法知其首尾。而中行亦見焉。所省良多。然非省乘。其勢則然也。以其疑於省算也。故附之其末。

又有數偶相同。不論二色四色。但一減之後。卽得一法一實者。非省算也然亦省算之類。故亦附錄一條以見其例。

假如緞紗絹不知價。但云以緞一疋。紗五疋。易絹九疋。餘價二兩六錢。又以緞二疋。絹八疋。易紗四疋。餘價六兩八錢。又以緞三疋。易紗六疋。絹七疋。少價一兩二錢。

答曰緞每疋價銀三兩。紗每疋一兩。

絹每疋六錢。

法列位

緞正二　紗正五　絹負九　正三兩六錢

　正三　正十　負十八　正五兩二錢

　減盡　併十四　併廿六　餘一兩六錢

緞正三　紗負四　絹正八　正六兩八錢

　正三　負六　正十二　正十兩〇二錢

　減盡　減盡　併十九　併十一兩四錢

緞正三　紗負六　絹負七　負一兩二錢

乃以減餘重列。

紗正十四　絹負廿六　負一兩六錢　紗空不用乘

〇　絹十九　共十一兩四錢

因中左紗減盡只餘一色即以絹十九爲法除十一兩四錢得絹價每疋六錢　以絹餘二十六疋乘價得十五兩六錢同減負一兩六錢餘十四兩紗價也以紗餘十四疋除之得紗價每匹一兩用中右減餘得之　以原左行紗六疋價六兩絹七疋價四兩二錢共價十兩二錢同減負一兩二錢餘九兩緞三疋價也三除之得緞價每疋三兩

論曰此方程之變例也一減之後即得其數　若多色方程除首位外有減盡者先雖無空而減餘重列即成有空方程矣例見本卷齊軍列陳條若三色俱減盡則不能成算　或三色方程中左三色俱減盡中右只減一色則所餘者二色而無相較乘減無因不能別

其二色亦不能成算也

假有問水銀三斤硃砂二斤共價四兩四錢又水銀九斤硃砂六斤共價十三兩二錢問各價若干

答曰此不可以方程算何也彼雖兩宗而其後一宗之物價皆三倍於先一宗互乘之後必須減盡故也

凡左行之物俱倍於右行或俱半俱四之一等互乘之後得數齊同不能分核具如前論方程立法正以諸物襍糅多寡錯居同異參伍而得其端倪也

又或三色方程而問只二宗則減餘仍有二色不能分別故問三色必有三宗問四色必有四宗五色六色以上悉同何也方程立法乘減一次始能分去一色若少一行則少一次乘

減而不能得其一法一實矣故行中可有空位而不可有空行

行中有空者分一行言之也若總列爲圖則位皆無空凡此皆治方程者所當知

知其有不可算斯無疑於算知其有必不可省斯善爲省矣

列位之法亦有二

一者更其上下之位以互求也　或爲省算之計

凡方程立法務須首位齊同以便減去故每遍乘一次則減去一色遞減之則一法一實矣今行中有空則是不待遍乘而其一色已先減去也故取而列之於上位則能省算不則上位不空而下反空則對位無減補成不空而不能省算矣

其法於列位時覆視之，有横列中空位多者，取作首位，首位空一行，則省一算矣。

若首位原有空位而欲更定次位者，不必改列，但於重列減餘時，檢點更定之可也。

又横列中有數偶相同，或可以分相命者，取作首位，亦省遍乘。

或横列中有單一數多者，取作首位，省乘。單一數則不須乘故也。

以上論上下之位。

一者更其前後之行也。

凡首位多空而其不空者隔遠，則更而聯之，便乘減也。其各行空位不等者，不必更列，但以與減餘相對者取出對列而乘減之。例見前諸卷。

若各行首位有可以分相命或數偶相同而爲他行所隔亦可更置使之相接

又多色方程有各行中對位總空者取出另列而先乘其他行之不空者乃於重列之時漸次添入可免細書蹁躚例見後卷

以上論前後之行

法曰凡多色方程先任意列位竟乃覆視之若首位有空而下則無之此不必更置也或首位多空而下則少亦不必更置也

惟首位不空而下反有或首位空少而下反多則更而置之故上下可以互居前後亦可易位或云以末行爲主者非也

問古今歷術屢更其所用曰法無一同者如以漢太初歷曰法

十有一。外加四十九。則如般歷日法也。若以太初日法三般歷日法三。再加五十八。則如唐大衍歷日法也。若太初日法十有四。大衍日法二。相並以比宋紀元歷日法。仍少七十六。若太初日法九十倍之。即紀元日法。其各數若干。

法以正負列位。

甲太初十一正	般歷一負	○	○	負四十九
乙太初二正	般歷三正	大衍一負	○	負五十八
丙太初十四正	○	大衍二正	紀元一負	負七十六
丁太初九十正	○	○	紀元一負	適足

如右圖。太初歷橫列皆滿。須用徧乘對減者三。而後能減去太初之一色。其餘雖多空位。自然有無減之對位相補。不能省算。

如法改列。以最多不空之太初列下爲第四位。則般歷居上。而成有空位之方程矣。

甲般歷正一正二　○　○　太初負十一負卅三　正四十九正一百四十七

乙般歷正三　減盡　大衍負一　○　太初正二併卅五　負五十八併二百○五

丙○　大衍正二　紀元負一　太初正十四　負七十六兩位首一

丁○　○　紀元負一　太初正廿八　適足色空存之

先如法以甲乙兩行互乘減併。般歷各正三對減盡。大衍負一無減。太初異併負三十五。下數異併正二百○五。因異併故併從甲行之名。而大衍在乙行。與下數同名。亦改負爲正。

乃重列之。取出丙行與減餘相對。

減餘大衍正一正二　○　無減　太初負一負卅五得負七十　正二百○五得正四百一十

丙行大衍正二　減盡　紀元負一　太初正十四併得正八十四　負七十六併得負四百八十六

如法互乘減併。大衍各正二對減盡。紀元負一無減。太初異併得正八十四下數異併得負四百八十六。又重列之。以減餘與丁行相對。

減餘　紀元負一　太初正八十四　負四百八十六

丁行　紀元負一　太初正九十　適足

減盡　餘六

首位同名同數省其互乘。紀元各負一對減盡。太初同減餘六爲法。負四百八十六無減就用爲實法除實得八十一分爲太初日法。以丁行太初九十乘其日法。八十一分得七千二百九十分爲紀元日法。以甲行太初十一乘日法。八十一。得八百九十一異加負四十九得九百四十分爲般歷日法。

以乙行殷歷三乘日法。九百四十。得二千八百二十。又太初二乘日法。得一百六十二。又巽加負五十八共得三千〇四十分為大衍日法。

計開

殷歷日法九百四十分。

漢太初歷日法八十一分。

唐大衍歷日法三千〇四十分。

宋紀元歷日法七千二百九十分。

又按列位之法原與省乘省算之法相生。故共為一卷。合觀之可也。今以六色無空者為例如後。

問齊軍千乘。其陳有先驅。申驅為前軍。有啓與胠為兩翼。有戎車貳廣爲中軍有大殿爲後軍各不知數但以前軍居餘陳七之三合兩翼貳廣與殿多餘陳四十乘合前軍兩翼與中後較則多二十乘前軍合殿與翼中軍較則少二十乘先驅大殿居餘陳二之一而少五乘各若干

答曰前軍共三百乘

內先驅一百四十乘

申驅一百六十乘

兩翼共二百一十乘

內啟與胠各一百○五乘

中軍共三百乘

內戎車一百八十乘帥

貳廣一百二十乘〇副

後軍一百九十乘是爲大殿〇

法以和較雜列位

有七之三二之一依變零爲整以分母各乘而後列之

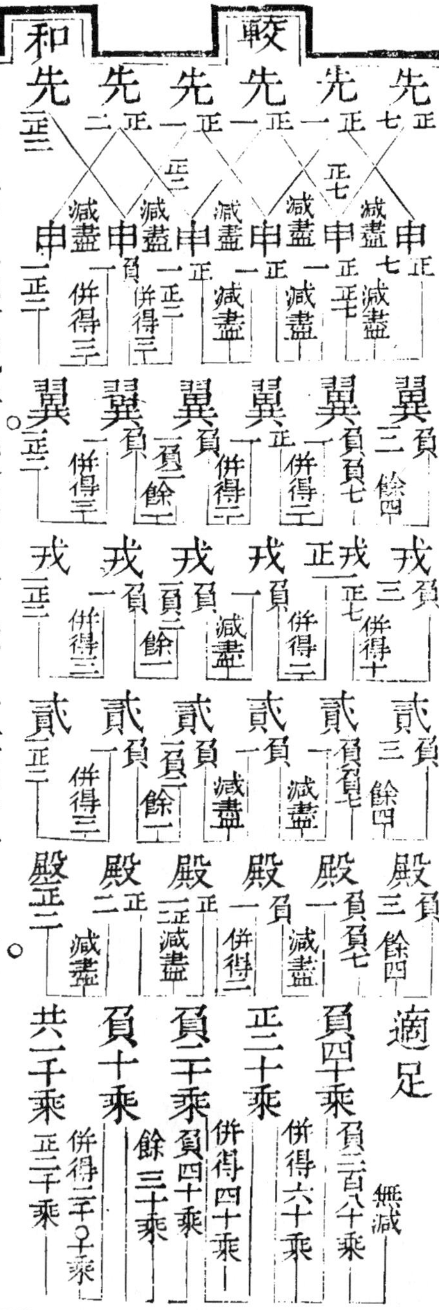

較										和
先正七	減盡	先正一　正七	減盡	先正一	減盡	先正一　正三	減盡	先正二	減盡	先正三
申正七	減盡	申正一　正七	減盡	申正一	減盡	申正一　正三	併得三	申負一	併得三	申正三
翼負三	餘四	翼負一　負七	併得二	翼正一	併得二	翼負一　負三	餘一	翼負一	併得三	翼正三
戎負三	併得十	戎正一　正七	併得二	戎負一	減盡	戎負一　負三	餘一	戎負一	併得三	戎正三
貳負三	餘四	貳負一　負七	減盡	貳負一	減盡	貳負一　負三	餘一	貳負一	併得三	貳正三
殿負三	餘四	殿負一　負七	減盡	殿負一	併得一	殿正一　正三	減盡	殿正二	減盡	殿正三
適足	無減	負四十乘　負二百八十乘	併得六十乘	正二十乘	併得四十乘	負二千乘　負四十乘	餘三十乘	負十乘	併得二千〇十乘	共二千乘　正二千乘

如法互乘減併變爲五色有空而重列之〇

空者偶也若不空亦儼然變爲五色矣

○　翼正四　戌負十　貳正四　壁正四　正二百八十乘（此五色省三算法因三行皆空首位故也。）

○　翼正二　戌負二　○　○　正六十乘

○　翼正二　○　○　壁負二　正四十乘（若以翼列于首位即同無空。）

申正三（減盡）　翼負一（併得四）　戌負一（併得四）　貳負一（併得四）　○　負三十乘

申三正　翼三正　戌三正　貳三正　○　共二千○二十乘正（併得二千○四十乘）

前三行減餘首位申驅皆空故不須乘減但以末二行乘而減之減去申驅即變四色矣又以申驅數本同故不須乘而竟以對減乃以四色法重列之

此四色無空法也雖有空而非首位不能省算即與無空同也

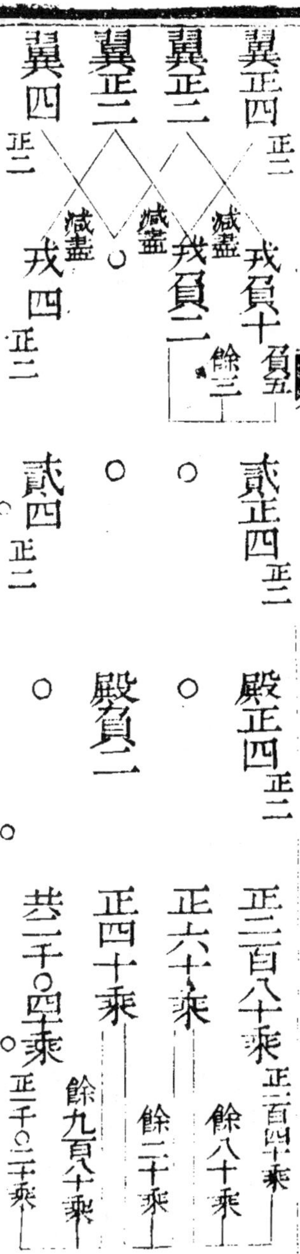

翼正四 正三　戎負十 負五　貳正四 正三　殿正四 正三　正三百八十乘 正二百四十乘 餘八十乘

翼正三　戎負二 餘三　貳正四 正三　殿正四 正三　正六十乘 餘二十乘

翼正二　貳四　殿負二　正四十乘

翼四 正三　戎四 正三　貳四 正三　共二千〇四十乘 正二千〇二十乘 餘九百八十乘

因首末兩行之翼數皆倍於中兩行故省互乘但以首末兩行皆半之使其翼數齊同乃原數對減而變爲三色又重列之

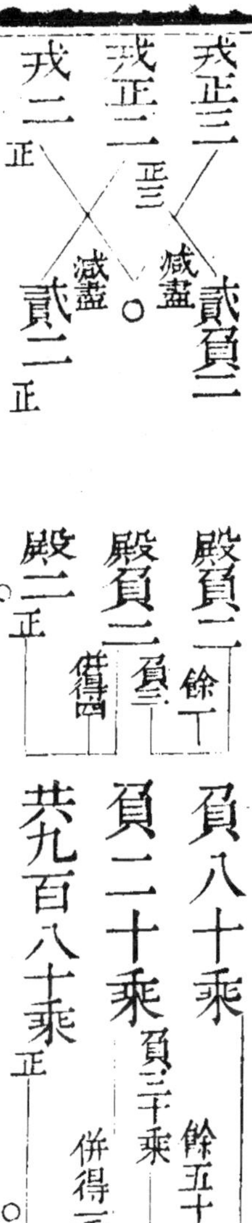

戎正三　貳負二　殿負二 餘一　負八十乘 餘五十乘

戎正二 正三　殿負三 負三　負二十乘 負三十乘 併得一千乘

戎二 正　貳二 正　殿二 正　共九百八十乘 正

因次行末行戎車同但首行多於次行二之一故省互乘但

以次行二分加一與首行對減其次行與末行竟以原數對減變爲二色而重列之

貳正二　殿負一　正五十乘

減盡　併得五

貳二正　殿四正　共一千乘正　餘九百五十乘

貳廣同故省互乘竟以對減盡　大殿異名併得五爲法。車同名減餘九百五十乘爲實　法除實得一百九十乘爲大殿車數。以大殿車數異加正五十乘共二百四十乘以貳廣二除之得一百二十乘爲貳廣車數。用末次右行數。倍大殿車數同減負二十乘戎車二除之得一百八十乘爲戎車公卒數。用第四次三色中行數也。倍戎車異加正六十乘兩翼二除之得二百一十乘爲兩翼共數。用第三次四色之次行。又半之卽啟與胠數。合計兩翼二百一十。戎車一百八十。貳廣一百二十。共數五百一十。同減負三十乘。餘四百八十。以申驅三除之得一百六十乘爲申驅數。用第二次所列五色之第四行。合計申驅一百六十。兩翼二百一十。戎車一百八十。貳廣一百二十。共六百七十。同減負十乘。餘六百六十。又減去大殿二。計三百八十。餘二百八十以先驅二除之得一百四十乘爲先驅之數。用原列六色之第五行數。

試細攷之。合計兩翼二百一十。戎路一百八十。貳廣一百二十。大殿一百九十。共七百乘。合計先驅一百四十。申驅一百六十。共三百乘。三七差分也。故曰前軍爲餘陣七之三。

合計兩翼二百一十。貳廣一百二十。大殿一百九十。共五百二十乘。其餘前軍三百。戎路一百八十。共四百八十乘。故曰翼廣殿多餘陣四十乘。

合計前軍共三百。兩翼二百一十。共五百一十乘。以較中軍共三百。後殿一百九十。共四百九十乘。則多二十乘。故正二十乘與前軍翼同名。

合計前軍三百。大殿一百九十。共四百九十乘。以較兩翼二百一十。中軍三百。共五百一十乘。則少二十乘。故負二十乘與前軍殿異名。

合計先驅一百四十。後殿一百九十。共三百三十乘。又合計中驅一百六十。中軍三百。兩翼二百一十。共六百七十乘。其二之一爲三百三十五乘。故曰先驅大殿居餘陣二之一。而少五乘。以全當其半而少五乘。則以倍當其全而少十乘矣。此與第一行皆變零爲整。詳見帶分條。總計之則千乘矣。故以和數參焉。

論曰。此一例中能兼數法。皆省算之捷訣。

其第二圖五色變四色。當有互乘減併者四次。今以申驅空位。省其三次。此空位徑求省算之法也。

其中驅偶爾數同。徑以對減。與第五圖二色之貳廣數同徑。以對減。皆省乘之法也。但皆和較之雜。故雖不乘。必以較行首位之正負。補於和數之行。不然則減併誤矣。此要訣也。

其第三圖四色之首位偶有倍數。故半其倍者以相從。此亦省乘法也。

其第四圖三色之首位爲三與二。故加二爲三。是二加一也。故其下皆二分加一。則如遍乘矣。然亦首位正負偶同也。若不同者。須更其一行以同之。首位雖同數。又必同名。然後可減而去之。尤省乘之要訣。

又論曰。方程無空者常法也。如第一圖六色是也。若不減併五次何以求之亦偶而多有首位相同者故亦能省乘然雖省乘不能省減併矣其有空位者偶然也如第二圖五色有空是也空位多若更置列之所省尤多雖不更置而減併之餘自然能補其空亦可見方程之有常法矣

若更置之則自五色起如後圖因五色始有空也如此圖則省六算戊翼不空故更之下位後行不空者更之前行以先乘

甲	申正三	貳負一	○	戊負一	翼負一	負二十乘
	減盡	併得四		併得四	併得四	併得二千○四十乘正
乙	申正三	貳正三	○	戊正三	翼正三	共二千○十乘正
丙	○	貳正四	殿正四	戊負十	翼正四	正二百八十乘　丙行空一位存與第一次減與對
丁	○	○	殿負二	○	翼正二	正四十乘　丁行空兩位存與第二次減餘對
戊	○	○	○	戊負二	翼正二	正六十乘　戊行空三位存與第三次減餘對

甲乙行如法減去申軀。以其餘四位重列之。與丙行相對。一和一較也。

減餘貳四正　　戊西正　翼四正　共數二千〇四十乘正

丙行貳正四　　殿正四　　戊貳十　翼四正

減盡　　併十四　　減盡　　正二百八十乘

餘一千七百六十乘

如法減去貳廣。又重列之。與丁行相對。皆較數也。如後。

減餘殿正四　負二　　戊負十四正七

丁行殿負二　　翼正二

減盡

負一千七百六十乘　正八百八十乘

正四十乘

餘八百四十乘

如法半減餘數。以從丁行。乃對減而重列之。與戊行相對。又以翼同。故更置之。

減餘翼正二　　戊負七

戊行翼正二　　戊負一

減盡　　餘五

負八百四十乘

正六十乘

併得九百乘

如法徑以對減餘戎路五爲法

併得正負九百乘爲實

法除實得戎路數

既得戎路數以次得餘軍之數

又術以一圖而爲減併如後所列

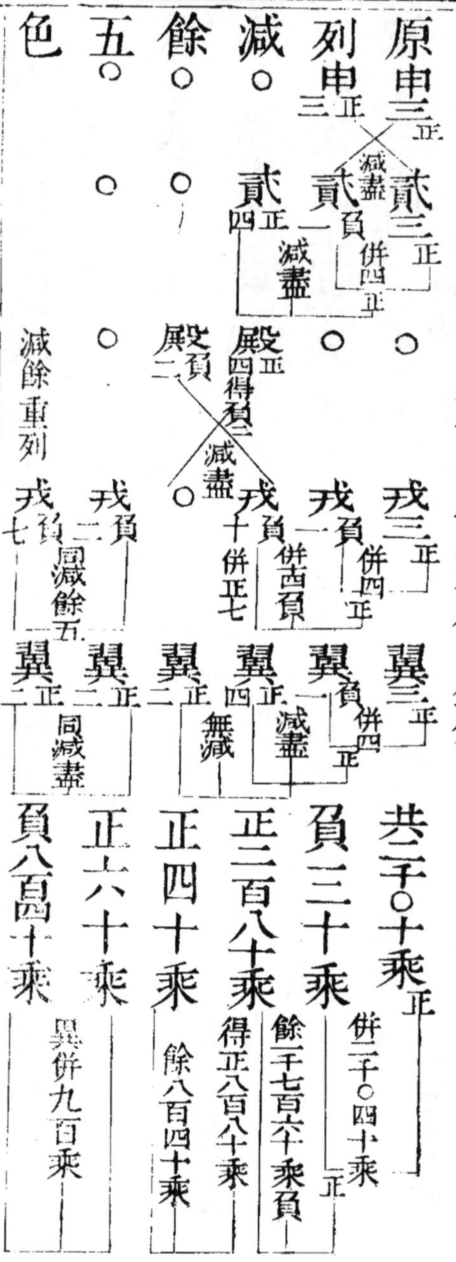

原	甲三正	貳三正	○	戎三正	翼三正	共二千○十乘正
列	甲三正	貳一負	○	戎一負	翼一負	負三十乘
減	○	貳四正	殿四正 得負二	戎十負	翼四正	正二百八十乘
餘	○	○	殿二負	○	翼二正	正四十乘
五	○	○	○	戎二負	翼二正	正六十乘
色			減餘重列	戎七負	翼二正	負八百四十乘

甲：減盡　貳：併四正　減盡　殿：減盡

戎：併四正　併十四負　併正七　同減餘五

翼：併四正　減盡　無減　同減盡

共：併二千○四十乘正　餘一千七百六十乘負　得正八百八十乘　餘八百四十乘　異併九百乘

依法先得戎路亦同。但其間和較交變錯然雜陳。非深知猝不能了。不如前術之爲安穩明白也。

曆算叢書輯要卷十四

方程論四

刊誤

古之爲學也精。故其立法也簡。而語焉不詳。闕所疑而敬存其舊。無臆參焉。斯善學也已。不得其理而强爲之解。以亂其眞。古人之意乃不可見矣。意不可見而訛謬相仍。如金在沙。淘之汰之。沙盡而金以出。故刊誤次之。

方程之誤厥有數端。

一曰立負之誤。立負誤也。四色五色期於立負以爲法。誤之誤也。自騾馬遞借一問沿訛。而加減之誤因之矣

一曰加減之誤

同加異減一誤也。誤沿於牛羊豕相易之一問。由不知正負之有更也。

奇減偶加二誤也。誤沿於桃梨問價。以不知和較之交變也。

一曰法實之誤。以上爲法。下爲實。拘也。以法必少。實必多。亦謬也。

一曰併分母之誤。

一曰設問之誤。如井不知深。而以除法爲井深。問中先已大誤。

立負辨

立負非古人法也。何以知之。有負則有正。今立負而不言正。非正負之本旨也。或曰有正則有負。則言負可不言正矣。是又不然。凡和之變而較也。有減其和數而盡者。亦有減其和數而餘者。其減而盡者。命爲適足。而無較數。則但言此之爲負。以見彼之爲正可矣。若減而餘者。是有較數也。而但言負不言正。何以知其較數必與正物同名乎。即使同名而竟不明言其爲正何以分別同異而爲加減乎至於以有空位而立之負則又不可何也和之或變而較也固不必以空位也但減餘分在兩行而兼用之即變較數矣今必以有空位者而立之負則無空位者即不立負乎然則和數之無空位者終於同減而無異併乎將進退失據矣故曰非古人法也

凡言正負者分其物以相較也不言正負者合其物以言數也皆自然而有之名非立之也而立負乎哉夫不知正負之出於自然而強立之負則同異之旨淆而加減之用失種種謬誤緣之以生故謹爲之辨

今以諸書所載立負例考定如左

假如米四石二斗以馬一騾二驢三載之皆不能上坡若馬借

騾一。騾借驢一。驢借馬一。則各能上坡問馬騾驢力各幾何

答曰馬力二石四斗。騾力一石八斗。驢力六斗

法各以和數列位。馬借騾一。則一馬一騾也。騾借驢一。則二騾一驢也。驢借馬一。則三驢一馬也。各以其本數加借數而列之。于方程法。則和數而已。

	馬	騾	驢	共
右	馬一	騾一對空無減		共四石二斗減盡
中	○減盡	騾二	驢一	共四石二斗中行無馬故無乘減存與左右減餘為一色之用
左	馬一		驢三對空無減	共四石二斗減盡

此三色有空法也。中行無馬。原只二色。故不須乘減。但先以左右兩行首位不空者對乘。又因兩行馬數皆一。乘皆如故。故徑以對減。馬減盡。右騾一。左驢三。皆無對不減。米各四石二斗亦對減而盡。乃視減餘騾一在右行驢三在

左行分在兩行是有正負也　米亦減盡是正負適足也重列之。

論曰此和數變爲較數也何以言之兩行之馬相若而其載物又相若則其所借以共載之騾一與驢三其力亦自相若矣故命之適足適足者以兩相較而成故曰變爲較數也然謂之適足可也謂一行俱減盡則不可也減盡者同類之物而其數又同故物與數俱減盡也適足者物非同類而其物之積數則同故其物不能減盡而數則減盡也物不同而數同故曰適足也適足者存之爲用也物數俱減盡者清出其一色而不復用也如此三色中雖不能遽知各力然已知驢三騾一之適相當矣則已清出馬之一色而變爲二色矣此遁

減立法之意也。

又論曰減餘適足則有正負矣。其原列只是和數。無正負也。諸書以遞借一匹之故而列之曰借又別其本數曰正。不知正與負對。非與借對也。雖遞借一匹。其實是本有之頭匹。與所借之頭匹共載此米。故曰和數。逮減餘乃變爲較耳。故減餘適足。宜言正負也。而諸書但立負。原列和數無正負也。而忽分正借。又不立負於減之後。而立於其先。正也借也立負也。三者相亂而靡有指實。古人之法固如是乎哉。

次以中行原數與減餘對列。　因中行馬空故徑求也。

減餘騾負一　負二　　驢正三　正六　　適足

中行騾二　負二　　驢一　負一　　共四石二斗　負四石二斗

減盡　　併得七

此和較雜也。　減餘分正負。　中行原無正負

以減餘騾負一遍乘中行如故。較乘和也。數雖如故。但皆以乘法之名名之爲負。又以中行騾二遍乘減餘得數。和乘較也。故仍其正負之名。

騾同減盡。　驢異併得七爲法。　四石二斗無減就爲實

法除實得六斗爲一驢之力。　三因驢力得一石八斗爲一騾之力。適足故也。以騾力一石八斗。減四石二斗。餘二石四斗爲一馬之力。原右行數。

論曰。減餘原是騾一與驢三力等。乘後得數則騾二與驢六亦等也。然則於中行共力中減去二騾。而以相等之六驢益之。其共載四石二斗亦必與原載等也。故併此六驢與原列一驢共七爲法。以除此四石二斗。而驢力可知也。　驢三與騾

一既等。則三驢之所載。即騾力也。　騾與馬各一。共四石二斗。則減騾力。即馬力也。

又論曰此因中行有空。故徑求也。使其不空。自當與左行或右行遍乘。而減去其馬與其數。乃列兩減餘如二色求之。此常法也。今中行馬空。原只二色。恰與減餘之二色相對。故徑相乘減。是省一算也。諸書皆言因左行騾空。故立負騾一。與中行對乘。不知左行騾空。而右之騾一無減。猶右之驢空。而左之驢三無減也。其與中行相對。乃用此兩行之減餘。非獨用左行也。蓋左行有馬。中行無馬。原無對乘之理。亦猶之右與中不可對乘。惟減餘是二色。可以對乘。雖云徑求。實自然之理勢也。而強立之負以用左行乎。

有正斯有負立負騾於左行爲與何物相對耶以馬一爲正耶驢三爲正耶其馬一驢三皆正耶既無所指則負爲徒立矣

凡言正負者其下數必爲正與負之較今所用左行之四石二斗者爲是騾一與驢三相較之數耶騾一與馬一相較之數耶將合馬一驢三與騾一相較之數耶則皆無一合矣

凡物有正負者其較數亦有正負此四石二斗者正耶負耶若無正負即是和數不應立負騾矣

若以四石二斗爲和數則更非理夫以馬一驢三之共數加一騾力而其數如故理所無也若去一馬用一騾而與驢三共此米抑又不能馬與騾之力原不同乃去一馬加一騾而其數如故理所無也然則此四石二斗安屬耶彼惟不知四石

二斗之減盡即爲適足故誤至此也

又謂右行俱減盡不知減盡必兩行數同如馬一與米四石二斗是也若騾一驢三固未嘗有減也况盡乎方程立法原以對減有盡不盡而得其朕兆若三色俱減而盡其算不立矣惟不知有空位者可以徑求而誤以所用之減餘爲是左行之原數故也

凡減盡者兩俱減盡不應右減盡而左行獨存若謂復用左行之原數何以不用原列之馬一而加一負騾以爲馬一減去故不用則四石二斗何旣減而復存耶故以立負騾減馬一爲用減餘之法則四石二斗不宜存存四石二斗爲用原列之法則馬一不宜減負騾不宜立破兩法而參用之一不成

矣。承謅者遷就多岐，抑奚足怪。

今試以減餘更置，則先得騾力。如後圖。

減餘　驢正三　騾負一　適足

中行　驢一正三　騾二負六　共四石二斗正十二石六斗

減盡　併七

如前法，以一和一較遍乘得數。驢同名減盡。騾異併得七爲法。正十二石六斗無減，就爲實。實如法而一，得一石八斗，爲騾力。以驢三除相當一騾之力，得六斗，爲驢力。於任原列左行或右行，如法減驢力或騾力，得馬力。

論曰：凡減餘重列之數，皆可更置互求。何則？皆實數也。三色減去一色，即二色法矣。若於減餘之適足加以四石二斗，則不可以互求，故知其誤。

又試以原列更置之先減去騾如後圖

右騾一 二　　馬一 二　　共四石二斗 八石四斗

減盡

中騾二　　驢一　　共四石二斗 餘四石二斗

左。驢三 正三　　馬一 正一　　共四石二斗 正四石二斗

減盡　　并七　　并十六石八斗

減餘重列　驢正一 正三　　馬負二 負六　　負四石二斗 負十二石六斗

如法先以右中遍乘。騾減盡　中行騾一。右行馬二皆無減分正負列之。載米餘四石二斗在右行與馬同名。左行騾空故徑與減餘相對。依和較雜法乘之。驢同減盡馬異併七為法。載米異併十六石八斗為實　法除實。得二石四斗為馬力。以馬力減四石二斗餘一石八斗得騾力。以馬力倍之同減四石二斗餘六斗得驢力

試又更之如後圖

右驢一　騾二六　共四石二斗十二石六斗

中驢三　盡　馬一　共四石二斗　餘八石四斗

左　馬一正一　騾一正一　共四石二斗正四石二斗

重列減餘　盡　馬正一　騾負六　併七　負八石四斗　併十二石六斗

如前法先以右中兩行遍乘減去驢餘馬一騾六皆無減分正負載米餘八石四斗在右與騾同名乃重列之如前法徑與左行相對遍乘　馬同減盡　騾異併七為法　載米異併十二石六斗為實實如法而一得騾力以次得驢馬力皆如前

論曰凡諸色方程其上下皆可互更如上二圖以空位徑求之

法求之無所不合也

又試以原列無空而減餘適足者為例如後

假如有二車三槖駝七牛各欲載物六十四石而皆不能勝若車借駝牛各一駝借車牛各一牛借車駝各一則皆能載問三者力若干

答曰車二十四石　槖駝十二石　牛四石

法以和數列位

甲	車二	駝一（減盡）（餘五）	牛一（餘一）	共六十四石
乙	車一（二）	駝三（六）	牛二（二）	共六十四石（一百廿八石）（餘六十四石）
丙	車一	駝一（減盡）（餘二）	牛七（餘六）	共六十四石（減盡）

如法乘　車皆減盡　甲乙兩行減餘皆在乙行和數也

乙丙相減餘乙駝二丙牛六是有正負也。載物減盡適足也。乙丙載物減盡。則不但對減去之物適相當。而其減餘之駝二牛六。其力亦適相當也。雖欲不命之適足。不可得矣。

乃以和較雜重列之。

駝五 正十五　　牛一 正三　　共六十四石 正一百二十八石

駝正三 正十五　同減盡　牛負六 負三十　異併三十二　適足

依一和一較法求得牛三十二爲法。載物一百二十八石爲實。法除實得四石爲牛力。牛六共力二十四石以相當之駝二除之得十二石爲駝力。以牛力駝力減六十四石餘四十八石車二除之得二十四石爲車力。用右行原數。

論曰此亦以和變較而有適足之數也。豈以有空位而立之負乎。可以悟其非矣。

試更以較數求之

假如運糧以象馬牛車三種但云接運時以三象所載與四牛車廿四馬載之則餘三十六石以八牛車所載與二象十二馬載之亦餘三十六石以七十八馬所載與二象二牛車載之亦餘三十六石問各若干

答曰象七十二石　牛車二十七石　馬三石

法以較數列位

右	右象正三	牛車負四	馬負二十四	正三十六石
中	中象正二（正三）	牛車負八（負十二）	馬正十二（正十八）	負三十六石（負五十四石）
左	左象正二	牛車正二	馬負七十八	負三十六石
右與中	減盡	餘八	併四十二	併九十石
中與左	減盡	併十	併九十	減盡

如法互乘減併重列其餘中行每加二分一。則首位象與右齊同。可對減矣。其中左象本同徑

以對減皆省算法也。

牛車負八　　馬正四十二　　負九十石

負八　減盡　餘三十

牛車負十　　馬正九十　　正七十二　　適足

依省算法求得馬三十載九十石，以馬除載得三石爲馬力。

馬九十載二百七十石，牛車十除之，得二十七石爲牛車力。

合計牛車四馬二十四共載一百八十石，與加正三十六石，象三除之，得七十二石爲象力。用右行原數。

論曰：此原列較數也，而其較數亦有減而適足者，然則先無適足減之而成適足者往往有之矣。

惟適足，故分正負，非以空位而立負也。故知減餘之亦有適足，而復用左行者非矣。知用減餘而非用左行，則立負之非不攻而破矣。

同加異減辨

同名相減則異名相加矣。諸書所載。忽而同減者忽而異減忽而異加者忽而同加。豈不謬哉。又爲之說曰以正爲主則同減而異加以負爲主則異減而同加。又爲之說曰同名相乘則其下同減而異併異名相乘則其下異減而同併。言之纔然。用之紛然。而要之非是也。夫同名相減卽如盈朒章兩盈兩朒相減也。異名相併卽如盈不足相併也。豈有同加異減之理乎。所以誤者。不知正負交變之法也。正負宜變而不變。則首位之異名者何以能對減而盡乎。不得不遷就其法同加異減矣。苟知其變。則首位必同名。首位既同名。則凡減皆

同名凡加皆異名較若畫一何必紛紛爲之説乎

凡減餘重列有仍其正負如故者亦有更其正負絕非其故者且有先無正負及其重列而有正負者有先分正負及其重列之而反不分者若但以初名爲定則加減皆舛矣

假如同減之餘分在兩行而爲同名或左餘正右亦餘正或左餘負右亦餘負則重列必爲異名矣必變其一行之名而列之而其下所餘數必是此二異名物之較數也若無餘數必是此二異名物相當適足也此以三色言之若四色以上減餘位數多者皆倣此論之

若同減之餘分在兩行而爲異名或左餘正而右餘負或左餘負而右餘正則重列必爲同名矣而其下所餘數必是此二同名物之和數也此亦以三色言之其減餘只二色故也則其原列正負之名皆不用矣

若異併者尤爲易見何也凡異併者正與負併也正與負併則如一物矣故重列之際必以一行爲主而定其名（或爲正或爲負或變和數則無正負）若但守初名而不知所變將一物而名之正又名之負乎必不然矣兼此數端知正負之交變出於自然非强名也（不知正負之變亦不知和較之變矣故又有奇減偶加之誤也）

今以諸書所載同加異減例考定如左

假如以牛二羊五作價易猪十三剩價五兩以牛一猪一易羊三適足以羊六猪八易牛五不足三兩問價各若干

答曰牛價六兩　羊價二兩五錢

猪價一兩五錢

列所問數

	牛	羊	猪	價
右	牛正二　左乘正十	羊正五　左乘正二十五	猪負十三　左乘負六十五	正五兩　左乘正二十五兩
	減盡	併十一	併十五	無減
中	牛正一　得正二	羊負三　得負六	猪正一　得正二	適足
	減盡	併卅七	餘四十九	餘十九兩
左	牛負五　得正十	羊正六　得負十二	猪正八　得負十六	負三兩　得正六兩

先以右行牛正二遍乘中左兩行得數。中右首位同名。故正負不變。右左首位異名。故變左行之正負以從右。亦爲以少從多。

次以中行牛正一遍乘左右行皆得原數。乃以中右兩得數對減。牛各正二同名減盡。羊異名。右正五。中負六。併得十一。猪異名。右負十三。中正二。併得十五。價無減。右正五兩。中適足。仍得五兩。於是分正負以價與羊爲同名而重列之。羊右正中負。猪右負中正。故仍爲較數價與羊同爲正於右行。故仍爲同名。

次以左行牛負五遍乘右行得數。左行既變以從右。則右行不變。仍其正負。乃以

左右兩得數對減　牛各正十同名減盡　羊異名右正廿五。左負十二。併得三十七　猪同名右負六十五。左負一十六。減餘四十九在右。價同名減右正二十五兩。左正六兩。餘十九兩亦在右。於是亦分正負亦以價與羊同名而重列之。　羊與餘猪原分正負於右故仍爲較數價與羊同爲正於右故同名

列兩減餘

羊正十一	正四百○七	猪負二十五　負五百五十五	正五兩　正一百八十五兩
	減盡	餘十六	餘二十四兩
羊正三十七	正四百○七	猪負四十九　負五百三十九	正十九兩　正三百○九兩

如法以兩正羊徧乘得數　乃對減　羊同減盡　猪同減餘十六爲法。　價同減餘二十四兩爲實法除實得一兩五錢爲猪價　以猪十五價二十二兩五錢異加正價五兩共

二十七兩五錢羊十一除之得二兩五錢爲羊價。任於原列中行羊三價七兩五錢內減猪價一兩五錢餘六兩爲牛價。

論曰：凡列正負可以任意呼之，要在知下價之於正負孰爲同名耳。若乘後得數，則其首列一位必以同名而相減，故正負有時變，而其價之正負從之變矣。故同異加減必以乘後得數而定也。如此所列左右行先爲一正一負異名之價，而乘後得數必爲同名之價，何也？兩價皆與牛同名，而牛在首列，得數必同名故也。若以羊更置首列，則兩價得數必異名，何也？價與羊於右同名，而於左異名也。

試更列之於後

右	羊正五（正三十）	牛正二（正十二）	猪負十三（負七十八）	正五兩（正三十兩）
中	羊正六（右乘正三十，左乘正十八）	牛負五（右乘負二十五，左乘負十五）	猪正八（右乘正四十，左乘正二十四）	負三兩（右乘負十五兩，左乘負九兩）
左	羊正三（正十八）	牛負一（負六）	猪負一（負六）	適足
右中	減盡	併三十七	併一百十八	併四十五兩
中左	減盡	餘九	併三十	無減

如法以中行羊與左右兩行互遍乘得數相減。羊同減皆盡。右中牛異併三十七。猪異併一百十八。價異併四十五兩。價與牛同名。中左牛同減餘九。猪異併三十。價九兩無減與牛同名。

乃以兩減餘各分正負而重列之。

牛正三十七（正三百三十三）	猪負一百十八（負一千〇六十二）	正四十五兩（正四百〇五兩）
牛負九（正三百三十三）	猪正三十（負一千一百十）	負九兩（正三百三十三兩）
減盡	餘四十八	餘七十二兩

如法以牛互遍乘而變左行之正負以相從。牛同減盡。

猪同減餘四十八爲法。價同減餘七十二兩爲實。法除實得猪價。以次得牛羊價。合問。

試又更之

右猪正十三（正二百〇四）　羊負五（負四十）　牛負二（負十六）　負五兩（負四十兩）

中猪正八（右乘一百〇四正）　羊正六（右乘正七十八）　牛負五（右乘負六十五）　負三兩（右乘負三十九兩）

左猪正一（正八）　羊負三（負二十四）　牛正一（正八）　適足

（猪：減盡　減盡；羊：併一百十八　併三十；牛：餘四十九　併十三；價：餘一兩　無減）

如法以中行猪與左右兩行互遍乘得數相減。猪同減皆盡。右中羊異併一百十八。右負中正。牛同減餘四十九。餘負在中。價同減餘一兩。餘負在右。分正負。以價與羊同名。左中羊異併三十。中正而左負。牛異併十三。中負左正。價三兩無減。中之負數。亦分正負。以價與牛同名。皆重列之

羊正一百十八　正三千五百四十　牛負四十九　負一千四百七十　正一兩　正三十兩

羊正三十　正三千五百四十　減盡　牛負十三　負一千五百三十四　餘六十四　負三兩　負三百五十四兩　併三百八十四兩

如法互乘。羊同減盡　牛同減餘六十四爲法。價異併三百八十四兩爲實。法除實得牛價六兩以次得羊猪價。

論曰反覆求之皆同減異加別無他術可見古人立法之簡快。奇減偶加辨。

方程立法只同名相減異名相加盡之。和數有減無併皆同名也。較數有減有併或同名或異名也。和較交變。故減併相生。不論二色三色四色乃至多色皆一法也。今諸書不察。偶見瓜梨一例有奇減偶加之形不得其解遂執爲四色之定法而不知通變使方程一章之法爲徒法而莫可施用深可惜也故覶縷辨之。

今將瓜梨一問考定如後。

假如有瓜二梨四共價四十文。又梨二榴七共價四十文。榴四桃七共價三十文。瓜一桃八共二十四文。問各價幾何。

答曰瓜八文。　梨六文。　榴四文。　桃二文。

法以和數列位　依四色有空以省筭法求之

	瓜	梨	榴	桃	價
甲	瓜二	梨四	○	○	共四十文
乙	○	梨二	榴七	○	共四十文
丙	○	○	榴四	桃七	共三十文
丁	瓜一 二	○	○	桃八 十六	共廿四文 四十八文

減盡

餘八文

乙無瓜丙無瓜梨皆存之與減餘相對

惟甲丁兩行有瓜如四色。故先以相乘。　瓜減盡。　甲梨四丁桃十六皆無減。　價餘八文。　分正負。梨甲桃丁故也。以價與桃同名。同在丁行故也。

瓜減盡矣。而餘行皆無瓜。則只三色。故徑以減餘之數與乙行相對。

減餘梨四十二　正八十四　桃負十六　負五十二　負八十文　負十六文

乙行梨二　正八十四　減盡　榴七　正二十八　共四十四文　正一百八十八文　併一百七十六文

如法互乘　梨同減盡　榴二十八。左正。桃三十二。右負。皆無減。

價異併一百七十六文。右負。左正。

隔行之異名。乃同名也。以和數列之。不分正負。

又以餘行無梨。則只二色。徑以減餘與丙行列之。

減餘榴二十八　一百十二　減盡　桃三十二　一百二十八　共一百七十六文　七百〇四文　餘六十八　餘一百卅六文

丙行榴四　一百十二　桃七　一百九十六　共一百三十文　八百四十文

如法乘減。榴減盡。桃餘六十八爲法。價一百三十六文爲實。法除實得桃價二文。以丙行桃七價十四文減共三十文餘十六文悉榴價也榴四除之得榴價四文。以乙行榴七價二十八文減共四十文餘十二文悉梨價也梨二除之得梨價六文。以甲行梨四共二十四文減共四十文餘十六文悉瓜價也瓜二除之得瓜價八文

論曰此和數變爲較數而較數復變和數也何以言之初次減餘價八文乃桃多於梨之價故曰變爲較數也桃十六價三十二文梨四價二十四文差八文何以知之餘數分在兩行故也桃十六在丁行梨四在甲行何以知桃多於梨桃與價同在丁行故同名也然所用以分正負者是甲丁兩行之減餘非但以丁行空位而立負也又因

乙丙瓜位皆空故用此減餘徑與乙行相對是省二算也乃徑求也非專用丁行爲主也減餘較也乙行和也一和一較故有異名相併而非以偶行故加也

若第二次減餘則復是和數何也其相併一百七十六文乃桃榴之共價桃三十二價六十四文榴二十八價一百十二文共此數而非其較數故曰復變和數也何以知之桃與榴雖分餘於兩行而異名然隔行之異名乃同名也乙行榴正價亦正減餘桃負價亦負兼而用之變爲同名矣至於立負之非此尤易見蓋既變和數無正負矣雖兩遇空而無減豈得謂之立負乎又因丙行梨亦空故徑用減餘與之對減是又省一算非以丁行對丙行也而顧曰立負榴於丁行誤之誤矣減餘變和丙行相對是兩和也故有減而無併也而豈

以奇行之故而減也乎哉。

今試以甲丁之行易之，則加減全非矣。

甲　瓜一 得二　桃八 得十六　○　共二十四文 得四十八文

乙　○　桃七　榴四　○　共三十文　餘八文

丙　○　○　榴七　梨二　共四十文

丁　瓜二　減盡　○　○　梨四　共四十文

如法以甲丁行對乘減瓜盡。桃十六 甲　梨四 丁　皆無減。

價相減餘八文。甲　乃分正負以價與桃同名而重列之與

乙行相對。

減餘桃十六 正百十二　○　梨負四 負二十八　正八文 正五十六文

乙行桃七 正百十二　減盡　榴四 正六十四　○　共三十文 正四百八十文　餘四百二十四文

如法乘。桃同減盡。榴六十四正左梨二十八負右皆無減。

價同減餘四百二十四文。

依前論隔行之異名卽同名也。不分正負而重列之與丙行相對。

減餘榴六十四四百四十八　梨二十八一百九十六　共四百二十四文二千九百六十八文

丙行榴七四百四十八　梨二一百二十八　共四十文二千五百六十文

減盡　餘六十八　餘四百〇八文

如法減榴。餘梨六十八爲法。四百〇八文爲實。法除實得梨價六文。以次得諸物價皆如前。

論曰此但更其前後之行耳。而價皆同減無異。併可見奇減偶加之非通法矣。

又試以上下之位而更之。

甲梨二得八　榴七三十八　○　○　共四十文負八十文

乙○　榴四　桃七　○　共三十文

丙○　○　桃八　瓜一　共三十四文

丁梨四得八　○　○　瓜一四　共四十文八十文

減盡　餘八十文

如法以甲丁先乘減去梨盡。餘榴二十八甲瓜四丁皆無減。價相減餘八十文。甲依前論分正負以價與榴同名而重列之與乙行相對。

減餘榴正二十八正百十二　○　瓜負四負十六　正八十文正三百二十文

乙行榴四正百十二　桃七正百九十六　○　共三十文正八百四十文

減盡　餘五百二十文

如法乘減榴盡。餘桃一百九十六左正瓜一十六右負皆無減。價相減餘五百二十文左正依前論復變和數不分正負而

經與丙行重列之

減餘桃一百九十六一千五百六十八　瓜二十六二百二十八　共五百二十文四千一百六十文

減盡　餘六十八　餘五百四十四文

丙行桃八一千五百六十八　瓜一一百九十六　共二十四文四千七百〇四文

如法減桃　餘瓜六十八為法　價五百四十四文為實

法除實得瓜價八文以次得諸物價皆如前

論曰此亦有同減無異加固不以奇偶之行而有別也

若以甲丁減餘更置之則亦有異併之用如後圖

減餘瓜負四　稻正三十八　正八十文

減盡

丙行瓜一負四　桃八負三十二　共二十四文負九十六文

異併一百七十六文

論曰此下價何以併異名故也何以異名凡一和一較方程在

和數行者其得數必與較首位同名故其較數之價與首位

同名者則亦與和價同名也。其與首位異名者與和價亦異名也。

先用丙行何也。以有瓜。故可與餘瓜相減。亦可見行次之非定也。理之不定。乃其一定。凡事盡然。泥一端以定之。轉不定矣。

又論曰。此亦復變爲和數也。何以知之。正榴正價皆右。負桃負價皆左。以之併爲一行。則無正負矣。蓋隔行之異名。乃同名也。

減餘桃三十二 二百二十四　榴二十八 一百九十六　共一百七十六文 一千二百三十二文

乙行桃七 二百二十四　減盡　榴四 一百二十八　餘六十八　共三十文 九百六十文　餘二百七十二文

如法減桃。餘榴六十八爲法。價二百七十二文爲實。

法除實得榴價四文以次得諸物價皆如前

論曰兼此數端知加減非關行數矣

統宗歌曰四色方程實可誇須存末位作根芽若遇奇行須減價偶行之價要相加諸書仍訛又推而至於五色六色皆云以末位為主而自首行以徃皆與之加減至其所以加減者又皆以行之奇偶如一行三行五行奇數也則價與末行減二行四行偶數也則價與末行加而不言同異名將奇行者皆同名乎偶行者皆異名乎未可必也不知彼所設問各行遁空兩位勢必挨列雖云四色乃四色之有空者耳非四色之本法也省算卷辨之極詳可以互發既挨列矣餘行之首一色皆空不須乘減惟末行首行相對可以互乘非用末行乃用上一色

相對之行耳。使上一色不空者在中二行。而末行反空。又當以中行先用矣。雖欲以末行爲主得乎。

至於第二次重列而乘減者。乃用首行末行相減之餘也。非專用末行也。葢兩行相減乃生餘數。若謂之用末行。亦可云用首行矣。

又因各行多空。故徑以減餘與次行乘減得數。又徑以減餘與三行乘減。乃省算之法。於末行毫不相涉也。

且方程之行次非有定也。其前後可以互居。左右中可以相易。亦何從而定之爲末行乎。末行無定矣。又安有奇偶之可言乎。而以是爲加減之定法乎。

然則惡乎定。曰詳和較以列減餘。別同異以定加減。苟其和數也雖空無減不立正負也苟其較數也雖無空位分正負也此列減餘之法也但同名者不論何行皆減但異名者不論何位皆加此定加減之法也如是而已

法實辨

算家法實皆生於問者之所求如有總物若干總價若干而問每物若干價則是以物爲法價爲實也或問每銀一兩得若干物則是以價爲法以物爲實也諸算盡然則方程可知矣算海說詳曰中餘爲法除下實蓋本統宗然其說非也同文算指曰以少除多其說亦非也何以明之曰方程法實猶諸算之法實也故必於問者之所求詳之中下多少非可執也假如和數方程有物若干又物若干共價若干是物之位在上

中而價之位在下也若問每物之價而以物爲法銀爲實是中除下也固也或問每銀一兩之物而以銀爲法物爲實又當以下除中矣不知問者之所求以物求價乎以價求物乎愚故曰中下難執也

又物之價值莫可等計有賤於銀之物以一兩而得數千百斤有貴於銀之物以數十百金而得一物假如有貴物若干又若干共價若干是物之數少而銀之數多也而問每物之價謂之以少除多似也若問每銀之物不又當以多除少乎又如有賤物若干又若干共價若干是物之數多而銀之數少也而問每銀物若干謂以少除多可也若問每物價若干不且以多除少乎惟以多除少故有不滿法之實實不滿法故

有以法命之如云每銀一兩於物得幾分之幾者是也其物多除銀少者則有退除爲錢若分釐故曰多少難拘也多少中下既不足以定法實則法實安定曰亦惟於問意詳之而已　今具例如後

論曰方程法實只是以下一位與上中數位相須爲用耳故有實一而法二其三色者則有實一而法三若以下除中者則有法一而實二或法一而實三故用互乘之法以減之及其用也則只是一法一實而已二色者互乘而對減其一則一法一實也三色者對減其一又對減其一亦一法一實也四色五色其法悉同此方程立法之原也

問河工方九百尺以當築城八百尺城多一工以河工七百二

十尺當城工七百尺城多二工問每工一日若干尺

答曰河工每日六十尺　城工每日五十尺

河工正九百尺 乘六十四萬八千尺 城工負八百尺 負五十七萬六千尺 負一工 負七百二十工

河工正七百二十尺 乘六十四萬八千尺 減盡 城工負七百尺 負六十三萬尺 餘五萬四千尺 負二工 負一千八百工 餘一千○八十工

如法乘減　餘城工五萬四千尺為實　工一千○八十為法

法除實得每工五十尺為城工每日之數

以城工五十尺除右行八百尺得十六工同減負一工餘十五工以除河工九百尺得每工六十尺為河工每日之數

論曰此以下除中也緣所問每工一日土若干尺以工求土也故以工為法土為實若拘中法下實則法實反矣

若問每土千尺該用幾工則當以五萬四千尺為法　一千○

八十工爲實。法除實。得百分工之二。是爲每城工一尺之數。以所問每千尺乘之。得二十工。是爲城工每千尺用工二十日也。　若用異乘同除。則以土千尺乘一千○八十工。得一百○八萬工爲實。以法五萬四千尺除之。得二十工。爲城工每千尺之數。亦同。

於是以二十工乘八百尺。用右行原列。千尺除之。得十六工。減負一工。餘十五工。河工九百尺數也。以九百尺除十五工。得百分工之一。又三分之二。河工每尺數也。以問千尺乘之。得十六工又三分工之二。爲河工千尺之數。　用異乘同除。以千尺乘十五工。得一萬五千工。九百尺除之。得十六工又九之六。約爲三之二。亦同。

問開渠十七工築堡二十工共以立方計者一千六百八十尺又渠三十工堡四十工共三千二百尺今欲計土續工則每百尺得幾工

答曰開渠每土一百尺二工半　築堡每土一百尺二工

渠十七 五百一十　堡二十 六百　共千六百八十尺 五萬四百尺

減盡　餘八十　餘四千尺

渠三十 五百十　堡四十 六百八十　共三千二百尺 五萬四千四百尺

如法乘減　餘堡工八十爲實　土四千尺爲法　法除實得每尺百分工之二以百尺乘之得二工爲築堡每百尺之工。或異乘同除以百尺乘八十工得八千爲實以法四千尺除之亦得每百尺二工　以左行堡工四十乘百尺二工除之得二千尺以減共三千二百尺餘一千二百尺渠土數也用除渠工三十得百分工之二半以百尺乘之得二工半爲開渠每百尺之工。或異乘同除。以百尺乘三十工。得三千。以一千二百尺除之。亦得每百尺二工半。

論曰。此亦以下法除中實也。緣所問以土求工故也。又爲以多除少。蓋土之數原多於工也。故退除而得其分秒。而所問者每百。故又有異乘同除之用也。

併分母辨

自方程筭失傳。有可以方程立算。亦可以差分諸法立算者。則皆收入諸法。而不知用方程。如愚五卷所載方程御雜法是也。有實非方程法而列於方程。如同文算指所收菽麥畦工諸互乘之法是也。有可以方程算而不用方程。漫以他法强合。而漫謂之方程。如併分母之法是也。諸互乘法非方程易

知不必辨故專辨分母

問甲乙二窖不知數但云取乙三之一益甲取甲二之一益乙則各足二千石

答曰甲窖一千六百石　乙窖一千二百石

甲二之一　╳　二千石六千

乙三之一　　　二千石四千

餘二千石

此原列位式也其所列已非實數況方程法原無甲窖乙窖並列首位者

原法曰列位互乘甲得六千石乙得四千石相減餘二千石爲實併兩分母共五爲法除之得四百石以乙分母三乘之得一千二百石爲乙窖以乙窖減二千石餘八百石以甲分母二乘之得一千六百石爲甲窖

論曰此法不然乃偶合耳若分母爲三與四卽不可用或分子

爲之二之三亦不可用況方程法原無平列兩色物之理而此獨平列既平列矣又何以先得乙窖皆不合也今以方程本法御之則無所不合

依帶分化整爲零法列位

甲二分	乙之一分	共二千石
減盡	減餘五分	減餘二千石
甲之一分得二分	乙三分得六分	共二千石得四千石

如法乘減　甲減盡　餘乙五分爲法　餘二千石爲實　法除實得四百石爲乙之一分以乙分母三乘其一分得一千二百石爲乙窖　以乙之一分減二千石餘一千六百石爲甲窖

論曰此亦用五分爲法也然爲得數相減之餘非併分母也

所用之實亦二千石然爲甲分互乘之數相減非甲乙兩分母互乘相減也。亦先得四百石爲乙三分之一。然以乙列於中甲列於上。故先減去甲而餘乙爲法。以先得乙之分。若列乙於上則亦先得甲分矣。試更列之以先求甲窖。

乙之一分 得三分	甲二分 得六分	共二千石 得六千石
乙三分	甲之一分	共二千石
減盡	減餘五分	減餘四千石

如法乘減。乙減盡。甲餘五分爲法。餘四千石爲實。法除實得八百石爲甲之一分。以甲分母二乘之得一千六百石爲甲窖。

以甲之一分減二千石餘一千二百石爲乙窖。

論曰。凡方程有各色皆可更列其上下以互求。而任先得其一色。何也。其互乘而對減者皆實數也。若併分母爲法則無實數可言。故不可以互求。

愚於帶分言之備矣。或化整爲零。如上所列二例是也。或變零從整。或除零附整。其有三法。凡帶分者皆可施用。若併分母爲法則多所不通矣。　凡此皆諸書沿訛而同文算指亦皆收入未嘗駁正也。

試以分母非三與一者求之。

假如有勾股不知數。但云以股四之一益勾。以勾三之一益股。則皆二丈二尺。問勾股各若干。

答曰。勾一丈八尺。　股一丈六尺。

依化整法列位

勾	股	共
勾三分	股之一分	共二丈二尺
勾之一分得三分	股四分得十二分	共二丈二尺得六丈六尺
減盡	減餘十一分	減餘四丈四尺

如法乘減　餘股十一分爲法。　四丈四尺爲實。　法除實得四尺爲股之一分以股分母四乘之得一丈六尺爲股。以股之一分減共二丈二尺餘一丈八尺爲勾。

論曰此十一爲法也若以股列於上則亦十一分爲法也如併分母將以七爲法其能合乎

又試以分子非之一者求之

假如有股與弦不知數但云若取弦六分之二以益股則五丈五尺若取股三分之二以當弦則少五丈五尺問若干

答曰股三丈　弦七丈五尺。

法以一和一較依化整法列位。

股三分正六分　弦之二分正四分　共五丈五尺正十一丈

股之二分正六分　弦負六分負十六分　負五丈五尺負十六丈五尺

减盡　併二十二分　併二十七丈五尺

如法互乘。股同名减盡。弦異名併得二十二分爲法。

數異名併得二十七丈五尺爲實。法除實得一丈二尺五寸爲弦之一分。以弦分母六乘之得七丈五尺爲弦。以弦之二分二丈五尺减共五丈五尺餘三丈爲股。

論曰此以二十二爲法也。若以弦列於上則亦二十二爲法也。而併分母是將以九爲法矣。豈不毫釐千里乎。以上數則皆不可併分母爲法。

問者或云甲乙倉粟不知數但知共二千石其甲二之一與乙三之一等各若干

答曰甲八百石　乙一千二百石

法以和較雜列位亦用化整爲零

甲正二之一分（正一分）　乙負三之一分（負一分）　適足

甲二分（正二分）　減盡　乙三分（正三分）　併五分　共二千石　正二千石

徧乘甲同減盡　乙異併五分爲法　二千石無減爲實

法除實得四百石爲乙之一分　以乙分母三乘之得一千二百石爲乙倉　因適足故乙之一分猶甲之一分也以甲分母二乘之得八百石爲甲倉

論曰惟此有似於併母然實非併分母乃併得數之異名者也

又按併母法與方程不同。

假如有倉粟。取三之一又二之一。共計二千石。問原數若干。

答曰。原數二千四百石。

三之一得二
二之一得三
得六
併得五　共二千石

法以兩母互乘其子而併之。得五爲法。以兩母相乘得六。以乘二千石得一萬二千石爲實。法除實得二千四百石爲原倉之粟。

論曰。此卽併母法也。因兩分子皆一。故併母用之。實併兩分母互乘其子之數也。蓋旣曰三分二分。其原數必可以三分之。又二分之者也。故以兩分母相乘得六。借爲原數之衰。原數六則三之一卽二也二之一卽三也併而用之借爲所取之分如云取原數六分之五而二千石也六分之五爲二千石則其全數必二千四百石矣此通分法非方程

設問之誤辨

算家設問以爲規式意雖引而不發數則實而可稽苟其稽之而無有眞實可言之數則其意不能自明而何以爲式乎至其立法之多違於古皆以不深知算理而臆見横生又相因而必至也故以設問爲之目

今將同文算指所載井不知深例考定如後餘如此者尚多不能一一爲辨也錢塘吳信民九章比類亦載是例非同文創立也蓋方程之沿誤久矣

問井不知深以五等繩度之用甲繩二不及泉借乙繩一補之

及泉用乙繩三則借丙一用丙繩四則借丁一用丁繩五則借戊一用戊繩六則借甲一乃俱及泉其井深若干五等繩各若干

原法曰列五行以五繩之數爲母借繩一爲子先取甲二乘乙三得六以乘丙得二十四以乘丁得一百二十以乘戊得七百二十併入子一共七百二十一爲井深積列位

一	甲二	乙一	○	○	七百二十一
二	○	乙三	丙一	○	七百二十一
三	○	○	丙四	丁一	七百二十一
四	○	○	○	丁五	戊一	七百二十一
五	甲一	○負	○負	○負	戊六	七百二十一

乃取五行爲主而以一二三四俱與相乘

先以一行甲二遍乘五行。甲一得二。戊六得十二。積七百二十一得一千四百四十二。

五行甲一亦遍乘一行對減甲得二減盡。乙得一。因五行一空。立負一。積七百二十一得本數。以減五行。仍餘七百二十一。

次以二行乙三乘五行。乙負一得負三。戊正十二得三十六。積七百二十一得二千一百六十三。

五行乙負一亦乘二行。乙三得三。對減盡。丙一得一。因五行丙空。立負一。積七百二十一得本數併入五行積共二千八百八十四。

再以三行丙四乘五行。丙負一得四。戊正三十六得一百四十四。積二千八百八十四得一萬一千五百三十六。

五行丙負一亦乘三行。丙四得四減盡。丁一得一。因五行丁空。立負一。積得本數。與五行對減餘一萬○八百一十五。

又以四行丁五乘五行。丁負一得五。戊正一百四十四得七百二十。積一萬○八百一十五得五萬四千○七十五。

五行丁負一亦乘四行。丁五得五減盡。戊一得一。併入五行戊正七百二十。共七百二十一。積得本數。併入五行積五萬四千○七十五。共五萬四千七百九十六。

乃以最後所得求之。以積五萬四千七百九十六為實。戊七百二十一為法除之。得戊繩七尺六寸。以減四行總積。七百二十一。餘六百四十五。以丁五除之。得丁繩一丈二尺九寸。以減三行積。七百二十一。後同餘五百九十二。以丙四除之。得丙繩一丈四尺八寸。以減二行積。餘五百七十三。以乙三除之。得乙繩一丈九尺一寸。以減乙行積。餘五百三十。以甲二除之。得甲繩二丈六尺五寸。

論曰此一例中有數誤　一者以末行爲主而以一二三四與之相乘此由不知和較交變而沿奇減偶加之失誤一　一者謂末行有空故立負由不知有空徑求而沿立負之非誤二　一者以除法命爲井深而設問不明言丈尺誤三　又輙立母遁相乘加借子一之法誤四　一例中誤至數端將令學者何所措意乎

前之兩誤（謂以末行爲主而奇減偶加及立負之誤）業於瓜梨諸例辨之綦詳可以互見今特明後兩誤之非具如後論

凡言百十者皆虛位也其實數以單位爲端故單位爲寸則十者尺百者丈若單位爲尺則十者丈百者十丈若單位爲丈則十者十丈百者百丈七百二十一以爲井深不知其所謂

一者尺乎寸乎丈乎若七百二十一尺七百二十一寸七百二十一丈相去甚遠然其爲七百二十一者不殊也先不明言尺寸雖得數何以命之

詳觀問意乃借井深以知各繩故井深者和數也在各行中皆所列諸繩之共數必先知此共數然後以乘減之法求之而各數乃見矣而不先言井深轉借各繩以求之方程中無此法也故其所得但爲七百二十一之虛率而不能斷其爲丈尺何等亦固然耳

七百二十一亦非井深定率何也倍七百二十一則一千四百四十二若三其七百二十一則二千一百六十三推之以至於無窮凡可以七百二十一除之而盡者皆可以五等繩相

借而及泉也故使其井爲一丈四尺四寸二分之深則戊繩必一尺五寸二分丁繩必二尺五寸八分丙繩必二尺九寸六分乙繩必三尺八寸二分甲繩必五尺三寸矣使其井爲二十一丈六尺三寸之深則戊繩二丈二尺八寸丁繩三丈八尺七寸丙繩四丈四尺四寸乙繩五丈七尺三寸甲繩七丈九尺五寸矣皆甲二偕乙一若乙三則偕丙一若丙四則偕丁一若丁五則偕戊一若戊六則偕甲一而及泉故曰七百二十一非井深之定率也

七百二十一者除法也以此爲法除井深乘併之數而得一繩因以知各繩卽不得以此命爲井深

除法法也井深實也而以法爲實乎

以七百二十一爲除法。乃繩也。如所求先得戊繩之數。則此七百二十一者。即是戊繩也。其五萬四千七百九十六者。乃七百二十一戊繩之共數也。以戊繩七百二十一爲法。除其共數而得七十六。則是一戊繩之數也。故七百二十一者繩也。五萬四千七百九十六者井深也。假如一井深七丈二尺一寸。則七十六井共深五百四十七丈九尺六寸。井無此深。乘併而有此數。猶戊繩之七百二十一。亦以乘併而得也。而顧以繩之積爲井深之積乎。

假如井深一丈四尺四寸二分。依法求之。其爲戊繩之共數。必一百〇九丈五尺九寸二分。而其戊繩亦必七百二十一。以七百二十一爲法。除一百〇九丈五尺九寸二分。得一尺五寸二分。則一戊繩之數矣。故曰七百二十一者。非井深也。乃除法也。繩也。繩之爲除法者有定。而其所除之井深無定也。又輙立母子乘併之法。夫以各繩爲母。而借繩爲子。未大失也。蓋於三繩中取一。卽是三之一。於四繩取一。亦卽四之一也。乃謂七百二十一爲母相乘而加借子則非也。蓋位旣迭空。除首位減去外。皆母與母相乘。子與子相乘。而不相遇。至第四次乃相遇。而又適當其變。爲一和一較之時。異名相併。故得此數以爲除法耳。固不得立此以爲通法也。

假如問五色方程。而各行不空。則和較之變多端。豈預知其減併。卽使各行有空。如所列而或爲較數。則有減而無併。亦將以借子加之乎。

又所加之一。乃子相乘之數。若遇借子爲之二之三。則皆不能徑用其原借之子數也故曰非通法也。

今試以井深一丈四尺四寸二分者舉例如後。

假如有井深一丈四尺四寸二分以甲乙丙丁戊五等繩汲之。皆不及泉若甲借乙三之一。乙借丙四之一。丙借丁五之一。丁借戊六之一。戊借甲二之一。皆及泉問繩各長若干。

法以帶分和數列位

行	甲	乙	丙	丁	戊	共
一	甲二	乙一	○	○	○	共一丈四尺四寸二分
二	○	乙三	丙一	○	○	共一丈四尺四寸二分
三	○	○	丙四	丁一	○	共一丈四尺四寸二分
四	○	○	○	丁五	戊一	共一丈四尺四寸二分
五	甲一 二	○	○	○	戊六 十二	共一丈四尺四寸二分 二丈八尺八寸四分

減盡

餘一丈四尺四寸二分

三行乙空存與減餘相對

依空位省算先以一行與五行對乘　甲減盡　乙一戊十二皆無對不減。和數餘一丈四尺四寸二分　乙在首行。戊與一丈四尺四寸二分在五行。分正負列之。和變較也。首末兩行甲既盡。餘行無甲繩不須減。徑以減餘與次行相對。

減餘乙正一 正三　○　○　戊負十二 負三十六　負一丈四尺四寸二分 負四丈三尺二寸六分

減盡

次行乙三 正三　丙一 正一　○　○　共一丈四尺四寸二分 正一丈四尺四寸二分　併五丈七尺六寸八分

依和較相雜法互乘。乙繩同減盡。丙一左正 戊三十六右負 復變和皆無減。和較數異併五丈七尺六寸八分。右負左正 數不分正負。隔行異名併故也。

餘行又無乙繩不須減。徑以減餘與第三行相對。

減餘丙一（四）減盡○　戊二十六（一百四十四）　共五丈七尺六寸八分（二十三丈○七寸二分）

三行丙四　丁一○　共二丈四尺四寸二分　餘二十一丈六尺三寸

依和數乘○　丙繩減盡○　丁繩一○左　戊繩一百四十四○右　皆

無減○　和數減餘二十一丈六尺三寸○右　又復變較數也○分

正負列之○

餘行又無丙繩○經以減餘與第四行相對○

減餘丁正一（正五）減盡　戊負一百四十四（負七百二十）　負二十一丈六尺三寸（負一百○八丈一尺五寸）

四行丁正五（正五）　戊一（正一）　併七百二十一　共二丈四尺四寸二分（正一丈四尺四寸二分）　併一百○九丈五尺九寸二分

依和較相雜乘○　丁同減盡○　戊異併七百二十一爲法○

和較數異併一百○九丈五尺九寸二分爲實○　法除實得

一尺五寸二分爲戊繩六之一○　以減共一丈四尺四寸二

分得一丈二尺九寸爲丁繩。　五除丁繩得二尺五寸八分爲丁繩五之一。　以減共一丈四尺四寸二分餘一丈一尺八寸四分爲丙繩。　四除丙繩得二尺九寸六分爲丙繩四之一。　以減共一丈四尺四寸二分餘一丈一尺四寸六分爲乙繩。　三除之得三尺八寸二分爲乙繩三之一。　以減共一丈四尺四寸二分得一丈〇六寸爲甲繩。　二除之得五尺三寸爲甲繩二之一。　以減共一丈四尺四寸二分得九尺一寸二分爲戊繩。

計開

甲繩共一丈〇六寸　借乙三之一計三尺八寸二分

乙繩共一丈一尺四寸六分　借丙四之一計二尺九寸六分

丙繩共二丈一尺八寸四分　借丁五之一計二尺五寸八分

丁繩共一丈二尺九寸　借戊六之一計一尺五寸二分

戊繩共九尺一寸二分　借甲二之一計五尺三寸

共二丈四尺四寸二分

論曰。此亦七百二十一為除法也。減併之用與前無異。而井深既別。繩數迥殊。不言丈尺何以定之

試又以較數明之。

今有數不知總。令五人分之。亦不知各數。但云取乙三之一以當甲。取丙四之一以當乙。取丁五之一以當丙。取戊六之一以當丁。取甲二之一以當戊。皆不足七百一十九。問若干

法以較數列位。依帶分法化整為零。

一甲正一正三　○　○　○　戊負六負十二　負七百二十九負千四百二十八

二甲正三　減盡　乙負一　○　○　○　正七百二十九　并二千一百五十七

三○　乙正三　丙負一　○　○　正七百二十九

四○　○　丙正四　丁負一　○　正七百二十九　三行乙空依省算存之為用

五○　○　○　丁正五　戊負一　正七百二十九

如法乘。甲同減盡。乙一負左　戊十二負右　皆無減。同名在隔行仍分正負。較數異并與戊同名。餘行無甲徑以減餘對第三行。

減餘乙正一正三　○　○　戊負十二負三十六　負二千一百五十七負六千四百七十一

三行乙正三　減盡　丙負一　○　○　正七百一十九　并七千一百九十

如法乘。乙同減盡。丙一負左　戊三十六負右　皆無減。以隔行同名分正負。較數異併與戊同名。餘行無乙徑以減餘對第四行。

減餘丙正一　正四　戊負三十六　負一百四十四　負七千一百九十　負二萬八千七百六十

減盡

四行丙正四　丁負一　正七百一十九　併二萬九千四百七十九

如法乘。丙同減盡。丁一左負戊一百四十四右負皆無減。

以隔行同名分正負。較數異併仍與戊同名。餘行無丙徑以減餘對末行。

減餘丁正一　正五　戊負一百四十四　負七百二十

減盡

末行丁正五　戊負一　餘七百一十九　正七百一十九　負二萬九千四百七十九　負十四萬七千三百九十五　併十四萬八千一百一十四

如法乘。丁同減盡。戊同減餘七百一十九爲法。較數異併一十四萬八千一百一十四爲實。法除實得二百。

六爲戊之一分。加正七百一十九共九百二十五爲丁數。五除丁數得一百八十五爲丁之一分。加正七百一十九共九百〇四爲丙數。四除丙數得二百二十六爲丙之一分。加正七百一十九共九百四十五爲乙數。三除乙數得三百一十五爲乙之一分。加正七百一十九共一千〇三十四爲甲數。二除甲數得五百一十七。加負七百一十九共一千二百三十六爲戊數。六除戊數仍得二百〇六爲戊之一分。

計開

甲一千〇三十四　其二之一五百一十七　與戊較

乙九百四十五　其三之一三百一十五　與甲較

丙九百〇四　　其四之二百二十六　以與乙較
丁九百二十五　　其五之二百八十五　與丙較　差七百一十九
戊一千一百二十六　其六之二百〇八　與丁較

論曰此其母與母相乘子與子相乘與前畧同但末後相遇爲同減故不以七百二十一爲法而以七百一十九爲法無他較數也若依母相乘而併子豈不誤哉

且四次乘減其下較皆異併亦足見奇減偶併之非

又試以分子遞借而非之一者明之

今有甲乙丙丁船各十隻以載鹽九千九百七十六引俱不足若甲借乙一乙借丙二丙借丁三丁借甲四則各能載問各船若干

法以和數列位

一　甲船十四十　乙船一四　○　○　共九千九百七十六引三萬九千九百〇四

二　○　乙船十　丙船一　○　共九千九百七十六引　餘五萬九千八百五十六

三　○　○　丙船十　丁船三　共九千九百七十六引

四　甲船四四十　○　○　丁船十一百　共九千九百七十六引九萬九千七百六十

減盡

甲減盡。乙四右。丁一百左。皆無減。以兩行故分正負。

載鹽餘五萬九千八百五十六左。與丁同名。甲空。以減餘對

次行。

減餘乙正四正四十。○　丁負百負千　負五萬九千八百五十六引負五十九萬八千五百六十

併六十三萬八千四百六十四

次行乙十正四十　丙一正十八。○　共九千九百七十六引正三萬九千九百〇四

減盡

乙同減盡。丙八正左　丁一千負右　俱無減。　引異併六十三萬

八千四百六十四○右負左正異名在隔行復變和數無正負○乙
空以減餘對三行

減餘丙八八十　丁一千一萬　共六十三萬八千四百六十四引六百三十八萬四千六百四十引
減盡　餘九千九百七十六　餘六百三十〇萬四千八百三十二引
三行丙十八十　丁三二十四　共九千九百七十六引七萬九千八百〇八引

丙減盡○丁餘九千九百七十六爲法○引餘六百三十萬○四千八百三十二爲實○法除實得六百三十二引爲丁船數○以丙借丁船三乘丁數得一千八百九十六以減共九千九百七十六引餘八千○八十兩所載也以丙十除之得八百○八引爲丙船數○以乙借丙船二乘丙數得一千六百一十六以減共九千九百七十六引餘八千三百六十乙所載也以乙十除之得八百三十六引爲乙船數

以乙船數減共九千九百七十六。餘九千一百四十。甲所載也。以甲十除之。得九百一十四引。爲甲船數。

計開各船每隻載數

甲船九百一十四引。　乙船八百三十六引。

丙船八百〇八引。　丁船六百三十二引。

論曰。此四色方程遞借法。與諸書所載馬騾載米同。亦與同文算指井不知深同。但彼誤以除法爲井深。又誤立各毋遞乘加借子法。故設此問以顯其理。

此所用除法。丁船九千九百七十六。猶彼所用除法。戊繩七百二十一也。乃除法也。非井深也。除法有定。而井深無定。即如此問九千九百七十六之除法有定。而鹽之數無定也。何言乎無定假如以九千九百七十六引而倍之則各船之所載亦倍矣以引數半之船所載亦半矣然其除法之九千九百七十六如故也若不先言引數何以知之

共載九千九百七十六引者鹽數也以九千九百七十六爲法而除者船數也船爲法者算家虛立之率鹽列位者問者現據之實數數雖偶同爲用迥別

以各原數爲母借數爲子是也如甲借乙船一而乙船原有十即十分之一也謂母相乘而加借子一則非法也如此所用除法九千九百七十六何以處之又如後條馬步舟師各借一分者又何以處之數雖似不可施之他數非通法矣

又試以三色例亦用與加得除法者觀之

假如有馬步舟師不知數但云取騎兵五分之二益步取步卒三分之二益舟取舟師七分之二益騎則皆得六千七百八十名○答曰步卒四千五百名○騎兵五千七百名○舟師三千七百八十名○

法以和數帶分列位

步三分　騎之二分○　共六千七百八十

○　鼇騎五分　舟之二分　共六千七百八十　餘三千三百九十

步之二分 三分　○　舟七分 十分半　共六千七百八十 一萬○一百七十

依省筭以左行加二分之一○步卒減盡○騎二分右舟師十分○半左皆無減○共數減餘三千三百九十○左分餘兩行變較數也○以較數與舟師同名○中行步卒原空徑以

減餘作二色列之

減餘騎正二分　舟負十分○半　併十一分三釐　負三千三百九十　併六千一百○二

減盡

中行騎五分　正二分　舟之二分　正○分八釐　共六千七百八十　正二千七百一十二

依省算四因左行而退位。騎同減盡。舟師異併十一分三釐為法。和較數異併六千一百○二為實。法除實得五百四十為舟師之一分。以分母七乘之得三千七百八十名為舟師數。

以舟師數減共數六千七百八十餘三千所借步卒之二分也。二除之分母三乘之得四千五百為步卒數。以步卒數減共數六千七百八十餘二千二百八十所借騎兵之二分也。二除之分母五乘之得五千七百名為騎兵數。

論曰此雖以異加而得除法然不得竟以子之二加也故以分子一加者非通法也

歷算叢書輯要卷十五

方程論五

以方程御襍法

算術之有方程。猶量法之有句股。必深知諸算術而後能言方程。猶之必深知諸量法而後能治句股也。

諸方田少廣凡屬量法者。往往有可以句股立算。而諸法不能治句股。方程之于粟布衰分也亦然。故襍法不能御方程。而方程能御襍法。例如後。

假如有糧一萬九千石。派與甲乙丙三縣。各以其人戶多少。米價貴賤。僦值遠近。舟車險易。而均輸之。　甲縣戶三萬。米價每石一兩四錢。遠輸二百里。用車載二十石。行一里。僦值一錢三分。乙縣戶二萬。米價一兩二錢。遠輸五百里。用舟載二十五石。行一里僦值三分。丙縣戶一萬。米價一兩二錢。遠輸二百里。用負擔。每負六斗。行五十里。顧值一錢八分。

法曰。各以其縣米價併僦值之數命其戶。以方程較數列之。以甲縣車載二十石除其僦值一錢三分。得六釐五毫。每載一石行一里數也。以乘二百里。得一兩三錢。併米價一兩四錢。共二兩七錢。以乙縣舟運二十五石除其僦值三分。得一釐二毫。以乘五百里。得六錢。併米價一兩二錢。共一兩八錢。以丙縣負擔六斗除其顧值一錢八分。以乘一石得三錢。又以五十里除之。二百里乘之。得一兩二錢。併米價共二兩四錢。

原法以各縣米價并僦值之數以除其戶為衰。列而併之。併衰爲法。各衰乘總米爲實。法除實。得各縣米。

今用方程。則不須爾。竟以二兩七錢命甲縣之衰爲二十七戶。以一兩八錢命乙縣之衰爲一十八戶。以二兩四錢命丙縣之衰爲二十四戶。以三縣衰命爲適足而列之。

和　甲三萬戶正三　乙二萬戶正二　丙一萬戶正一　共一萬九千石正一石九斗

用省算。以右行萬之一。中行九之一。相減。

較　甲正廿七戶正三　乙負十八戶負二　減盡　併四　○　適足

較　乙正十八戶正三　丙負廿四戶負九十六　減盡　併百四　適足

和重列減餘乙四戶正三　丙一戶正十八　共一石九斗正三百四石三斗

如三色有空法乘減。餘丙縣異併一百一十四戶爲法。正三十四石二斗爲實。　法除實得丙縣每戶糧三斗。以丙一戶三斗。減共一石九斗。餘一石六斗。乙縣四戶除之得每戸糧四斗。　以乙二戸八斗。甲縣三戸除之。得每戸二斗。又三分斗之二。各以每戸率乘其縣之戸總得各縣糧。

計開

甲縣三萬戸。　共糧八千石。　共僦値一萬〇四百兩。

每戸糧二斗六升六合又三之二　每三戸糧八斗。

每戸僦値三錢四分又三之二。　每三戸僦値一兩〇四分。

總計米價與其僦値。每戸共銀七錢二分。

乙縣二萬戸。　共糧八千石。　共僦値四千八百兩。　每戸糧四斗。　僦値二錢四分。

總計之。每戸亦七錢二分。

丙縣一萬戸。　共糧三千石。　共顧擔夫銀三千六百兩。　每戶糧三斗。僦值三錢六分。
總計之。每戶亦七錢二分。
以米言之。甲縣二十七戶。乙縣一十八戶。丙縣二十四
戶。皆七石二斗。故命之適足。
論曰。此因米價不等。加以僦值不同。故以法均之。糧雖不均。而
每戶所出之銀數則均。若但均其米。乃不均矣。是故均之以
不均。斯謂能均。
問官米二百六十五石。令三等人戶出之。甲上等二十戶。每戶
多中等七斗。乙中等五十戶。每戶多下等五斗。丙下等一百
一十戶。共則例各若干。
法以和較列位。依省算以和數十之一列之。

和　甲二戶正二　乙五戶正五　丙十二戶正十二　共二十六石五斗正二十六石五斗

較　甲正三戶正三　減盡　乙負二戶負二　併七　○　正七斗　正一石四斗　餘二十五石一斗

較○　乙正二戶正七　減盡　丙負十二戶負七　併十八　正五斗　正三石五斗

和重列減餘乙七戶正七　丙十二戶正十二　共二十五石一斗正二十五石一斗。餘二十二石六斗

加法乘減。得丙戶十八為法。二十一石六斗為實。法除實。得一石二斗為下等。則加五斗。為中等。則又加七斗為上等。則

計開

甲上等每戶二石四斗。二十戶共四十八石。乙中等每戶一石七斗。五十戶共八十五石。丙下等每戶一石二斗。一百一十戶共一百三十二石。合計之共二百六十五石。

問有米六百七十四石。以四等里甲輸納。乙為甲十之八。丙為

乙十之七。丁爲丙十之六。其甲乙各八十戶。丙丁各七十戶。

問各若干。

解曰。十之八。卽非二八差分。十之七。十之六。卽非三七四六差分。故與帶分條不同。合觀自見。以和較列之。

和一	甲一 正八	乙一 正八	丙一 正八	丁一 正八	共六百七十四石 正五千三百九十二石
二	甲正八	乙負十	○	○	適足
較三		乙正七	丙負十	○	適足
四			丙正六	丁負十	適足

甲乙相減盡，乙併十八。

如法乘減而重列其餘。與三行對

和減餘	乙十八 正百廿六	丙八 正五十六	丁八 正五十六	共五千三百九十二石 正三萬七千七百四十四石
較三行	乙正七 正百廿六	丙負十 負百八十	○	適足

乙相減盡，丙併二百三十六。

減餘數益多。四除減餘。然後與四行列之。

和減餘丙五十九正三百五十四　丁十四正八十四　共九千四百三十六石正五萬六千六百一十六石

較末行丙正六正三百五十四　減盡　丁負十負五百九十　併六百七十四　適足

如法乘減餘丁六百七十四爲法　五萬六千六百一十六石爲實。法除實得八十四石爲丁共數。　十因丁數六除之爲丙共數。　十因丙數七除之爲乙共數。　十因乙數八除之爲甲共數。

計開

甲八十戶共數二百五十石其每戶三石一斗二升五合

乙八十戶共數二百石爲甲十之八其每戶二石五斗

丙七十戶共數一百四十石爲乙十之七其每戶二石

丁七十戸共數八十四石爲丙十之六其每戸一石二斗

總計之共六百七十四石

論曰此所問是總數相差。非每戸相差也。故原列者總戸。而得亦總戸之米。若問每戸之差。則當以每戸列之而所得者亦每戸米也。

問有均分兩銀。庚以其五之二與甲。則甲之數多于庚一百六十八兩。若以甲二十一之九與庚。則庚之數多于甲一百八十兩。原數幾何。

法以所用益彼之分、與此所存之餘分相減而列之。

庚與甲五之二。庚自存五之三。相減。餘五之一。是爲以庚五之一較甲全分而甲多一百六十八兩也。

甲與庚廿一之九。甲自存廿一之十二。相減。餘廿一之三。是爲以甲二十一之三。較庚全分。而庚多一百八十兩也。

庚雖自存五之三。而甲股内有庚所與之二。故以相減。而以所餘之一分。與甲相較。

甲雖自存二十一之一十二。而庚股内有甲所與之九。故以相減。而以所餘之三分與庚相較。

庚正一分　正五分　甲負二十分　負一百○五分　負一百六十八兩　負八百四十兩

庚正五分　減盡　甲負三分　餘一百二分　正一百八十兩　併一千○二十兩

甲一百○二分爲法。除實一千○二十兩。得十兩。爲甲之一分。二十一分共二百一十兩。減負一百六十八兩。餘四十二兩。爲庚之一分。五分亦共二百一十兩。

計開

庚甲各原銀二百一十兩。庚五之二計八十四兩。其五之三乃一百二十六兩。甲二十一之九計九十兩。其二十一之十二乃一百二十兩。

庚以八十四與甲甲共有二百九十四。庚仍餘一百二十六。相較。甲多一百六十八也。

甲以九十與庚庚共有三百。甲仍餘一百二十。相較。庚多一百八十也。此設問之意也。

以庚之一分四十二與甲全分二百一十相較。甲亦多一百六十八。　以甲之三分計三十與庚全分二百一十相較。庚亦多一百八十。此列位之理也。

論曰。右例以此之分益彼。而轉與此之餘分相較。與帶分條所設不同。帶分條此之分較彼全分。其全分即是原數。今則一損一增以相較。非原數也。故曰不同。及其相減而列爲較數也。則亦是此之分較彼原數矣。是之謂尾同而首異。相減列位亦有變爲和數。如後所設。

問有兩銀。庚以其五之三與甲。則甲之數多于庚二百五十二兩。若以甲廿一之十三與庚。則庚之數多于甲二百六十兩。

法亦以所與彼之分與其餘分相減列之。

庚與甲五之三。自存五之二。相減餘五之一。此爲所用之分多于存分。是變和數也。　庚五之一借甲全分共二百五十二兩也。

甲與庚二十一之十三。自存二十一之八。相減。餘二十一之五。此亦用分多存分少。是變和數也。甲二十一之五偕庚全分共二百六十兩也。

甲所以多如許者。不惟其全數之故。其所得于庚之分又多於庚之餘分者一也。故用所多之數。乃是甲全數偕庚之一分所共也。

庚所以多如許者。亦不惟其全數之故。其所得甲之分又多于甲之存分者五也。故庚所多數。亦是庚全數偕甲之五分所共也。

庚一分　甲二十一分　共二百五十二兩

庚五分　甲五分　共二百六十兩

五分　一百○五分　一千二百六十兩

減盡　餘一百分　餘一千兩

甲一百分爲法，除實一千，而得十兩爲一分。以甲五分計五十兩，減共二百六十兩，餘二百一十兩爲庚原數。五除之，得四十二兩爲一分。以減共二百五十二兩，亦得二百一十兩爲甲原數。

庚五之三計一百二十六兩，以加甲共三百三十六兩，內減庚自存五之二計八十四兩，仍多二百五十二兩，即是甲全數借庚一分之數也。

甲二十一之十三計一百三十兩，以加庚銀共三百四十兩，內減甲自存二十一之八計八十兩，仍多二百六十兩，即是庚全數借甲五分之數也。

論曰：右例以此之分借彼全分而爲和數，亦與帶分和數同。然以相減而得之。亦是尾同首異。

帶分條和數較數據問而分。　今則設問只是較數。相減列位。乃有和較之分。

依例推之。亦有變爲一和一較者。皆以所用之分與所存分相減而得之。　列位時已變。不待其重列減餘也故又與尋常較變和者異。

問金九錠。銀一十錠。其重適等。若交易其一。則銀多十三兩。其原重若干。

法以相差十三兩半之。得六兩五錢爲一錠之較。

解曰。交易一錠而差。是一多一少。故半之爲一錠之較。　銀得較而增重。故與金同名。

金正一　正九　銀負一　負九　正六兩五錢

金正九　減盡　銀負十一　餘二錠　適足　正五十八兩五錢

銀二錠除實得銀每錠重二十九兩二錢半。加正六兩五錢得金每錠三十五兩七錢半。

計開

金每錠三十五兩七錢五分。　金九錠得三百二十一兩七錢五分。

銀每錠二十九兩二錢五分。　銀十一錠亦得三百二十一兩七錢五分。

論曰此條舊列差分同文算指改立借衰互徵之法皆不知宜入方程也。

凡以兩家之數相交易而差若干皆半其所差而列之爲所交易之較何也。一增一減而差若干則原所差者其半也。

問甲有硃砂銀七錠。壬有鑛銀九錠。相較。甲原多十五兩。今以甲二錠易壬三錠。則甲多二十七兩。

法以甲原多十五兩與今多二十七兩相減。餘十二兩。半之得六兩。爲甲二錠與壬三錠之較。　甲得較而增重。故與壬同名。

甲正七　壬負九　負十八　正十五兩　正三十兩

甲正二　各正十四減盡。　壬負三　負二十一　餘三錠　負六兩　負四十二兩　併七十二兩

壬三錠除七十二兩。得壬每錠二十四兩。以九錠乘得二百一十六兩。加正一十五兩。共二百三十一兩。甲七錠除之。得每錠三十三兩。

計開

甲每錠三十三兩。七錠共二百三十一兩。　壬每錠二十四兩。

九錠共二百一十六兩。　相較甲多十五兩。

甲以二錠與壬餘五錠一百六十五兩。加易得壬三錠七十二兩。共二百三十七兩。

壬以三錠與甲餘六錠一百四十四兩。加易得甲二錠六十六兩。共二百一十兩。相較甲多二十七兩。此問意也。

甲二錠六十六兩
壬三錠七十二兩　相較壬多六兩。此列位之理也。

問甲銀七錠。壬九錠。相較。壬原少十五兩。今以一錠相交易而壬多三兩。

法以原少十五兩。今多三兩。併得十八兩。而半之得九兩。爲一錠之較。　壬得之而變輕爲重。故與甲同名。

甲正七　　　壬負九　　正十五兩

甲正一 乘七 減盡 壬負一 乘七 餘二錠 正九兩 正六十三兩 餘四十八兩

壬二錠除四十八兩。得每錠二十四兩。加九兩。得甲每錠三十三兩。

計開

甲六錠一百九十八兩。加壬一錠二十四兩。共二百二十二兩。

壬八錠一百九十二兩。加甲一錠三十三兩共二百二十五兩。

相較壬多三兩。此交易一定之數。餘同前問。

論曰。此三問皆同法。第一問盈借適足。故即用原數。第二問兩盈。故相減。第三問盈借不足。故相併其半之爲較則同也。

又按于七錠中取一。即七之一。同帶分之理。故又作問明之。

問有金不知總。任意分爲二而較之。則庚多八兩。須令辛以金還庚。如庚存數三之二。庚亦以金還辛。如辛存數四之三。則其數適均。

法以庚自存三分。今添二分。共五。　以辛自存四分。今添三分。共七。通爲兩家適足數之分。　又以多八兩半之四兩。命爲庚所添二分與辛所添三分之較。　辛失之而減重。故與辛同名。

解曰。合而觀之。庚以五之二。辛以七之三相交易。則庚多八兩。若還其原數。庚仍爲五分。辛仍爲七分。則適足也。

庚正五　辛負七負十四　適足

各正十減盡　餘一分爲法　無減卽爲實

庚正二　辛負三負十五　負四兩負二十兩

法除實得二十兩爲辛之一分七分共一百四十兩五除之得庚之一分二十八兩

計開

庚原自存三分八十四兩加未還辛三分六十兩共一百四十四兩辛自存四分八十兩加未還庚二分五十六兩共一百三十六兩此任分數庚多八兩

庚得所還二分五十六兩凑原存三分八十四兩共一百四十兩辛得所還三分六十兩凑原存四分八十兩共一百四十兩其數適均

總論曰此皆兩相交易也又與庚甲損一益一者不同　凡損一益一者損庚之幾分與甲則甲有增數而轉以甲之旣增

者與庚之餘數相較也。損庚益甲以相較是明有增損。今兩相交易則損庚之分與辛亦損辛之分與庚然後以既損且增之庚與亦損亦增之辛相較也。兩相交易則未嘗明有增損但以相易之數不同而增損隱寓于其中。 以上四條皆同此論

問兩數不知總但云取甲之九加乙則乙與甲等若取乙之九加甲則甲倍于乙其原數若干 答曰甲六十三乙四十五

解曰此云取甲之九加乙是損甲之九而益乙以九也取乙之九加甲是損乙之九而益甲以九也與刋誤條所舉甲乙二倉法不同彼是取甲倉幾何以益乙而共得幾何不言與甲倉較取乙倉幾何以益甲而共得幾何亦不言與

乙倉較。是所益者有增數。而所取者無損數。如云以此之全數偕彼之幾分而共得幾何。乃和數也。今所列者乃較數也。益此損彼則相較幾何。故不同也。

然又與帶分條較數不同。彼是取彼幾分與此全數較。今所列者是取彼幾數加此而轉與彼之餘數較。當細辨之。

又此是以數相增損而得其相較之分。前數條則是以分相增損而得其相較之數。二者大異。不但與帶分條別也。

法以所加之九數。命甲乙所相當之數乘之。為較數列位。

甲倍乙。是甲二乙一。合之則三。以乘九得二十七為較。甲得此而當倍一。故與乙同名。

甲乙等。是各一也。合之則二。以乘九得十八為較。乙得此而與甲等故與甲同名。

甲正一　乙負二　負二十七

減盡　餘一

甲正一　乙負一　正一十八

併四十五

餘乙一爲法併四十五爲實法一即以四十五命爲乙數異加十八得六十三爲甲數。

試更列之

乙正二　甲負一　正二十七

乙正一　甲負一　負一十八

正三　減盡　負二　餘一　負三十六

併六十三

甲減餘一爲法。異併六十三爲實。法一即以六十三爲甲原數。異加正二十七共九十。乙二除之得四十五爲乙原數。

論曰。此難題設問也。算法統宗收入均輸。另有求法。算海說詳。不推論借銀相當加半倍者。不可通用。因別立術。然復未確。不如用方程之為無弊。

又論曰。甲與乙九而等。是甲多于乙者二九也。甲得乙九而倍於乙。是倍乙多於甲者三九也。何也。甲得乙九數而後當倍乙。則倍乙中各除九數。共二九。而甲又添九數。豈非三九乎。

問甲乙銀不知數。但云甲借乙六錢五分。則比乙一有半。乙借甲六錢五分。則乙與甲等。各原銀若干。

法以甲一乙一有半併之共二半。以乘六錢五分。得一兩六錢二分半。為乙一有半多于甲之較。

以甲乙相等各一併之共二。以乘六錢五分。得一兩三錢。為甲多于乙之較。　乃列之。

甲正一　乙負一半　負二兩六錢二分半

減盡　餘半

甲正一　乙負一　正一兩三錢

併二兩九錢二分半

同減餘半乙為法。異併二兩九錢二分半為實。　法除實得五兩八錢五分為乙銀。　異加正一兩三錢共七兩一錢五分為甲銀。

計開

甲原銀七兩一錢五分。　乙原銀五兩八錢五分。相差一兩三錢。

若損甲之六錢五分以加乙。則各得六兩五錢。是相等也。

若損乙六錢五分餘五兩二錢。益甲六錢五分得七兩八錢。是甲之數加乙一有半也。　若以乙原銀加半得八兩七錢

七分半以與甲原銀相較則多一兩六錢二分半

論曰甲以銀六錢五分借與乙而相等是甲銀原比乙多兩个六錢五分也乙以銀六錢五分借與甲而甲如乙一有半是一个半乙原多于甲兩个半六錢五分也何也甲取乙銀六錢五分而後能當乙有半則此一个半乙共減去一个半六錢五分甲又加一个六錢五分豈非共差兩个半六錢五分乎

又論曰此即算海說詳所設之問以駁統宗者彼自立術以爲當矣不知其宜用方程也

試更設問以明之

今有二數不知總但丙與丁二數則相等若丁與丙二數則丙

如三丁。問原數各若干。

依前術列位。合丙丁各一共二。以乘二得四。爲丙多于丁之較。合丙一丁三共四。以乘二得八。爲三丁多于一丙之較。

丁正一（正三）　丙負一（負三）　負四（負十二）

（減盡）　　　（餘二）　　　（并十）

丁正三　丙負一　正八

同減餘丙二爲法。異併二十爲實。法除實得一十爲丙數。同減負四餘六爲丁數。

計開

丙原數十。多于丁者四。丁原數六。三之則十八。多于丙者八。

若損丙之二以益丁。則各得八。故相等。若損丁之二以益丙則丙得十二。丁得四。故丙如三丁。

論曰丙以二與丁而等是丙多于丁者兩个二也　丁以二與丙而丙如三丁是三丁之數共多于丙者四个二也何也丙增一个二共三个丁各少一个二共四个二也

又論曰因算海說詳立術未確故復設此以相攷用方程能合彼問而彼所立術殊不能通之此問

問香爐二座不知重有一蓋重百兩以加甲爐則甲多于乙兩倍以加乙爐則乙多于甲一倍其爐各重若干

解曰多乙兩倍是三倍也甲得蓋如三乙也　多甲一倍是兩倍也乙得蓋如兩甲也

法以蓋重爲較而列之　甲得蓋如三乙是三乙之重于甲者如蓋也故與乙同名　乙得蓋如倍甲是兩甲之重于乙者

如蓋也故與甲同名

甲正一　異　乙負三　負六　負一百兩　負三百兩

甲正二　減盡　乙負一　餘五　正一百兩　併三百兩

爐同減餘乙爐五爲法　較異併三百兩爲實　法除實得六十兩爲乙爐重異加一百兩共一百六十兩甲二除之得八十兩爲甲爐重

計開

甲爐八十兩加蓋共一百八十兩則如乙爐重者三

乙爐六十兩加蓋共一百六十兩則如甲爐重者倍

論曰或言此如戊己銀數以五十兩損戊益己而己倍于戊以五十兩損己益戊而戊如二己今用法不同何也曰以五十

兩損彼益此雖亦相差一百兩然非眞有一百兩之益乃因彼之所損而合成其數耳此之加蓋則實增一百兩矣而於彼又無所損因爐蓋乃兩家公物非若戊己之銀必取諸彼以與此也故其法不同若改問各鑄爐而均鑄蓋則必于爐重各加半蓋乃合原金得數與戊己銀同矣

問調兵征倭內有南北西三處兵馬南兵已知四萬其北兵爲南兵與西兵二之一西兵爲南兵與北兵三之一各若干

法以南兵爲西北之較而列之

西兵得南兵而數倍于北是倍北數而多于西兵者數如南兵也　北兵得南兵而數如三西兵是三其西兵而多于北者亦如南兵也

西兵正一正三　北兵負二與六　負四萬負十二萬

西兵正三減十五　北兵負一餘五　正四萬併十六萬

餘北兵五為法　併十六萬為實　法除實得三萬二千為北兵數異加正四萬共七萬二千西兵三除之得二萬四千為西兵數

計開

南兵四萬

西兵二萬四千借南兵則六萬四千其二之一則如北兵也

北兵三萬二千借南兵則七萬二千其三之一則如西兵也

論曰此與香爐借蓋為較同　其所用較乃是南兵而非取于西北兵故得之有增而不得者無損與借物于彼而轉與其

所借之餘物相較者不同。

問二人携銀不知數。但減乙六兩與甲。則甲倍於乙。減甲三兩與乙。則相等。其原數若干。

解曰。此所損益又是不同之數。然其理則一。故亦依前術乘其較數而列之。（合甲一乙二共三。以乘六兩得十八兩。爲倍乙多于一甲之較。合甲乙各一共二。以乘三兩得六兩。爲甲多于乙之較。）

甲正一	乙負二	負十八兩
甲正一	乙負一	正六兩
減盡	餘一	併二十四兩

同減餘乙一爲法。　異併二十四兩爲實。　法一即以實爲乙數。　異加六兩得三十兩爲甲數。

甲三十兩原多于乙六兩。倍乙二十四兩得四十八兩。多于甲一十八兩。

若損乙六兩得十八兩。加甲六兩得三十六兩。是甲如乙之倍。

若損甲三兩加乙三兩。各得二十七兩。則相等。

問有兩數不知總。但損甲六數與已。則甲如已四之三而多二數。若以已之二十損與甲。則已如甲四之三而少五數。其原數各幾何。

法以四甲三已共七乘六得四十二。又以四甲乘多二數得八而益之共五十。爲四甲多于三已之較。損甲六益已。故較與甲同名。其二數甲所多也。故以之益較。以四已三甲共七乘二十得一百四十。又以四已乘少五數得二十以相減餘一百二十爲四已多于三甲之較。損已二十益甲。故較與已同名。其五數已所少也。故以之減較。

甲正四　正十二　已負三　負九　正五十　正一百五十

減盡　餘七　併六百三十

甲正三　正十二　已負四　負十六　負一百二十　負四百八十

已同減餘七爲法。異併六百三十爲實。法除實得九十爲已原數。四因已數同減一百二十。餘二百四十甲三除之得八十爲甲原數

甲四共三百二十。已三共二百七十。是甲多五十。甲三共二百四十。已四共三百六十。是已多一百二十。此列位之理也。

甲損六數餘七十四。已加六數共九十六。以九十六四分之而取其三得七十二。是爲甲如已四之三而多二數

已損二十餘七十。甲加二十共一百。以一百四分之而取其三得七十五。是爲已如甲四之三而少五數。此設問之意也。

論曰以甲當己四之三是四甲當三己也然必以六數減甲增己而成則是四甲中各減六而三己中各增六共四十二也以甲當己四之三而多二數則以四甲當三己而共多八數也　合而觀之此四十二者四甲多于三己之數也此八數者亦四甲多于三己之數也故皆與甲同名而列其較爲五十也　以己當甲四之三是四己可當三甲也然必以二十減以增甲而成則是四己中各減二十而三甲中各增二十共一百四十也　以己當甲四之三而少五數則以四己當三甲而共少二十也　合而觀之此一百四十者四己多于三甲之數也而其二十者則四己少于三甲之數也故以相減而餘者列爲己同名之較也

損甲六數與已。而甲如已四之三仍多二數。若原數。則以四甲當三已而共多五十矣。損乙二十與甲而已如甲四之三却少五數。若原數。則以四已當三甲而共多一百二十矣。

問有三數。損甲一百益已則甲如已六之二。若損乙五十益丙。則乙如丙十五之九。若損丙三十益甲。則甲如丙二之一而少五數。各若干。

法以甲六乙二共八以乘一百。共八百爲六甲當二乙之較。（損甲益乙。故與甲同名。）以乙十五丙九共二十四而乘五十得一千二百爲十五乙當九丙之較。（損乙益丙。故與乙同名。）以丙一甲二共三乘三十。得九十。又以甲二乘少五數共十而加之共一百爲一丙當二甲之較。（損丙益甲。故與丙同名。其甲所少五數。卽丙所多也。故亦與丙同名。）

甲正六（正十二）　乙負二（負四）　　正八百（正一千六百）　并二千二百
甲正二（正十二）　減盡　○　丙負一（負六）　負一百（負六百）

重列減餘。
乙正十五（正六十）　丙負九（負三十六）　正一千二百（正四千八百）　并三萬七千八百
乙正四（正六十）　減盡　丙負六（負九十）　餘五十四　負二千二百（負三萬三千）

如法乘減。餘丙五十四爲法。　異并三萬七千八百爲實。法除實得七百爲丙數。　丙數同減一百餘六百。甲二除之得三百爲甲數。　六因甲數一千八百。同減八百。餘一千。乙二除之。得五百爲乙數。　十五乘乙數。得七千五百。同減一千二百。餘六千三百。丙九除之。仍得七百。反覆相求。列位之理著矣。

甲損一百。餘二百。乙增一百。得六百。是甲爲乙六之二。　乙損五十。餘四百五十。丙增五十。得七百五十。是乙爲丙十五之九。丙損三十。餘六百七十。其二之一則三百三十五。甲增三十。得三百三十。是甲爲丙二之一而少五數。

問二人共數一百。原所得之數不均。今以甲三之一與乙五之一相易。則適均。其原所得若干。

法以三分通甲數。損一與乙而存其二分。又以五分通乙數。損一與甲而存其四分。

甲三之二　乙五之一　共五十

減盡　餘七　餘五十

甲三之一 得三　乙五之四 得八　共五十 得一百

乙七爲法。餘五十爲實。法除實。得七又七之一爲乙之一分。以乙分母五乘之。得三十五又七之五爲乙數。以減一百。得六十四又七之二爲甲數。

甲六十四又七之二。其三之一。爲二十一又七之三。其三之二。爲四十二又七之六。　乙三十五又七之五。其五之四。爲二十八又七之四。其五之一。爲七又七之一。以甲三之一加乙五之四。五十也。　以乙五之一加甲三之二。亦五十也。

論曰。此以分相增損而爲和數。亦與刋誤條甲乙二分異。彼是以其全數借彼幾分。此則以所存之餘數借彼幾分也。既云相易。則實有增損。非如甲乙倉虛借增率而無損也。

問二人物數不均。若干甲取三之一。于乙取四之一。以和合而平分之。以湊原存數。則各五十而適均。其原數各若干。

法以三分通甲數而倍之爲六分。損其一與乙餘五分。以四分通乙數而倍之爲八分。損其一與甲餘七分。

解曰以四之一與三之一和合而平分之。是各取其數之率也。於三之一取其半是六之一以與乙而甲餘其五也。於四之一取其半是八之一以與甲而乙餘其七也。

甲六之五　乙八之一　共五十　餘三百

甲六之一　五　乙八之七　三十五　減盡　餘三十四　共五十　三百五十

偏乘對減以得法實。法除實得五又十七分之十五為乙八之一。以乙分母八乘之得四十七又十七分之一為乙原數。以兩五十共一百減乙原數餘五十二又十七分之一十六為甲原數。

甲原數五十二又十七分之十六。三除之得十七又十七分之十一。為甲三之一　以三之一轉減甲餘三十五又十七分之五。為甲所存三之二乙原數四十七。又十七分之一。四除之。得十一又十七分之十三。爲乙四之一。

以四之一轉減乙。餘三十五又十七分之五。爲乙所存四之三。

以甲二之一。乙四之一。和合之共二十九又十七分之七。半之得十四又十七分之十二。爲和合平分之數。以加甲乙存數。各得五十

論曰。甲去三之一。乙去四之一。所存之數已均矣。故以平分之數加之而適均

又法以甲母三通甲爲三分。以乙母四通乙爲四分。又總計各得五十共一百爲和數。以甲取三之一餘三之二。乙取四之一餘四之三。命爲適足。甲三之一。乙四之一。和合平分而等。則所存者亦等也。

甲三分　正六分　乙四分　正八分　共一百　正二百

減盡　併十七分

甲正之二分　正六分　乙負之三分　負九分　適足

如法乘減甲同減盡。乙異併一十七分爲法。正二百無減就爲實。法除實得一十一又十七分之十三爲乙之一分以分母四乘之得四十七又十七分之一爲乙原數。以乙原數減共數一百餘五十二又十七分之十六。按此所得與前無異而較捷故並存之

問甲乙丙三人共博甲贏乙金二之一乙贏丙金三之一丙又贏甲金四之一事畢各剩金七百其原攜金若干

法以各分母通其原數又各減其贏去之一而列之以七百爲和數

甲四之三	乙二之一	○	共七百兩　餘一千四百
甲四之一　三　減盡	○	丙三之二　六	共七百兩　二千一百
○	乙二之一　正	丙三之一　正	共七百兩　正
重列減餘	乙正二之一	丙負三之六　併七	負一千四百兩　併二千一百

如法減併。丙七分爲法。二千一百爲實。法除實得三百。爲丙之一分。以丙分母三乘之。得九百。爲丙原金。以丙之一分減乙剩七百。餘四百。爲乙所餘二之一。二因之得八百。爲乙原金。以乙二之一減甲剩金七百。餘三百爲甲自剩四之三。三除之得一百爲甲三之一。四乘之得四百。爲甲原金。

甲原金四百加羸乙四百。二之一也。共八百除丙又羸去甲一百。四之一也。仍餘七百　乙原金八百加羸丙三百。三之一也。共一千一百。四之一也。甲羸去四百。乙二之一也。仍餘七百　丙原金九百羸甲一百。四之一也。共一千乙羸去三百。丙三之一也。亦仍餘七百

論曰此與刋誤條騾馬遞借一匹同但馬一騾二驢三即是原

物借所借之一而爲和數今乙一丙二甲三却是各所存之餘分借所贏之一分而爲和數也得數大異者馬騾即是全數今則用分故丙之全數轉多于乙若以一分計則乙之分自多于丙如馬力之於騾矣

又論曰此三條皆是兩相交易而又是和數與前數條金銀交易幾錠不同

難題歌曰一條竿子一條索索比竿子長一托雙折索子去量竿却比竿子短一托一托者五尺也

法以零整褫列位　因雙折是二之一故以二通索

竿正一　繩負一分　正五尺

減盡　餘一分　併一丈

竿正一　繩負二分　負五尺

法一卽以實一丈命爲繩之一分　分母二因之得繩長二丈　減負五尺餘得竿長一丈五尺

假如有繩不知長但云比竿長六尺若三折則短于竿八尺

繩正三分　竿負一　正六尺

繩正一分　竿負一　負八尺

正三分　竿負三　負三　餘二　負二丈四尺　併三丈

法二除實三丈得竿長一丈五尺　加正六尺得繩長二丈一尺

論曰原法別有求法然不如方程穩捷故作此問以明之若用雜題法不能通矣故方程能御雜法而雜法不能御方程

此條統宗原入均輸今改正

問井不知深先將繩折作三條入井汲水繩長四尺復將繩折

作四條入井亦長一尺其井深繩長各若干三折即三之一　四折即四之一

法以三四折相乘得十二分為總母又以三四互乘之一得四分三分是為以繩十二分之四汲水而長四尺以繩十二分之三汲水而長一尺也為較數而列之

井正一　繩負之四分　負四尺

井正一　繩負之三分　負一尺

減盡　餘一分　餘三尺

餘一分為法　即以實三尺命為繩十二分之一　以十二分乘一分得三十六尺為繩長　以繩之三分計九尺同減負一尺得八尺為井深　三折繩長得十二尺比井多四尺四折之得九尺比井多一尺

論曰此條原屬盈朒今以方程御之尤簡易

今有絹一疋欲作帳幅摺成六幅比舊帳長六寸折作七幅又短四寸其絹并舊帳幅各長若干（折作六幅即六之一七幅即七之一）

法如前以六七幅相乘得四十二分爲總母　以六七互乘其子之一得七分六分爲所用之分而列之（以絹四十二之七則長于帳六寸以絹四十二之六則短于帳四寸）爲較數而列之

舊帳幅正一	絹負之七分	負六寸
減盡	餘一分	幷一尺
舊帳幅正一	絹負之六分	正四寸

法一　實一尺即爲絹之一分　以分母四十二乘之得絹長四丈二尺　以絹之七分計七尺減負六寸餘六尺四寸爲舊帳之長　均作六幅得七尺比帳長六寸均作七幅得六尺比帳短四寸

論曰。此與井不知深皆是以一物之細分與一整物較。皆零整雜用之法也。

又以上三條盈朒章舊有求法。然皆因所較之井深與舊帳幅皆爲一數而不變。故可用盈朒之法。若有分數不同則非盈朒所能御。此方程能包盈朒諸法。而諸法不能御方程也。

今有臺不知高。從上以繩縋而度之。及臺三之二。而餘六尺。雙折共繩度之。及臺之半。而不足三尺。問臺之高及繩之長若何。

法以臺三之二二之一用母相乘爲母之法。通臺爲六分。　又用母互乘子爲子之法。變臺三之二爲六之四。臺之半爲六之三。　又以雙折通繩爲二。　皆以化整爲零而列之。

臺正四分 正十二分 繩負二分 負六分 負六尺 負十八尺

臺正三分 正十二分 減盡 繩負一分 負四分 餘二分 正三尺 正十二尺 併三十尺

餘繩二分爲法　併三十尺爲實　因二爲分母與法同省

除與乘徑以實三十尺爲繩長　減負六尺餘二十四尺以

臺之四分除之母六乘之得三十六尺爲臺高

臺三之二高二十四尺　以繩度之餘六尺

臺之半高一十八尺　以半繩一十五尺比之短三尺

今有井不知深以乙繩汲之餘繩二尺以庚繩汲之亦餘四尺

雙折庚繩三折乙繩以相續而汲之適足問井深及繩長各

若干

法以乙繩通爲三　庚繩通爲二　井整數乙庚用分

井正一　　　乙負三　　　負二尺

井正一　　　庚負二　　　負四尺　餘負二尺

減盡　　減盡

井正一　　　乙負一　　　庚負一　　餘一　適足

以隔行之同名仍爲較數列之。餘較皆與庚同名。

乙正三　　　庚負三　　　負二尺

乙正一　　　庚負一　　　負四尺

減盡　　減盡　　餘一分　　餘一丈

乙正一　　　庚負一　　　負一丈二尺

餘庚一分爲法。即以實一丈命爲庚二之一。倍之得庚繩二丈。減負二尺得乙繩一丈八尺。用減餘之右行蓋乙正三即全數也。

又減負二尺得井深一丈六尺。用原列之右行亦以乙負三即全數故。

乙繩一丈八尺比井多二尺。庚繩二丈比井多四丈。三折乙繩六尺加雙折庚繩一丈六尺即同井深

論曰此二條與前井深絹幔同理然卽非盈朒所能御

又按田之橫直亦可以繩折比量水面亦然

今有直田欲截一段之積只云截長六步不足積七步截長八步又多積九步問所截之積及原濶其原濶卽截長每一步之積

截積正一　截長負六步　正七步

減盈

截積正一　截長負八步　負九步

餘二步爲法　併十六步爲實

長二步除積十六步得原濶八步　以截長六步乘濶得四十八步加不足七步得截積五十五步

論曰此盈朒中方田也不知宜入方程

今有方田欲截積但云截濶五步則不足十二步截濶九步則如所截之積一有半問所截直田積并原田之方　答曰原

田方十二步積一百四十四步　宜截濶六步積七十二步

直截正一（一步半）截濶負五步（負七步半）　正積十二步（正十八步）

直截正半（減盡）截濶負九步（餘一步半）　積適足

濶一步半為法　積十八步為實　法除實得原方一十二步以濶五步乘之得六十步加不足十二步得截直田積七十二步　若此條則盈朒不能御

今有米換布七疋多四斗換九疋適足問原米若干及布價

米正一（減盡）布負七疋（餘二疋）　正四斗

米正一　布負九疋　適足

布二疋為法　四斗為實　法除實得布價每疋二斗　以九疋適足乘布價得原米一石八斗　此盈朒中粟布法也

今有穀換絹十疋餘三石以穀之半換絹六疋不足五斗問原穀若干及絹價

穀正一　半　絹負十疋　負五疋　正三石　正一石五斗

減餘　餘疋　并石

穀正半　絹負六疋　負五斗

法一免除　得絹每疋價二石　以十疋乘價加餘三石得原穀二十三石　此係亦非盈朒所能御

論曰直田截積及米換布盈朒本法也愚所設方田截積及穀換絹非盈朒本法也乃帶分盈朒之變例也如舊法芝蔴糴銀是其例也雖盈朒亦有求法頗多轉折非其質矣不如用方程之省約

今有芝蔴不知總但云取蔴八分之三糴銀十兩不足二石取麻三分之一糴銀八兩適足問原蔴總數及每銀一兩之麻

法先以麻八之三、三之一用毋相乘得二十四爲母。母五乘之得九之、八之爲所用之分而列之。依省算左加九之一而徑減。

麻正九分　銀負十兩　負二石

（減盡）（餘一兩）

麻正八分　銀負八兩　適足

（正九分）（負九兩）

法一兩省除。即以麻二石命爲銀每兩之麻。以銀八兩麻八分適足。省乘除。徑以二石爲麻之一分。以二十四分乘得

原麻四十八石。

其八之三計一十八石。　銀十兩該二十石。　故不足二石。

其三之一計十六石。　銀八兩恰該一十六石。　故適足。

若問麻每石之銀。則以二石爲法。轉除一兩。得每石價五錢。

按此條宜入方程舊列帶分盈朒之末。

問者若云有銀買麻以麻八之三與之則餘二石以麻三之一與之適足問原麻及銀所買

如前以通分齊其分　總母二十四

三　八

之一互得八分　之三互得九分

然後列之

銀正一　麻負九分　負二石

銀正一　麻負八分　適足

減盡　餘分

依法求得二石爲麻之一分以總母二十四分乘之得原麻四十八石　以九分乘二石減負二石得銀所買麻一十六石

論曰此所設問則盈朒帶分本法也然不能知每價以方程法求之亦同　觀此益見前條之宜入方程也

今有黃連木香不知數。但云取連三之一換木香七之二，則連多二斤。取連四之三換木香五之四，則連少一斤。若于五之四內減去木香三斤，則連多一斤。

法先以通分齊其分而後列之

黃連十二分　三之一　互四分　四之三　互九分

木香三十五分　七之二　互十　五之四　互二十八

連正四分　香負十分　正二斤

連正九分　香負二十八分　負一斤

正三十六　負九十　正十八斤

正三十六　負百十二　負四斤

減盡　餘二十二分　併二十二斤

如法乘減，餘木香二十二分爲法，異併黃連二十二斤爲實。法除實，得每木香一分，即三十五分之一。換黃連一斤。以木香十分換黃連十斤，異加正二斤，共十二斤。以黃連正四分除之得黃連每三斤爲一分　以分母十二乘之得總黃連三十六斤　另併黃連多一斤少一斤共二斤爲法除減木香三斤得每黃連一斤換木香一斤半原少連一斤減木香三斤而轉多連一斤故知其數

此連所換之木香一斤半即其三十五分之一分也以三十五分乘之得木香五十二斤半

三分三十六斤而取其一得一十二斤爲黃連三之一　七分五十二斤半而取其二得十五斤爲木香七之二該換連十斤今連有十二斤是連多二斤也　四分三十六斤而取其三得二十七斤爲黃連四之三　五分五十二斤半而取其四得四十二斤爲木香五之四該換連二十八斤今連只二

十七斤是連少一斤也　若干木香五之四減三斤餘三十九斤該換連二十六斤今連有二十七斤是連多一斤也

論曰凡較數方程有若干物共幾色又有其數較之價銀若錢之類今較數即其物之斤兩而無銀若錢微有不同乃古者貿遷交易之術也專用銀若錢以權物價後世事耳

問綾每尺多羅價三十六文今買綾六尺羅八尺其共價綾比羅少三十六文

綾正一尺　正六尺　羅負一尺　負六尺　正三十六文　正二百十六文

綾正六尺　減盡　羅負八尺　餘二尺　負三十六文　併二百五十二文

羅二尺除二百五十二文得羅價每尺一百二十六文　加多三十六文得綾價每尺一百六十二文

問銀二千九百二十八兩。買綾一百五十疋。羅三百疋。絹四百五十疋。只云綾每疋比羅多四錢七分。羅每疋多絹一兩三錢五分。

綾一百五十 正　羅三百 正　絹四百五十 正　共二千九百二十八兩 正

併四百五十

綾正一　正一百五十　減盡　羅負一　負一百五十　正四錢七分　正七十兩○五錢

餘二千八百五十七兩半

○羅正一　正四百五十　絹負一　負四百五十　正一兩三錢半　共六百○七兩半

重列減餘

羅四百五十 正　減盡　絹四百五十 正　併九百　共二千八百五十七兩半 正　餘二千二百五十兩

絹九百疋為法。除實二千二百五十兩。得絹價二兩五錢。加多一兩三錢半。得羅價三兩八錢半。又加多四錢七分。得綾價四兩三錢二分。

今有兄弟三人不知年。小弟謂長兄曰。我年比兄四之三。次兄

比兄六之五比我多八歲

法以帶分列之　皆變零從整

伯正五（正十五）　仲負六（負十八）　季負四（負十二）　適足

伯正三（正十五）　仲正二（正三十六）　季負一（負十八）　正八歲（正一百四十四歲）

（減盡）　無減無乘仍爲適足

重列減餘　仲正十八　季負二十　（餘二十二）　適足

季弟二除一百四十四歲得年七十二歲　加八歲得仲兄年八十　六因仲年五除之得伯年九十六歲

今有四人分錢但云乙得甲六之五丙得甲四之三丁得甲二十四之十七其丁與丙差四文

甲正五　乙負六　適足此行不用乙無對故也

甲正三　正五十一　○　丙負四　負五十八　○　適足

甲正十七　正五十一　減盡　○　○　丁負二十四　負七十二　適足

○　○　丙正一　正六十八　丁負一　負六十八　正四文　正二百七十二文

重列減餘　丙正六十八　減盡　丁負七十二　餘四　適足

丁四除二百七十二，得丁錢六十八文。加四文，得丙錢七十二文。四乘丙錢，三除之，得甲錢九十六文。五乘甲錢，六除之，得乙錢八十文。

甲六之一，得一十六。以五因，得八十文，爲六之五，乙數也。

甲四之一，得二十四。以三因，得七十二，爲四之三，丙數也。

甲二十四之一，得四。以一十七因，得六十八，爲二十四之一十七，丁數也。

此雖四色，實三色也，故徑以三色取之。

今有七人遞差分錢但知首二人共七十七文次二人共六十五文不知各數亦不知餘人數

法以遞差故知倍乙當甲丙倍丙當乙丁而列之

甲一正　乙一正　〇　〇　共七十七文正

甲正二　減盡　乙負二　併三　丙正二　〇　適足

〇　乙正一　丙負二　丁正一　適足

〇　〇　丙一　丁一　共六十五文　二行併存對減餘

重列減餘乙正三　丙負二　〇　正七十七文

重列三行乙正一　正三　減盡　丙負二　負六　餘五　丁正一　正三　適足

重列減餘丙正五　丁負三　併八　正七十七文

重列末行丙一　正五　減盡　丁一　正五　共六十五文　正三百二十五文　餘二百四十八文

丁八爲法除實二百四十八文。得三十一文。爲丁數。倍丁數與六十五文相減。得遞差三文。以差遞加得甲乙丙數。以差遞減得戊己庚數。皆減丁數得之。

計開

甲四十文。　乙三十七文。

丙三十四文。　丁三十一文。

戊二十八文。　己二十五文。

庚二十二文。

今有米二百四十石。五人遞差分之。其甲乙二人與戊丁丙三人共數等。

如前法列位。依省算例甲位自下而上。

戊一正　丁一正　丙一正　○　○　共一百廿石

戊正二　減盡　丁負二　併三　丙正二　○　○　適足

○　丁正一　丙負一　乙正一　○　適足

○　○　丙正一　乙負二　甲正一　適足

○　○　○　乙一　甲一　共一百廿石

重列減餘丁三正　○　○　共一百廿石正

重列三行丁正一正三　減盡　丙負二負六　乙正一正三　適足

重列減餘丙正六　乙負三　餘負九　○　正一百廿石

重列四行丙正一正六　減盡　乙負二負十二　甲正一正六　適足

重列減餘乙正九　甲負六　併十五　正一百廿石　餘九百六十石

重列末行乙一正九　減盡　甲一正九　共一百廿石正一千○八十石

甲十五除九百六十得甲數六十四石。倍甲數減一百廿石。餘得遞差八石。以差遞減各數。得乙丙丁戊數。

計開

甲六十四石。乙五十六石。

丙四十八石。丁四十石。

戊三十二石。

終

歷算叢書輯要卷十六

方程論六

測量

測量非方程事也。方程者算術。算術特計。測量特目。實惟兩途。測量之不能兼算術。猶算術之不能兼測量。雖曰能兼。非其粹矣。今畧具其所兼。其不能兼者。有句股諸法在。

一曰陰雲測量。　陰雲者不見宿度。而雲影微薄之處。猶能見五緯。若見二星。則有其相距之度。而可以方程取之矣。

一曰宿度測量。　宿度者雖無陰翳。而無儀器。故借宿距一定之度。以取之。必有二星同見。或星與太陰同見。則成方程之算矣。

假如陰雲不見宿次但於雲隙測得辰星在太白後一度又二日熒惑與二星同在一度又三日太白在熒惑前三度而辰星雲翳又一日辰星在房初度餘不可見又十二日熒惑始至房初問各行率若干　答曰辰星每日行二度　太白每日行一度有半　熒惑每日行半度

解曰此辰星行二日太白亦二日而辰星多一度　熒惑與太白同行三日而太白多三度　辰星行四日熒惑十六日而行度相當也法以較數列位

辰星正二日　太白負二日　○　正一度

○　減盡 太白正三日　熒惑負三日　正三度　無減

辰星正四日 正三日　○　熒惑負一十六日 負八日　適足

依法以左行半之與右對減辰星減盡太白二日右負熒惑八日左負皆無減分正負同名在隔行即異名也正一度亦無減與熒惑同名

重列減餘與中行對

減餘太白正二日　熒惑負八日　負一度

中行太白正三日　熒惑負三日　正三度

正一日　減盡　負一日　餘六日　正一度　併三度

依法以左行減三之一乃對減太白減盡熒惑同減餘六日爲法行度異併三度爲實法除實得半度爲熒惑每日行率以右減餘八日乘之得四度同減負一度餘三度以太白二日除之得一度半爲太白日行率以右行太白二日行三度異加正一度共四度以辰星二日除之得二度爲辰星每日行率

假如甲子日金星夕見。乙丑日水星夕見。至丁卯日水星行及金星。但不及半度。至戊辰日二星同度。皆以陰晦不能細知宿次。問各率若干。　答曰。金星日行一度半。水星日行二度。

解曰。此金星行四日。水星三日。相當。金星行三日。水星二日。則水星不及半度。法以較數列位。

水正三日　　金負四日　　適足

水正二日　　金負三日　　負半度

正一日　減盡　負四日半　餘半日　負空度七分半

依法左行二分加一。　水同減盡。　金同減餘半日為法。空度七分半為實。法除實。得金星日行一度半。　金三日行四度半。同減負半度。餘四度。以水星二日除之。得日行二度。

假如甲乙二船哨海。同泊一山。同用正卯酉字風東行。但甲船先發解纜七日乙船後行解纜五日追及于一島又自此島用正子午字風南行但甲又先發解纜九日泊于南洋乙後發解纜七日亦泊于南洋兩洋相距二百里問道里各數

法以較數列位

甲船正七日（正六十三日）　乙船負五日（負四十五日）　適足

甲船正九日（正六十三日）　乙船負七日（負四十九日）　負二百里（負一千四百里）

減盡　餘四日

甲船減盡　乙船餘四日爲法　負一千四百里爲實法除實得三百五十里爲乙船率　以甲船七日除乙船五日所行一千七百五十里得二百五十里爲甲船率　其一千七百五十里即山島相去之程　以甲船九日行二千二百五十里爲島去南洋之程　又加二百里爲又南洋之程合問

凡測量之法有測器又有水漏則雖陰雲可以所見者得其度若但有測器而無水漏可以所見兩星之距度取之如前所列陰雲不知宿度之法是也乃又無測器而但據目見則當以宿度取之蓋宿有一定之度借以爲兩星之和度較度因所知以求不知此則方程之法可爲測量者助也至于諸星行率古今歷術不同學者通其意無拘其數焉其可

若一星單行非儀器比量莫知其遲疾之度然晴雨難期則亦有因所見以測所不見之時故算術不可廢也

五星錯行多有相遇則和度較度可施若太陰每月經行廿八宿一次與五星相遇亦每月有之精于推步者雖非假此定星然用與歷術相參有不藉儀器而知遲疾使學者引驗見

効。亦算家之樂也。

其五星各有遲疾留逆。故測量比例。當于相近日數內求之。則所差亦不多也。　其遲疾變行。須查七政歷以約其日。則一星單行。亦自可考其進退之數。

假如兩宿原有定距。如房距心。若干度。有一緯星在其間。如金在房心間。以旁星記之。越若干日。緯星行至東宿。如心。又別一緯星。如火星。在西宿。如房。越若干日。行至先所記旁星之處。

此因無儀細測。故借宿度用之。如上所舉。乃以宿距為二星和度也。一緯星若干日。如金。一緯星若干日。如火。共行天若干度。如房度。故曰和度。

又如以一宿為主。如心。有緯星在其西。如木。以旁星記之。越若干日緯星行過宿東至後一宿（如尾）又或異日別一緯星（如土）亦在前記緯星處所越若干日行至所借爲主之宿（如心）此則以宿距爲二星較度也一緯星若干日（如木）一緯星若干日（如土）相差若干度也（如心度）故曰較度

凡此皆可以方程御之若得兩較度或兩和度或一和一較即二色方程術也若三星四星以上各得三兩宗測數以三色四色等方程求之無不可見

如木星在一宿之西（如井鬼間）越若干日行至其宿（如鬼）火星原在木星西越若干日行至木星原處金星又在火星西而恰當西宿（如井）越若干日行至火星原處又若干日亦至木星原處此亦借宿度爲用而中有二和一較如云金星若干日火星

若干日木星若干日共行若干度也。如井又金星若干日木星若干日火星若干日而其行適等。用火星至木星原處之日及金星自火星原處至木星元處之日。此則較度也。適足卽較數也度無較其日則有較。

又如火星在房宿之西越若干日行過房抵心宿而木星自火星元處越若干日至房宿又有金星或先或後亦自火星元處越若干日行至房又若干日逐及木星于房心之間。

此以宿距爲較度者三。如云以火星若干日較木星若干日而火星之行多一房度也。以火星若干日較金星若干日而火星亦多一房度。以金星若干日較木星若干日而行度相等。用兩星逐及于房心之間日數。

此上二則以三色取之。凡所測不必兩星同在一度但欲有傍星可記異日有他星復至所記旁星之處即成同度之算。

又如一星順行自房行幾日一星逆行自心行幾日相遇同度於房心間自此分行又幾日其逆行星至氐

此用一較度一和度也順行星幾日逆行星幾日共行房宿度此爲和度　順行星幾日逆行星幾日而逆行星多一氐宿度此爲較度用逆行星相遇後至氐宿之日數

又如一星自建星順行至幾日遇逆行星又幾日至牛宿其逆行星自相遇處行幾日至建星又幾日至斗宿距星

此亦一和一較　順行星幾日逆行星幾日而行度相當用二星兩相遇處至建星之日數此較度也　順行星幾日逆行星幾日而共行斗宿度用兩相遇後順行星至牛逆行星至斗之日數此和度也

問金火二星在房宿之西同度越九日金星行過房東至一處有星可記又一日金星行至心宿又八日火星始至房又九日火星始至前所記金星之處其二星行度各若干

解曰此金星行九日火星廿七日而行度相等金星行十日火星十八日而金星多六度房宿六度故也　法以較數列位

金正九日　十日　火負廿七日　負三十日　適足

減盡

金正十日　火負十八日　餘十二日　正六度

依省算以右行加九之一　乃對減　餘火星一十二日爲法　六度無減爲實　法除實得半度爲火星率　以金九日除火廿七日行十三度半得一度有半爲金星率

假如太陰自尾宿初度行三日遇木星于斗牛間又三十日木

星行至牛。此太陰三日木星三十日共行四十五度。借尾至牛之度。約畧其數後倣此。木星自牛初行三十日與羅睺遇于牛女間。又一百二十日羅睺退至牛。此木星行三十日羅睺一百二十日而度等。羅睺計都月孛。有數無形。借顯逆行之用。

羅睺自牛初退行一百日遇土星于箕斗間。又五十日土星行至牛。此羅睺一百日土星五十日行度等。

土星自牛初行三十日火星逐及遇于牛女間。又三十日火星行至虛。此土星三十日火星三十日而共行十八度。

火星自虛初行五十日水星逐及遇于危室間。又十日水星行至奎。此火星行五十日水星十日共行四十五度。

水星自奎初行十五日逐及金星遇于昴畢間。又十七日金星

行至畢。此水星十五日金星十七日共行五十五度半

金星自畢初行二十日遇計都于井鬼間又四十日計都退至井。此金星二十日計都四十日而金星多二十八度。借畢至井之距爲兩星之較。

計都自井初逆行二十日遇月孛于參井間又十日月孛行至井。此計都二十日月孛十日而行度等。

月孛自井初行八十日太陰逐及遇于井鬼間又二日太陰行至柳。此月孛八十日太陰二日共行三十四度。

問各行率若干。凡此所設不必其同日在一度謂之相遇但與宿値或有星可記即如同度之理。

如法列位。九色和較之雜。

甲　陰三日　孛三十日　○　○　○　○　○　○　共四十五度

乙○杢苜羅二十百負二百○○○○○○適足
丙○○羅正一百日貢卆十日○○○○○適足
丁○○○耆谷酉○○○○○共十八度
戊○○○○谷耆水酉○○○○共四十五度
己○○○○○水耆金旨○○○共五十五度半
庚○○○○○○金昔計貢四百○正二十八度
辛○○○○○○○計昔孛貢古適足
壬太陰二百○○○○○○○孛八百共三十四度

因九色行中擠追既多。空位。取出其行次相對者列而先乘。

此捷法也。

先以甲壬太陰對減。兩行相對。只三色。餘俱兩空。省不書。俟重列時。以次添入。

甲太陰一日　木十日　○　共十五度

壬太陰一日　減盡　○　孛四十日　共十七度　餘二度

用省算法。以甲行三之一。壬行二之一列之。因甲行可三除。壬行可二除。而除之。則太陰皆一日。故除而列之。徑對減。太陰盡。餘木星十日。右月孛四十日。左減餘二度。左分正負。太陰減去。尋原列乙行有木星。徑與減餘對列。

減餘木正十日　減盡　○　孛負四十日　負二度

乙行木正十日　○　羅負四十日　○　適足

用前法以左乙行三之一與減餘列之。木星徑同減。羅四十日。左負孛四十日。右負負二度。右負皆無減。以各行同名。仍分正負。木星減盡。尋丙行有羅睺徑與減餘重列

減餘羅正廿日　減盡　○　孛負廿日　負一度

丙行羅正廿日　　　土負十日　○　適足

用前法以減餘二之一丙行五之一列之。羅睺同名徑減。

餘土負十。左。孛負廿。右。負二度。右。三位無減。以隔行皆

負分正負而孛與較同名。

羅睺減盡尋丁行有土星徑對餘數。

減餘土正十日　減盡　○　孛負廿日　負一度

丁行土十日正　　　火十日正　○　共六度　併七度

用前法以丁行三之一列之而命之爲正。土同減盡。餘

無減。度異併七度。皆左正右負復變和數。

土星減去尋戊行有火星徑對餘數。

減餘火十日　○　孛二十日　共七度

戊行火十日　減盡　水二　○　共九度　餘二度

用前法以戊行五之一列之。火徑減。水左孛右無減分。

正負復爲較。餘二度。左與水星同名。

火星減盡尋已行有水星以對餘數。又因已行不便省算。改用辛行月孛相對。

減餘月孛正十日　減盡　水負一日　負一度　負一度

辛行月孛正十日　○　計負廿日　適足

如前半減餘列之。孛同減。餘無減。隔行同名仍爲較。

月孛減盡尋庚行有計都以減餘數。水與較度皆右行負同名。

減餘計正廿日　○　水負一日　○　負一度

庚行計正廿日　減盡　○　金負十日　負十四度　餘負十三度

用前法以庚行半而列之。計同減。水右負金左負無減。仍爲較。餘十三度。負左與金同名。

計都減盡。尋已行恰皆二色以相對。

減餘水正一日正十五日　減盡　金負十日負二百五十日　負十三度負一百九十五度

已行水十五日正　金十七日正　共五十五度半正

併一百六十七日　併二百五十度○半

如法乘減水同減盡。金餘異併一百六十七日爲法。度異併二百五十度半爲實。法除實得每日一度半爲金星率。

以已行金星十七日行二十五度半。減共五十五度半。餘三十度。以水星十五日除之。得每日二度爲水星率。

以戊行水星十日行二十度。減共四十五度。餘二十五度。以火星五十日除之。得每日半度爲火星率。

以丁行火星三十日行十五度。減共十八度。餘三度。以土星三十日除之。得每日十分度之一爲土星率。

以丙行土星五十日行五度。以羅睺一百日除之。得每日二十分度之一爲羅睺率。

以乙行羅睺一百二十日行六度。以木星三十日除之。得每日五分度之一。爲木星率。

以甲行木星三十日行六度。以減共四十五度。餘三十九度。以太陰三日除之。得每日十三度爲太陰率。

再以庚行金星二十日行三十度。同減去正二十八度。餘二度。以計都四十日除之。得每日二十分度之一爲計都率。

與羅睺同。

以辛行計都二十日行一度。以月孛十日除之。得每日十分度之一爲月孛率。

以壬行月孛八十日行八度。減共三十四度。餘二十六度。太陰二日除之。仍得每日十三度爲太陰率。

論曰。各星遲疾留逆。每段不同。然其各段中行率大約相等。故可以方程立算。亦須稍查時歷以知其變。

若太近留段。其行率甚微難見。其在合伏之左右。則行又甚疾。每日不同。難與他星相較。則以一星遲疾之較取之。其例如後。

一星遲疾相較例

凡木火土三星雖有遲疾之行大約皆在一度以下而土木之變尤緩其數十日中行率僅差秒忽兩星相較之法頗可施用惟金水二星遲疾之差懸遠其疾也有在一度以上而水星有二度其遲也不及一度遲之甚則留故可以其遲疾而自相較也

假如金星晨疾測得甲日之寅距地平一度至丙日之卯距地平三十度○七十五分至巳日之卯距地平三十度問各日行率

解曰此是甲乙兩日共行二度二十五分丙丁戊三日共行三度七十五分也

法以丙日距三十度○七十五分減寅之卯差三十度餘○度

七十五分。與甲日距一度相減。餘〇度二十五分。爲金星疾行過平行一度之數。加甲乙兩日太陽行二度。是爲兩日内金星行二度二十五分。

又以巳日距三十度與兩日距度相減。餘〇度七十五分。爲金星疾于平行之度。加丙丁戊三日太陽行三度。是爲三日金星行三度七十五分。

論曰。此因陰雲。不能細測其每日之行度。故五日之中。僅能有此三測也。或雖無陰雲。而儀器不具。惟此三日有所當宿次。可借以爲行度之據。則所得者。皆爲前兩日後三日之和度也。

如法以兩和三較列位。因遞差補作三適足而列之。

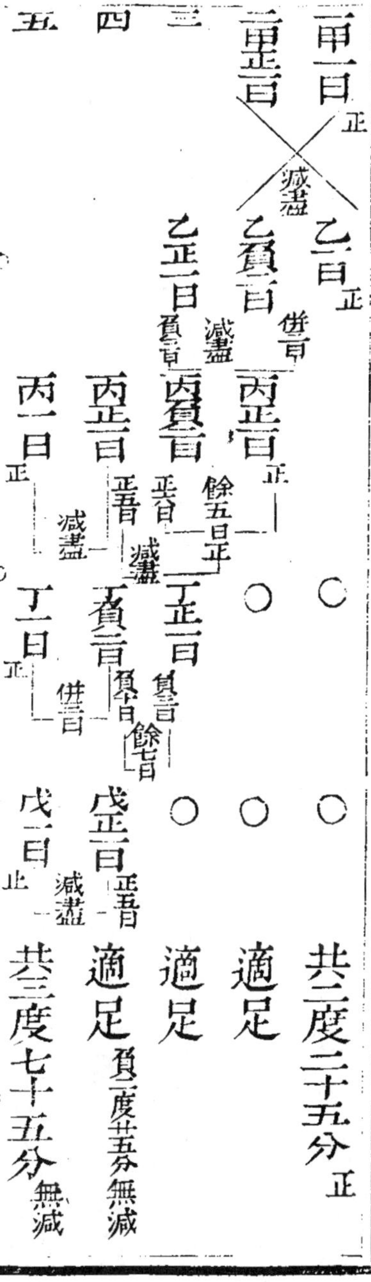

一　甲一日正　乙一日正　○　○　共二度二十五分正

二　甲正二日　滅盡　乙負一日　借一日　丙正二日正　○　○　適足

三　乙正一日　負一日　滅盡　丙負二日　正一日　餘五日正　丁正一日　負一日　○　適足

四　丙正二日　正二日　滅盡　丁負三日　負二日　餘一日　戊正二日　正二日　適足　負二度二十五分無減

五　丙一日正　滅盡　丁一日正　借一日　戊一日正　滅盡　共三度七十五分無減

如法乘減得丁三日爲法　共三度七十五分爲實　法除實得一度二十五分爲丁日行率。此因末兩行減餘二色。減去二色。只一法一實。故徑用以求也。

以丁減餘七日行八度七十五分同減負二度二十五分餘六度五十分以戊減餘五日除之得一度三十分爲戊日行率。此用三四兩行減餘。

以丁率兩日行相減餘○度○五分爲日差。

以日差減丁日行率得丙日行率累減之得甲乙日行率。

計開

甲日行一度十分。　乙日行一度十五分。　兩日共行二度二十五分。

丙日行一度二十分。　丁日行一度二十五分。　戊日行一度三十分。　三日共行三度七十五分。　合計之五日共行六度。　此六度者乃金星行于黄道之度實數也實數者以宿度徵之如甲日之晨在某宿某度至己日之晨已進六度也。

其距太陽之數。則五日共差一度。此一度者乃金星漸近太陽之距亦即漸近于地平之距也目所見也謂之視差則以儀器度而知之如甲日之卯距地平三十一度至巳日之卯刻則距地平三十度爲較前相近一度也

今所測爲甲日之寅寅與卯相差三十度故寅之星距地平一度者至卯則距三十一度也　其時刻以水漏或中星得之　若寅正與卯初則只差十五度每刻則差三度太此以儀測星者所當知

論曰凡加減日差須明進退之理如戊日之行率多于丁日則其疾爲進也而先得末日則以日差累減之而得初日若先得初日則當以日差累加之而得末日

如前一例庚日之率少于巳日則其疾爲退也而先得庚日

則以日差累加之而得初日。若先得甲日則當以日差減之而得末日。其遲段則皆反之。如末日多于初日其遲爲退也則減末加初。若初日多于末日其遲爲進也則減初加末。

論曰凡七政盈縮古今曆術恭詳所設立差平差之術尤密至于太陰遲疾時刻逈異授時立法以三百三十六限更非遞加挨減所能定惟五星既得段日定星其日差可循次加減而方程測量之法可施也。

又方程測量爲草澤不能具儀器而偶有所見設此御之使獨見者可以共曉若從事推步則有歷學諸書幸勿以管窺爲誚。

終

歷算叢書輯要卷十七

宣城梅文鼎定九甫著

孫　瑴成循齋甫　同校輯
　　玕成肩琳甫
曾孫　鈖用和
　　　鉁二如　同校字
　　　鈁導和

勾股舉隅

勾股名義肇見於周髀算經。其曰折矩以爲勾廣三。股修四。徑隅五者著其名也。又曰偃矩以望高。覆矩以測深。臥矩以知遠者。致其用也。迨後劉徽祖冲之割圓以求密率。西人六宗以求八線。可謂精義入神矣。要皆不能外勾股以立算。此其所以居九數之終而曰以御高深廣遠。良不誣焉。勾股之相求者約有四端。曰勾。曰股。曰弦。曰積。四者知其二。即可以得其餘。而以勾股弦三者相併相減。以生和較。相併爲和。相減爲較。參伍錯綜。遂如五花八門。然要皆知其二。即可得其餘也。茲編不過畧舉數端。以示塗徑。學者由此而深造焉可已。　𣪺成謹識

和較名義

勾股和　即勾與股相併之數

勾弦和　即勾與弦相減之餘

弦較和　即弦與勾股較相和之數

弦較較　即弦與勾股較相較之數

弦和和　即弦與勾股和相和之數

勾股較　即勾與股相減之餘

股弦和　即股與弦相併之數

加勾即股弦和

減勾即股弦較

減勾即股弦和

勾弦和　即勾與弦相併之數

股弦較　即股與弦相減之餘

減股即勾弦較

加股即勾弦和

減股即勾弦和

弦和較即弦與勾股和相較之數　加勾弦較即股　加股弦較即勾

加勾弦較股弦較即弦

勾較和即勾與股弦較相和之數　加勾股較即弦　加勾弦較減股弦較即股

勾較較即勾與股弦較相較之數　加勾股較股弦較即股

勾和和即勾與股弦和相和之數　減弦即勾股和　減股即勾弦和

勾和較即勾與股弦和相較之數　減弦即勾股較　減股即勾弦較

勾股較勾弦較相和即股弦和內減兩勾　相較即股弦較

勾股較股弦較相較即勾弦和內減兩勾又兩股弦較　相和即勾弦較

勾弦較股弦較相和即兩弦內減勾股和　相較即勾股較

勾股和勾弦和相和即兩勾與股弦和相和　相較即股弦較

勾股和股弦和相和即兩股一弦一勾　相較即勾弦較

勾弦和股弦和相和即兩弦一勾一股　相較即勾股較

勾股較勾股和相和即兩股　相較即兩勾

勾股較勾弦和相和即股弦和　勾股較股弦和相較即勾弦和

勾弦較勾弦和相和即兩弦　相較即兩勾

勾弦較勾股和相和即股弦和　勾弦較股弦和相較即勾股和

弦和較弦和和相和半之爲勾股和　相較半之爲弦

弦和較弦較和相和半之爲股　相較半之爲勾弦較

弦和較弦較較相和半之爲勾　相較半之爲股弦較

弦和較勾較和相和半之爲勾　相較半之爲股弦較

弦和較勾和較相和半之爲勾　相較半之爲股弦較

弦和較勾較較相和半之仍爲弦和較　相較即減盡

弦和和弦較和相和半之為股弦和　相較半之為句

弦和和弦較較相和半之為勾弦和　相較半之為股

弦和和勾較和相和半之為勾弦和　相較半之為股

弦和和勾和較相和半之為股弦和　相較半之為勾

弦和和勾較較相和半之為勾股和　相較半之為弦

弦較和弦較較相和半之為弦　相較半之為勾股較

弦較和勾較和相和半之為弦　相較半之為句股較

弦較和勾和較相和半之為股與勾弦較或弦與勾股較　相較恰盡

弦較和勾較較相和半之為股　相較半之為勾弦較

弦較較勾較和相和半之為勾與股弦較　相較恰盡

弦較較勾和較相和半之為弦　相較半之為勾股較

弦較較勾較較相和半之爲勾　相較半之爲股弦較

勾較和勾和較相和半之爲弦　相較半之爲勾股較

勾較和勾較較相和半之爲勾　相較半之爲股弦較

勾和較勾較較相和半之爲股　相較半之爲句弦較

弦實兼句實股實圖

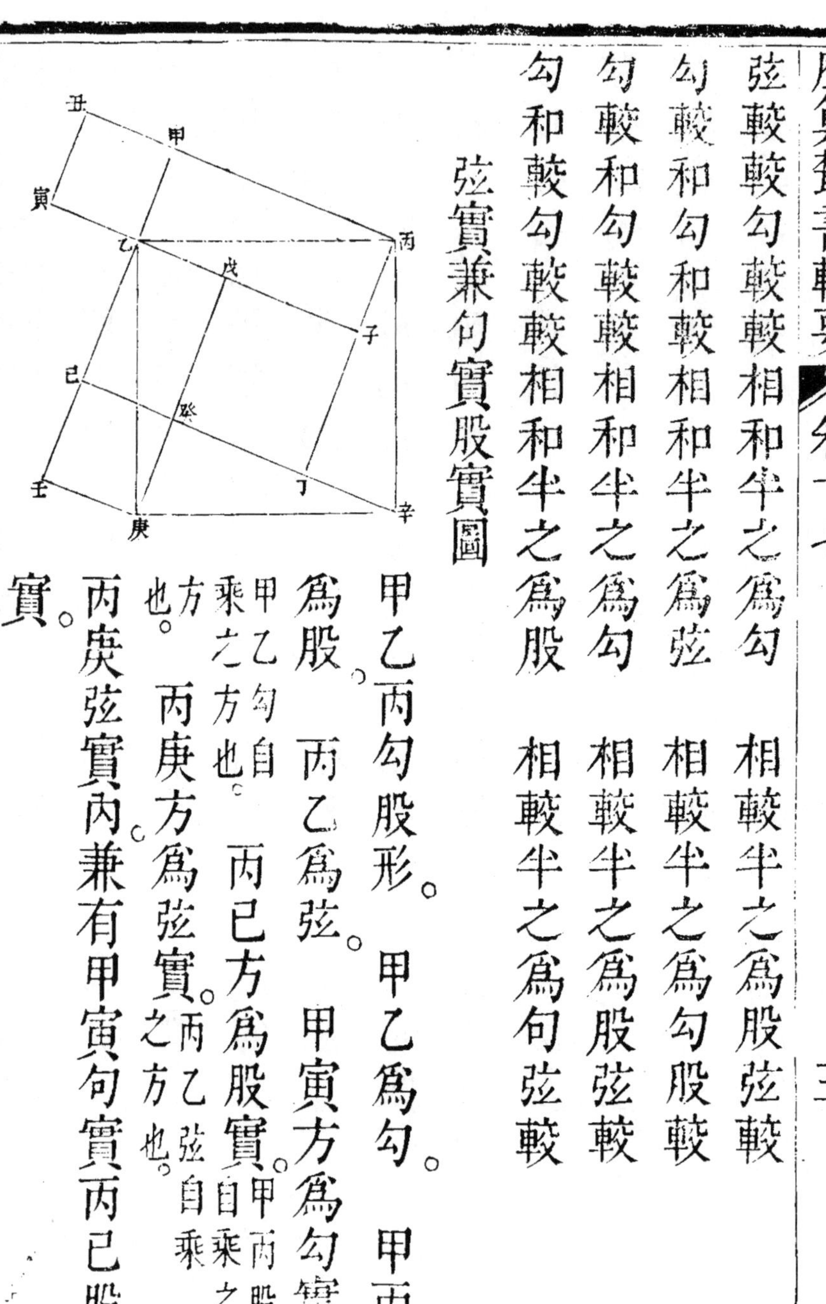

甲乙丙勾股形。甲乙爲勾。甲丙爲股。丙乙爲弦。甲寅方爲勾實（甲乙勾自乘之方也。）丙已方爲股實（甲丙股自乘之方也。）丙庚方爲弦實。（丙乙弦自乘之方也。）丙庚弦實內兼有甲寅句實丙已股實。

論曰試自弦方之乙角作乙子線與甲丙股平行而等又自丙角作丙丁線與甲乙句平行而與甲丙股等又自辛角作辛癸線與甲丙股平行自庚角作庚戊線與甲乙勾平行而皆與甲丙股等則丙子辛丁癸庚戊乙四線必皆與甲乙句等而成乙子丙丁辛癸庚戊乙四勾股形于弦實內皆與原設之甲乙丙形等於是移丙丁辛形於乙壬庚位移辛癸庚形於甲乙丙位則丙庚大方變成甲丙丁癸庚壬磬折形末從癸巳截之成大小二方形則丙巳大方即股實癸壬小方即勾實癸壬小方與甲寅勾實等是一弦實分爲勾股二實也

若先以丙巳股實癸壬勾實聯爲磬折形而移乙壬庚勾股形於丙丁辛之位移甲乙丙勾股形於癸辛庚之位即復成丙巳

弦實矣。

又圖

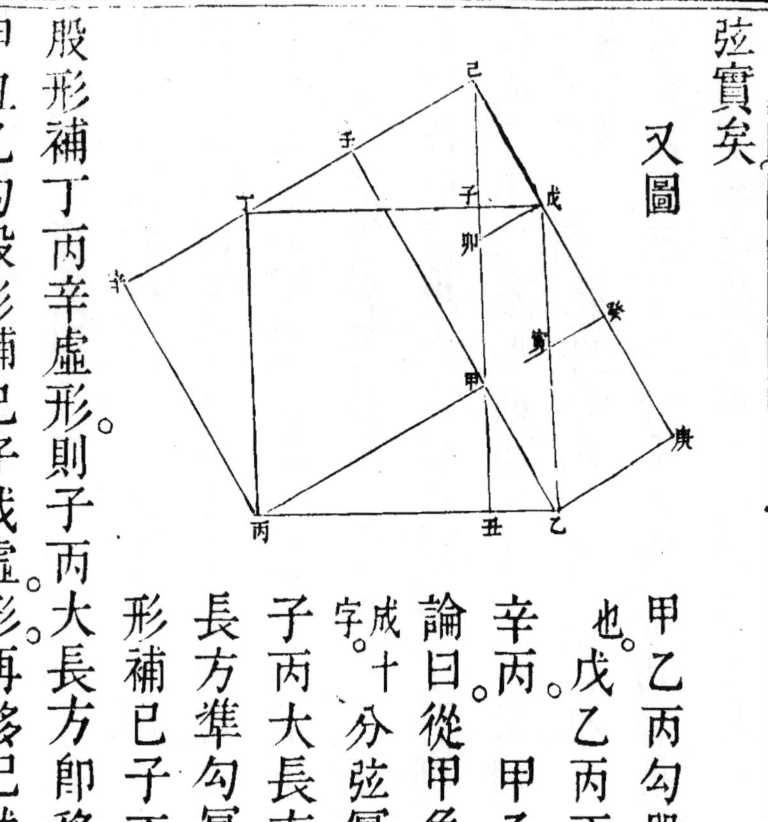

甲乙丙勾股形。乙丙弦。其冪即實也。戊乙丙丁。甲丙股。其冪甲壬辛丙。甲乙勾。其冪乙庚癸甲。

論曰：從甲角作巳甲丑垂線。與乙丙弦成十字。分弦冪爲大小兩長方。一爲子丙大長方。準股冪。一爲戊丑小長方。準勾冪。試移甲丑丙勾股形補巳子丁虛形。又移巳壬甲勾股形補丁丙辛虛形。則子丙大長方即移爲甲辛股冪。次移甲丑乙勾股形補巳子戊虛形。再移巳戊卯勾股形補戊癸寅

虛形末移戊卯甲癸形補癸寅乙庚虛形則戊丑小長方即移爲庚甲勾羃矣

勾股求弦

假如勾六尺股八尺求弦

法以勾六尺自乘得三十六尺爲勾實股八尺自乘得六十四尺爲股實併之得一百尺爲實平方開之得一十尺爲弦也

論曰勾實股實併之與弦實等故開方得弦也觀前圖自明

勾弦求股

假如勾八尺弦十七尺求股

法以弦十七尺自之得二百八十九尺爲弦實勾八尺自之得六十四尺爲勾實於弦實內減去勾實餘二百二十五尺爲實

平方開之得一十五尺爲股也。若有弦有股。而求勾者。即於弦實內減股實。餘開方得勾。其法並同。

勾股積與弦求勾股

假如勾股積六十尺。弦一十七尺。求勾股。

法以勾股積六十尺四因之。得二百四十尺。又以弦十七尺自之。得二百八十九尺。內減四因積。餘四十九尺爲實。平方開之。得七尺爲勾股較。乃以勾股積倍之。得一百二十尺爲實。較七尺爲縱。用帶縱平方開之。得八尺爲勾。句加較。得十五尺爲股。

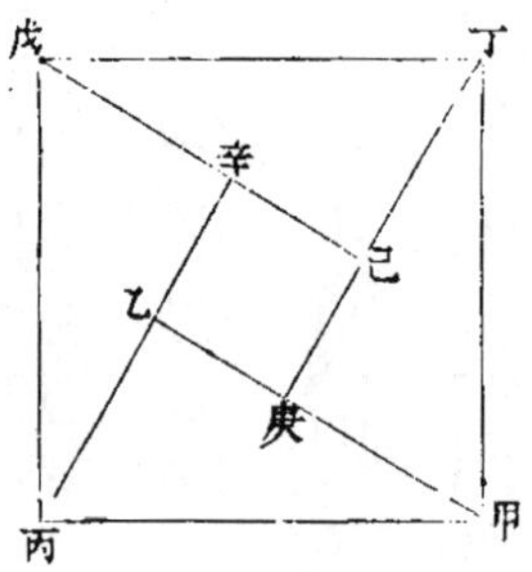

論曰。弦實內有勾股積四。較積一。如圖甲乙

丙勾股形丁丙大方爲弦冪內容甲丁庚丁戊巳戊辛丙乙甲丙四勾股積辛巳庚乙一勾股較自乘積故於弦冪內減去四勾股積餘數開方即得勾股較也

勾股積與勾股和求勾股

假如勾股積三十尺勾股和一十七尺求勾股

法以勾股積三十尺八因之得二百四十尺勾股和十七尺自之得二百八十九尺內減八勾股積餘四十九尺爲實平方開之得七尺爲勾股較以較減和餘十尺半之得五尺爲勾以較加和得二十四尺半之得十二尺爲股

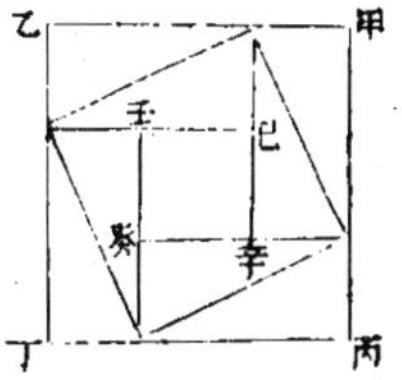

論曰勾股和自乘方內有勾股積八勾股較積一

如圖甲丙丁乙爲勾股和自乘方內容八勾股積。一巳辛癸壬小方形爲勾股較積。故於和內減八勾股積餘數開方而得勾股較也。

勾股積與弦較較求諸數

假如勾股積一百二十。弦較較十二。

法以積四之得四百八十。弦較較自之得一百四十四。兩數相減餘三百三十六。折半一百六十八爲實。弦較較十二爲法除之得勾股較十四。以加弦較較十二共得二十六爲弦。有弦有勾股較即諸數可求。

論曰丁甲乙丙合形爲弦自乘大方冪。甲小方爲勾股較冪。弦冪內減勾股較冪。所餘丁乙丙磬折形原與四勾股積等。於中

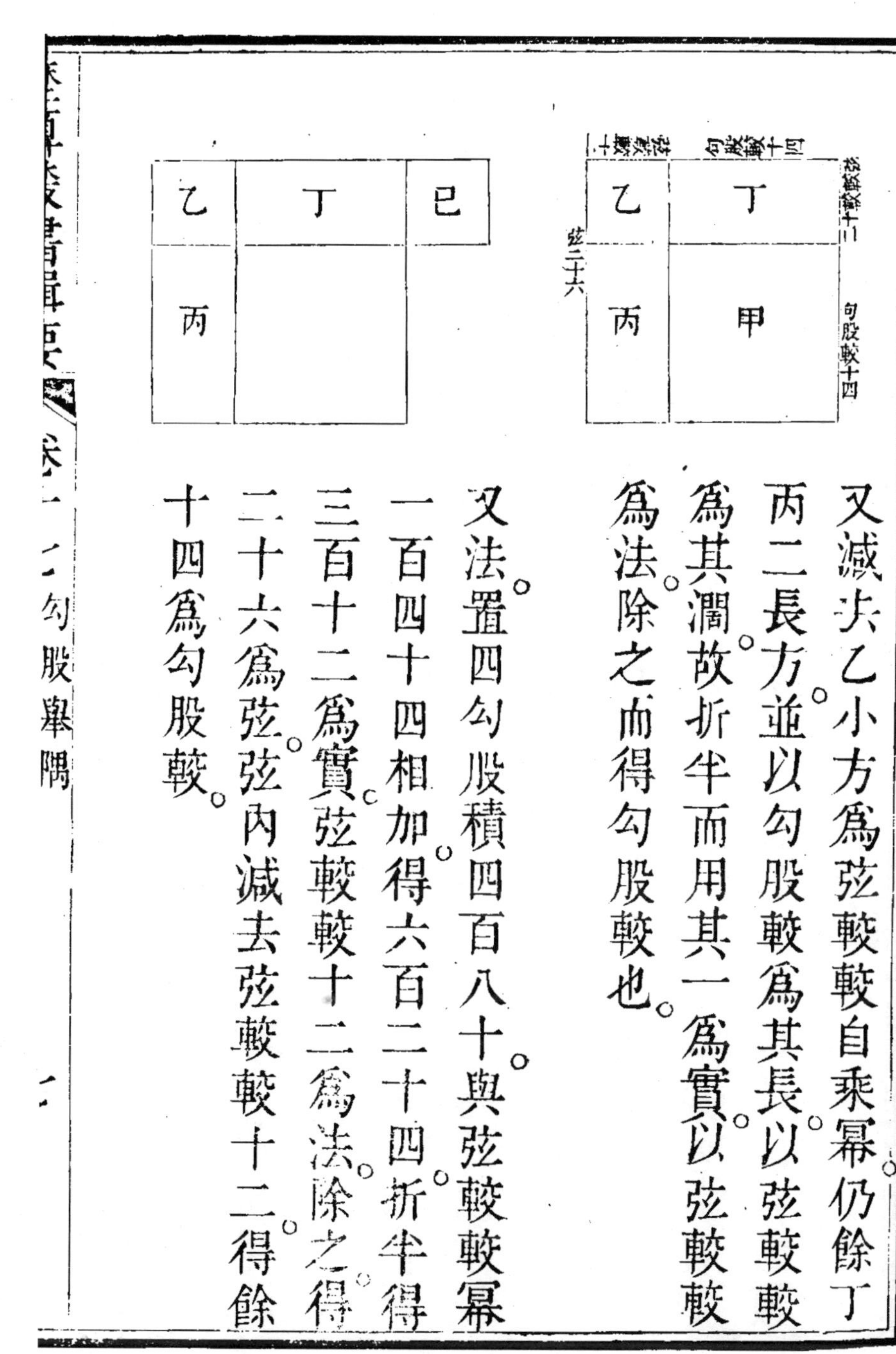

又減去乙小方爲弦較較自乘冪仍餘丁丙二長方並以勾股較爲其長以弦較較爲其濶故折半而用其一爲實以弦較較爲法除之而得勾股較也

又法置四勾股積四百八十與弦較較冪一百四十四相加得六百二十四折半得三百十二爲實弦較較十二爲法除之得二十六爲弦弦內減去弦較較十二得餘十四爲勾股較

論曰乙丙丁磬折形原與四勾股積等今加一小方形如巳爲弦較自乘冪與乙等又丁丙二長方原相等於是合丁巳爲一長方合乙丙爲一長方必亦相等矣並以弦較較爲闊以弦爲長故折半而用其一爲實以弦較較爲法除之即得弦矣

又法置四勾股積四百八十爲實弦較較十二爲法除之得四十爲弦較和以加弦較較得五十二折半二十六爲弦以弦較較十二減弦較和四十得二十八折半十四爲勾股較

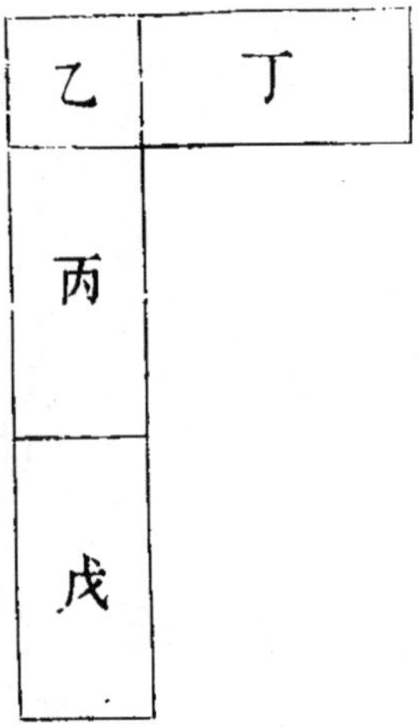

丁　乙　丙　戊

於前圖乙丙丁磬折形即四勾股積移丁長方置於戊爲乙丙戊長方其長如弦較和其濶如弦較較故以弦較較除之而得弦較和

又簡法置勾股積一百二十爲實以弦較較十二半之得六爲法除之得二十爲半弦較和以加半弦較較六得二十六爲弦又以半較六減半和二十得十四爲勾股較

半較六

勾股積一百二十

半和二十

論曰長方形濶十二如弦較較長四十如弦較和其積如四勾股今只用一勾股積是四之一也積四之一者其邊必半觀圖自明

勾股積與弦較和求諸數

假如勾股積一百二十弦較和四十

法以積四之得四百八十弦較和自之得一千六百兩數相減餘一千一百二十折半得五百六十爲實弦較和四十爲法除

之。得十四爲勾股較。以減弦較和。得二十六爲弦。弦自乘得六百七十六。加四勾股積四百八十。得一千一百五十六。平方開之。得三十四爲勾股和。以與勾股較十四相加。得四十八。折半二十四爲股。又相減。得二十。折半得一十爲勾。

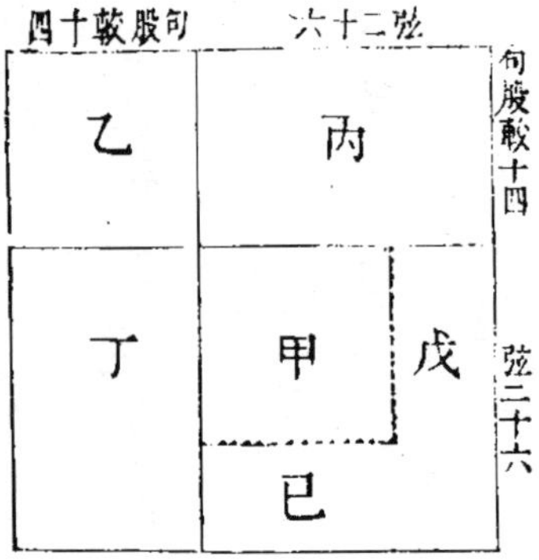

句股較十四　弦二十六

句股較十四　弦二十六

乙　丙　丁　甲　戊　已

論曰。總方爲弦較和四十自乘之冪。內分甲戊已方爲弦自乘冪。乙小方爲勾股較自乘冪。於甲戊已弦冪內減去戊已磬折形。卽四勾股積。則所餘者甲小方。卽勾股較冪。與乙方等。以甲小方合丁長方。卽與乙丙長方等。以丁丙小長方原相等故。此二長方並以勾股較十四爲濶。以弦較和四十爲長。故折半而用其一。爲實。弦較和四十爲法。除之。卽得勾股較也。

又法。弦較和自乘得一千六百。與四勾股積四百八十相加。得二千。○八十折半一千。○四十爲實。弦較和四十爲法。除之。得二十六爲弦。與弦較和四十相減。得十四爲勾股較。餘如前。觀後圖自明。

又法。置四勾股積四百八十爲實。弦較和四十爲法。除之。得十二。爲弦較較。以減弦較和四十。得二十八。半之。得十四爲勾股較。

又簡法。置勾股積一百二十爲實。弦較和四十。半之。得二十爲法。除之。得六。爲弦較較之半。餘並同弦較較簡法。

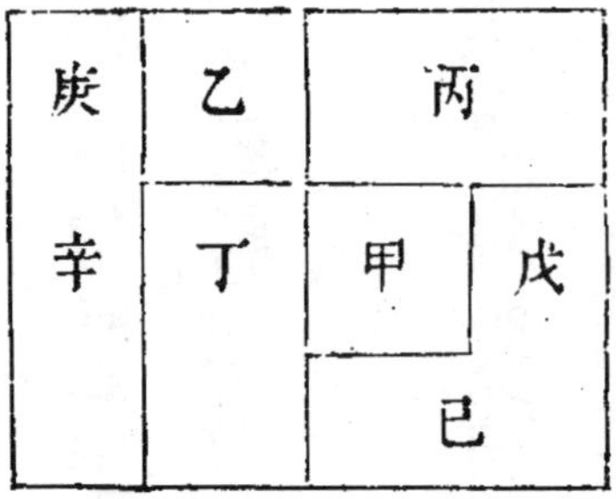

論曰丙戊甲己乙丁合形爲弦較和四十自乘之六方外加一庚辛長方爲四勾股積與戊己磬折形等於是中分之爲兩長方乙丁庚辛合爲左長方丙戊甲己合爲右長方並以弦二十六爲濶弦較和四十爲長故折半爲實以弦較和除之得弦

借此圖可解第二叉法之理何則庚辛長方形既爲四勾股積而其濶十二如弦較較其長四十如弦較和是十二與四十相乘之積也故以弦較較除之得弦較和若以弦較和除之即復得弦較較

若庚辛長方横直皆均剖之成四小長方則其濶皆六如半較

其長二十如半和。而其積皆一百二十爲一勾股積矣。此又簡
法之理也。

勾股積與弦和較求諸數

假如勾股積六千七百五十。弦和較六十。
法以弦和較自之。得三千六百。與四勾股積二萬七千相減。餘
二萬三千四百。折半一萬一千七百爲實。弦和較六十爲法。除
之得一百九十五爲弦。加較六十。得勾股和二百五十五。弦冪
內減四勾股積。開方得勾股較。以加勾股和折半得股。以減勾
股和折半得勾。
又法以弦和較自乘得三千六百。與四勾股積二萬七千相加。
得三萬〇六百。折半一萬五千三百爲實。弦和較六十爲法除

之得二百五十五為勾股和內減弦和較六十得一百九十五為弦。

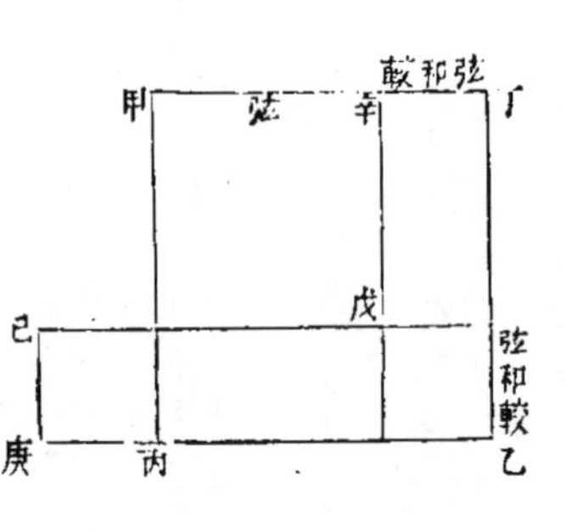

論曰丁丙方為勾股和自乘方冪內減甲戊方為弦自乘冪其餘丁戊丙乙磬折形四勾股積也內減戊乙小方為弦和較自乘積則所餘丁戊長方與戊丙長方等而並以弦為長弦和較為濶故以弦和較除之得弦此第一法減四勾股積之理也

若於磬折形外加己丙小方（與戊乙等）即成庚戊長方（與辛乙等）並以勾股和為長弦和較為濶此即前第二又法加四勾股積之理也

又法置四勾股積二萬七千為實弦和較六十除之得四百五

十爲弦和和以與弦和較相加折半爲勾股和又相減折半爲弦

此如有勾股積有容圓徑而求勾股弦乃還元之法也求容圓法詳後

論曰前圖中辛乙長方并戊丙長方是四勾股積聯之爲辛丙長方則其濶丁辛弦和較也其長丁丙弦和和也

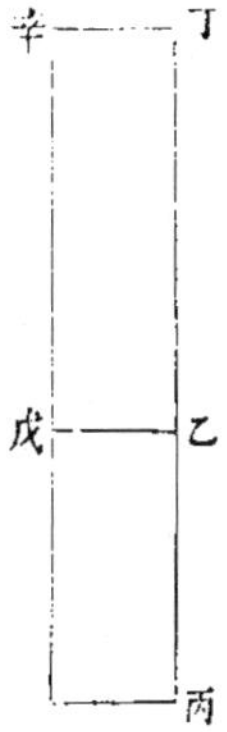

辛　丁
戊　乙
丙

又簡法置勾股積六千七百五十爲實半弦和較三十除之得二百二十五爲半弦和和以與半弦和較相加得二百五十五爲勾股和又相減得一百九十五爲弦　此如有容圓半徑以除勾股積而得半弦和和

勾股積與弦和和求諸數

假如勾股積六千七百五十弦和和四百五十

法以積四之得二萬七千弦和和自之得二十○萬二千五百兩數相減餘十七萬五千五百折半得八萬七千七百五十爲實弦和和四百五十爲法除之得一百九十五爲弦以減弦和和得二百五十五爲勾股和

又法以四勾股積與弦和和冪相加得二十二萬九千五百折半得十一萬四千七百五十爲實弦和和四百五十爲法除之得二百五十五爲句股和以減弦和和得一百九十五爲弦

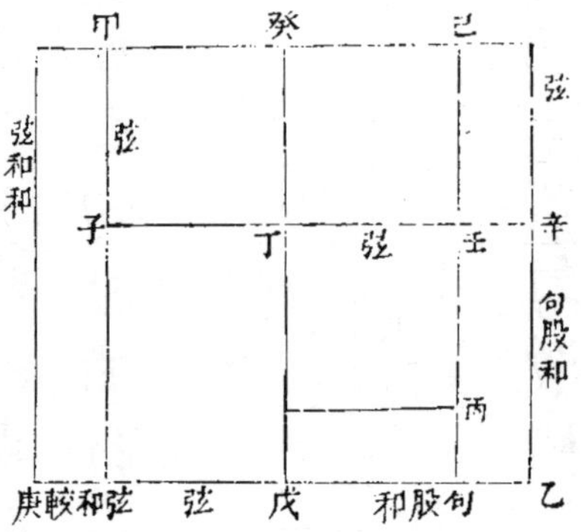

論曰甲乙大方弦和和自乘也內分甲丁方弦自乘也與丁丙方等丁乙方勾股和自乘也於丁乙丙減去丁丙弦冪則所餘

者四勾股積即壬乙丙戊二小長方也而巳辛小長方與丙戊等。則巳乙長方亦四勾股積也。今於甲乙大方內減去巳乙則所餘者甲戊巳戊二長方。並以弦爲潤。弦和和爲長故折半以弦和和除之而得弦。此第一法減四勾股積之理也。

又論曰。若於甲乙大方外增一甲庚長方與巳乙等。而中分之於癸戊。則癸乙與癸庚兩長方等。並以勾股和爲潤。弦和和爲長。故折半以弦和和除之而先得勾股和。此第一又法加四勾股積之理也。

又法置四勾股積二萬七千爲實。弦和和四百五十除之。得弦和較六十。

此如倂勾股弦除四倍積而得容圓徑。

又簡法置勾股積六千七百五十爲實半弦和和二百二十五除之得半弦和較三十。此如合半勾半股半弦除積得容圓半徑。欲明加減用四勾股之理當觀古圖。

甲乙丙勾股形。　甲丙勾六。　甲乙股八。　乙丙弦十。　甲丁勾股和十四。　壬辛勾股較二甲己大方勾股和自乘冪也。其積一百九十六。　丙戊次方弦自乘冪也其積一百。　壬庚小方勾股較自乘冪也。其積四。　甲己和冪內減弦冪所餘者四勾股也。　弦冪內減較冪所餘者亦四勾股也。　勾股之積並二十四。

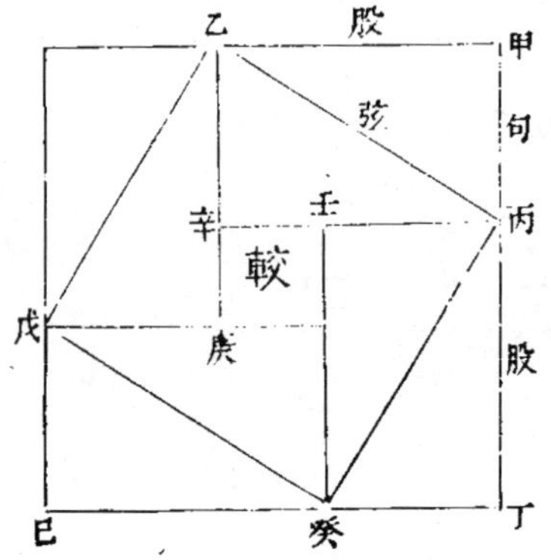

又圖

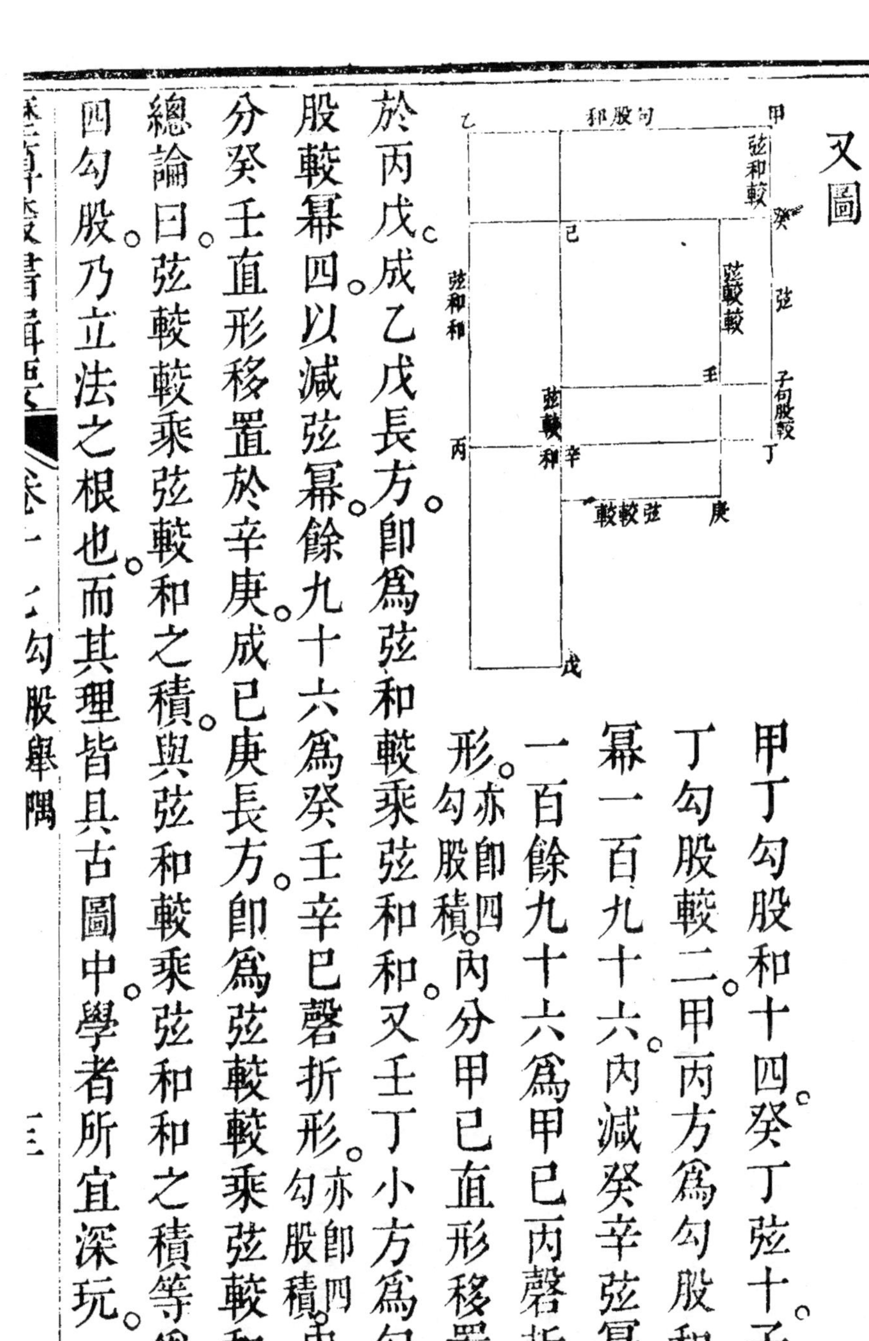

甲丁勾股和十四。癸丁弦十。子丁勾股較二。甲丙方爲勾股和冪一百九十六。內減癸辛弦冪一百。餘九十六爲甲巳丙磬折形。亦卽四勾股積。內分甲巳直形移置於丙戊。成乙戊長方。卽爲弦和較乘弦和和。又壬丁小方爲勾股較冪四。以減弦冪餘九十六爲癸壬辛巳磬折形。亦卽四勾股積。內分癸壬直形移置於辛庚。成巳庚長方。卽爲弦較較乘弦較和。

總論曰。弦較較乘弦較和之積。與弦和較乘弦和和之積等。爲四勾股。乃立法之根也。而其理皆具古圖中。學者所宜深玩。

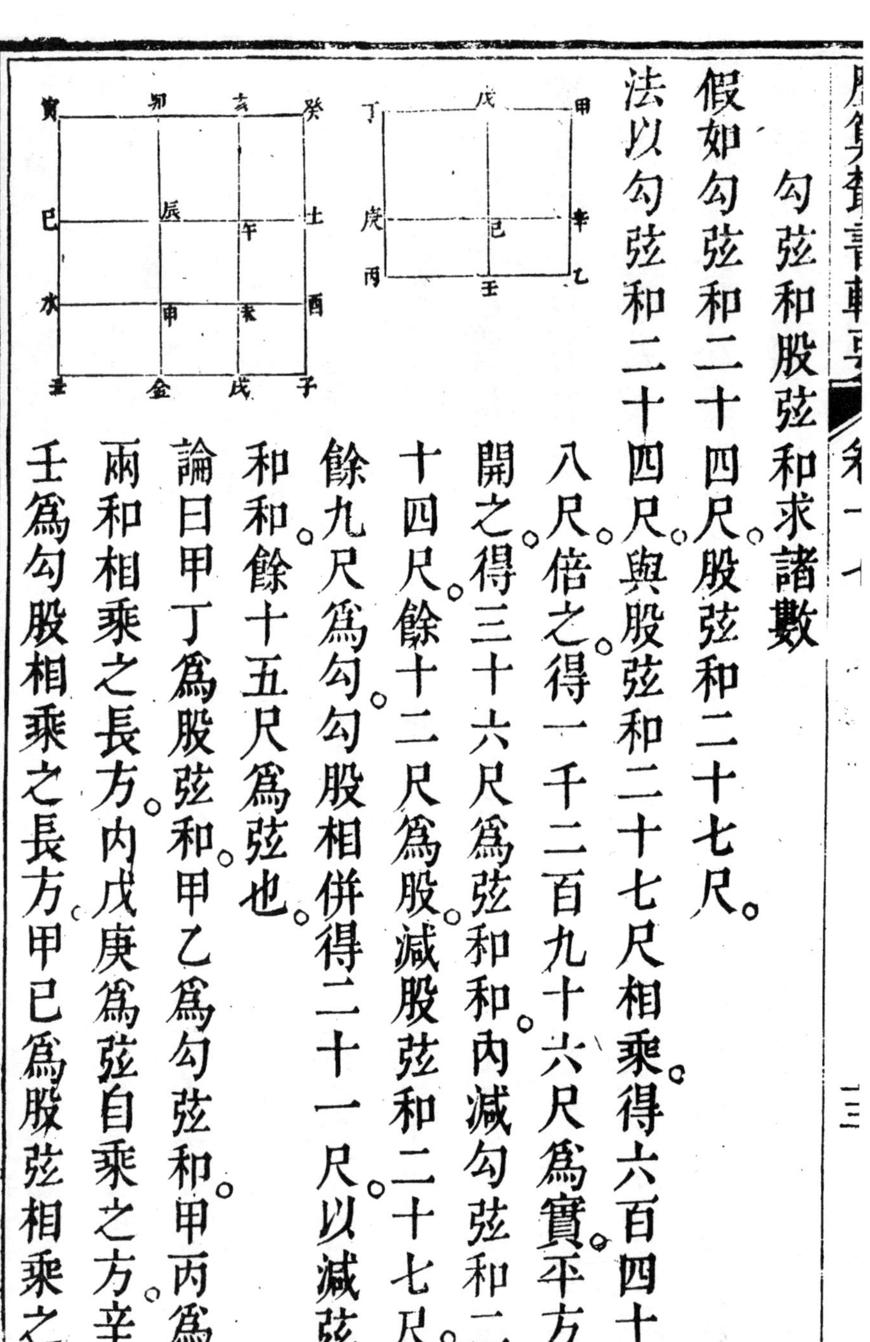

勾弦和股弦和求諸數

假如勾弦和二十四尺。股弦和二十七尺。

法以勾弦和二十四尺與股弦和二十七尺相乘。得六百四十八尺。倍之。得一千二百九十六尺爲實。平方開之。得三十六尺爲弦和和。內減勾弦和二十四尺。餘十二尺爲股。減股弦和二十七尺。餘九尺爲勾。勾股相併得二十一尺。以減弦和和。餘十五尺爲弦也。

論曰甲丁爲股弦和。甲乙爲勾弦和。甲丙爲兩和相乘之長方。內戊庚爲弦自乘之方。辛壬爲勾股相乘之長方。甲己爲股弦相乘之長方已丙爲勾弦相乘之長方倍之則如第二圖之癸丑爲弦和和自乘之方内卯巳爲弦方午申爲股方酉戌爲勾方股方勾方併之與弦方等是爲弦方者二矣又土未爲勾股相乘與未金等亥辰爲股弦相乘與辰水等癸午爲勾弦相乘與申丑等是癸丑正方比甲丙長方之各積俱加一倍也故以勾弦股弦兩和相乘倍之開方即得弦和和也

勾弦較股弦較求諸數

假如勾弦較八尺股弦較四尺

法以勾弦較八尺與股弦較四尺相乘得三十二尺倍之得六十四尺爲實平方開之得八尺爲弦和較以加股弦較四尺得十二尺爲勾以加勾弦較八尺得十六尺爲股股加股弦較四

尺。得二十尺爲弦也。

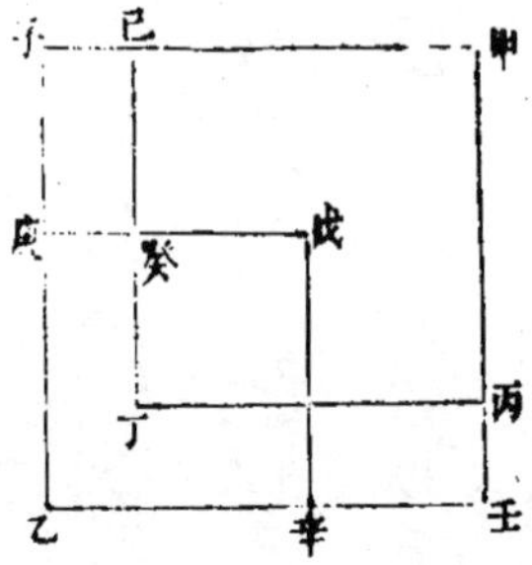

甲　己　子　庚　癸　戊　丙　丁　乙　辛　壬

論曰：甲乙爲弦自乘之方，甲丁爲股自乘之方。兩方相減，餘丙壬辛乙庚子己磬折形，與勾自乘戊乙方等。而丙辛爲股弦較，丙壬乘勾弦較辛壬之長方，與己庚等。此兩長方必與戊丁正方等。戊丁方者，弦和較自乘也。戊庚句內減去癸庚股弦較，餘戊癸爲弦和較。故倍勾弦股弦兩較相乘爲實，開方而得弦和較也。

勾股較弦和和求諸數

假如勾股較七尺，弦和和三十尺。

法以勾股較七尺減弦和和三十尺，餘二十三尺。爲兩句一弦。自之，得五百二十九尺。又以勾股較七尺自之，得四十九尺。相減餘四百八十尺。折半得二百四十尺爲長方積。乃倍弦和和三十尺得六十尺。減勾股較七尺。餘五十三尺爲長濶和。用帶和縱平方開之。得濶五尺爲勾。加較得十二尺爲股。於弦和和三十尺內減去勾股。餘十三尺爲弦也。

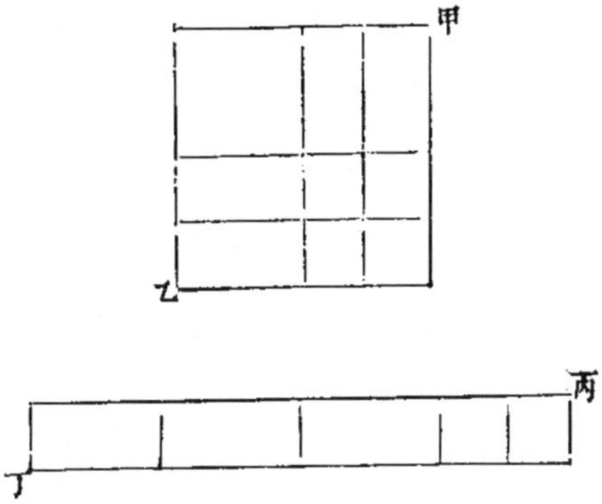

論曰。弦和和內減去勾股較。餘爲一弦兩勾。自乘成甲乙正方。內函弦方一。勾方四。句乘弦之長方四。而弦方內有勾乘股之兩長方。卽四勾股積。一勾股較自乘方。今於甲乙方內減去較自乘方。則餘勾方四。句乘股之長方二。勾乘弦之長方四。半之則句方二。句乘股之長方一。句乘弦之長方二。

合之成丙丁長方其長爲一股兩弦兩勾其濶爲句故以弦和和倍之勾股弦各二減去勾股較餘一股兩弦三句爲長濶和也

又法以弦和和三十尺自乘得九百尺折半得四百五十尺爲長方積以勾股較爲縱用帶縱平方開之得濶一十八尺爲句弦和長二十五尺爲股弦和以減弦和和餘五尺爲句句加較七尺得一十二尺爲股也

乙	甲
丁	丙

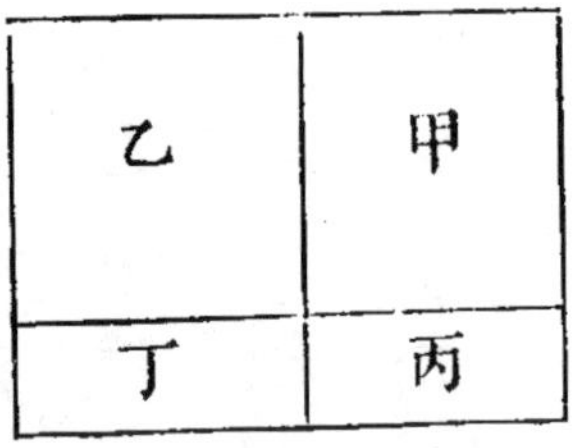

論曰弦和和自乘方內有勾股弦各自乘之方一而句方股方併之與弦方等是爲弦方者二又股乘弦句乘弦句乘股之長方各二今各用其一而合之成甲丙乙丁長方形乙爲弦自乘甲爲股乘弦丁爲勾乘弦丙爲勾乘股其濶爲勾弦和其長爲股弦和其

長多於濶之數卽勾股較也。

勾股較弦和較求諸數

假如勾股較七尺。弦和較六尺。

法以弦和較六尺自乘。得三十六尺。半之。得十八尺。爲長方積。以勾股較七尺爲縱。用帶縱平方開之。得二尺。爲股弦較。與弦和較六尺相加。得八尺。爲句。句加較七尺。得十五尺。爲股。股加股弦較二尺。得十七尺。爲弦也。

論曰。弦和較自乘。爲股弦較乘勾弦較之倍數。圖見前句弦較股弦較題。而句弦較。爲句股較與股弦較之併數。故半弦和較自乘爲實。而以句股較爲縱也。

右四題原稿各具三法。而兼濟堂刻本逸去。原稿又未帶行

筴。今各題擬補一法。未能備也。瑴成敬識

弦與句股和求句股用量法

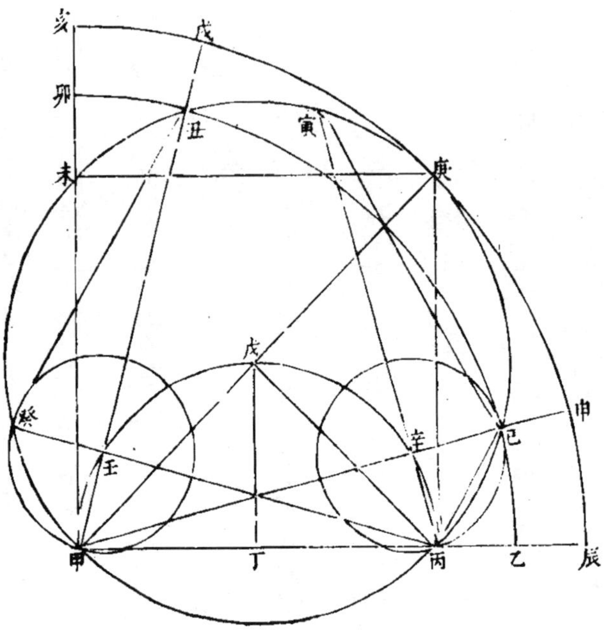

乙甲句股和。丙甲弦。

原法。以甲爲心。作乙己卯象限。又以丙甲弦半之於丁。以丁爲心。作甲戊丙半圜。

次於丙戊半圜上。任以辛爲心丙爲界。作丙己小員。屢試之。令小圜正切象限如己。乃作己辛甲及辛丙

二綫則辛丙爲句辛甲爲股如所求按此法不誤但已點正切處難眞今別立法求已點

法曰自丁點作垂線分半員於戊以戊爲心用丙爲界作丙已庚丑甲全圓全圓與象限相割於已從已向甲作直線割半圓於辛乃作辛丙爲句即辛甲爲股合問

如此則徑得辛點不用屢試得數旣易且眞確矣

論曰凡半圓內作兩通弦至圓徑兩端必爲句股而圓徑常爲弦今旣以丙甲弦爲半圓徑則其辛丙與辛甲兩通弦必句與股也而已辛甲線與乙甲等即勾股和也今以辛爲心作小圓而其邊正切已則已辛與丙辛等爲小圓之半徑即等爲勾線矣於已甲句股和內截已辛爲句則辛甲必爲股故此法不誤

也。

又論曰：半圓內所容句股形，以半方形爲最大。即甲戊丙也。其餘皆半長方形之句股，故小。其勾股和亦最大。丙戊句甲戊股相等，其和甲戊庚爲最大。其餘股長者勾反甚小，故其和皆小於甲戊庚。即弦上方冪之斜徑也。甲未庚丙爲弦上平方冪，甲戊庚爲其斜徑。以此爲象限之半徑。如辰庚亥象限，其半徑辰甲及亥甲並與庚戊甲等。則能容弦上平方。如甲未庚丙平方，必在辰庚亥象限內。又戊心所作平方外切之平圓亦能容弦上平方。此員以戊爲心，以平方四角爲界，其全徑甲戊庚即平方之斜徑也。三者相切於庚點，惟相切，不相割。其餘勾股和並小，如乙甲和必小於辰甲。不能包平方之角，即不能外切平圓，而與之相割矣。如乙甲和爲半徑，作乙巳卯象限，不能包庚點，即與平圓相割，如巳。其自庚至丙並可爲相割之巳點，而四十五度之勾股具焉。八線表所列之句股，只四十五度互相爲正餘。勾爲正弦，股即餘弦也。分言正弦，則初度小而九十度最大也。若合正弦餘弦爲和數則初度與九十度皆最小惟四十五度最大。已足以盡勾股之變態矣。若過庚向未亦四十五度已點至此其和數反小而與前四十五度爲正餘。勾股和之最大者。以略小於弦上斜線而止。凡句股有和有較皆長方形之半非正半方也若半方形則有和無較可無用算非句股所設其最小者。以稍大於弦線而止。若同弦線即無句股無有不割平圓。故可以已點取之也。

又論曰以方斜爲半徑。作象限。則能容平方。以方斜爲半徑作半圓。則能容方斜上平圓。如庚已丙甲未平圓其徑甲戌庚方斜是即方斜上之平圓也若以甲戌庚半徑作大半圓即能容之

凡半圓內所容之圓度每以兩度當外周半圓之一度。何則論度必以角。惟在心之角。一度爲一度。若在邊之角。則兩度爲一度。如辰庚亥半圓從甲心出兩線一至庚一至辰作辰甲庚角其度辰庚四十五度是一度爲一度也若庚已丙甲未圓從甲邊出兩線一過戊至庚一至丙作庚甲丙角其度庚已丙象限只作四十五度是兩度當一

度以同用甲角故也。準此論之，則弦上半圓所作之戊甲丙角亦必四十五度矣。既同用甲角，則戊辛丙象限亦兩度當一度。若是，則庚巳丙之度與戊辛丙等。並同用甲角，以庚辰爲度故也。而巳點所割之巳丙弧及辛丙弧亦必等度矣。巳丙爲方外切圓之度，辛丙爲方內切員之度，大小不同，而同用甲角，以巳乙爲其度，角等者度亦等。又引辛丙至寅，則寅丑甲與辛戊甲兩弧亦必等度。以同用丙角故也。而同爲甲角之餘。丙角原爲甲角之餘，乃甲角減象限，是以甲巳乙減象限得巳甲卯角，與辛丙甲角等也。其度則兩度爲一度，乃甲角之倍度減半周，是以寅庚減半周得寅丑甲，以丙辛弧減半周得辛戊甲也。又巳庚丑未弧原爲巳丙減半周之餘，即與寅丑甲等。於此兩弧內各減寅丑未，則巳庚寅與未癸甲亦等。於是作巳寅線與未甲等。亦即與丙甲等。而寅巳丙與甲丙巳又等。於寅巳及甲丙各加一巳丙。則丙辛寅及巳辛甲兩直線亦等。皆勾股和也。兩和線相交於辛，則交角等。皆十字正角。

又作巳丙線成巳辛丙三角形而巳角丙角等（巳甲丙三角形與巳寅丙等則對丙甲之巳角對巳寅之丙角亦等）則角所對巳辛邊丙辛邊亦等矣。準上論巳辛與丙辛必等故用巳點以求辛點而和數中句股可分也。

又論曰凡句股和所作象限與斜方上平圓相割有二點其一爲巳其一爲丑自丑作直線至甲心（象限心也）割半圓於壬作丙壬線即成丙壬甲勾股形與甲辛丙等。（丑甲丙角爲丙甲壬角之餘與壬丙甲角等而其度亦與巳乙等是丙甲辛角與壬丙甲等也辛壬又皆正角又同以丙甲爲弦是兩句股形等也。）準此論之凡半圓內所作句股皆兩兩相似。（勾股之正角必負員周亦兩兩相對如辛點在戊丙象限內即有壬點在戊甲象限與之相對皆與象限上巳點丑點相應其所作句股形亦兩相似。）故四十五度能盡句股之變也。（戊丙與戊甲兩象限並兩度當一度其負度在庚辰及庚亥兩半象限中故皆四十五度。）

試以壬爲心丑爲界作圜界必過丙是丙壬股即丑壬而丑甲

爲和也。丑壬股大於戊丙。而丑甲和小於庚甲。以是知和數之大至庚甲而極也。

準上論。又足以證巳庚丑癸圓能盡割圓句股之理。

句股容圓

假如句八尺。股十五尺。弦十七尺。問內容圓徑。

法以句八尺與股十五尺相加。得二十三尺。內減弦十七尺。餘六尺爲容圓全徑。

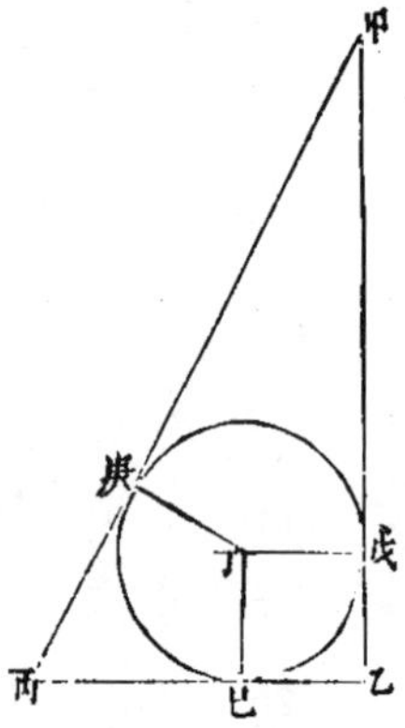

論曰。弦和較卽容圓徑也。如甲乙丙句股形內容戊巳庚圓。而圓周切弦於庚。切股於戊。切句於巳。各作線至圓心丁。則丁戊丁巳皆半徑。各與戊乙乙巳等。而戊乙乙巳者皆弦和較之半也。甲丙弦分爲甲庚庚丙。於甲乙股內截甲戊如甲庚。餘戊乙。於乙丙句內截巳丙如庚丙。餘乙巳。此戊乙與乙巳皆爲弦減句股之餘。與句股和內減弦之餘無異。豈非弦和較乎。半徑既與半較等。則全較爲全徑無疑矣。餘詳三角舉要。

測圓簡法

假如有圓池欲知其徑。

法於池邊直牽一繩。切池於庚。如甲乙。又橫牽一繩。切池於壬。如丙乙。其乙角務令正方。又自丙斜牽一繩至甲。而切池於辛。乃自丙取丙乙之度。截斜繩于丁。又自甲取甲乙之度。截斜繩於戊。末量丁戊之度有若干尺。卽圓池徑也。

論曰。此即句股容圓法也。丙乙句截甲丙弦於丁。則丁甲爲句弦較。甲乙股截弦於戊。則戊丙爲股弦較。而丁戊爲弦和較。故即爲圓徑。其句股弦不必問其丈尺。但取三直線並切圓而乙爲方角足矣。故爲測員簡法。凡城堡墩臺錐塔員柱之類。形正員者。並同一法也。

句股測量

測量之術。因卑以知高。即近以見遠。而句股之用。於是乎神。言測量至西術詳矣。究不能外句股以立算。故三角即句股之變通。八線乃句股之立成也。然三角非八綫不能御。而句股則無藉於八綫。古書雖不盡傳。而海島量山之算。猶存什一於千百。故論測量而并錄其要。以存古意焉。

測遠

假如有甲乙二處。人只能至乙而不能至甲。今問甲乙之距。

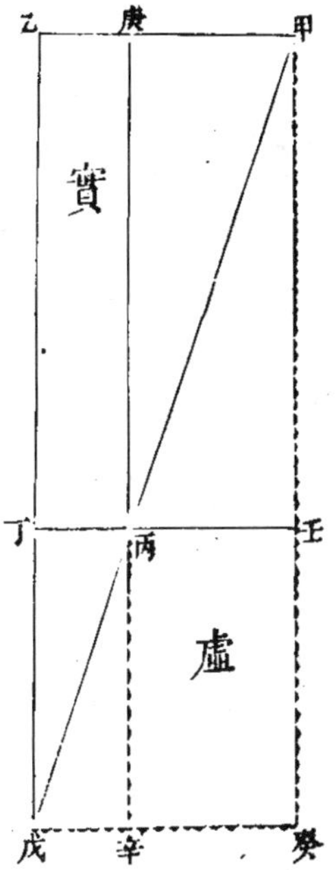

乙　庚　甲
實
丁　丙　壬
虛
戊　辛　癸

法於戊立表。距乙三十步。又前行十二步至丁。復立表。望乙。令戊丁兩表與乙參直。又自丁至丙立表。從戊望甲。令戊丙兩表與甲參直。而丙丁乙戊如十字。復與甲乙平行。量其距得三步。丙距丁也。乃以戊丁十二步爲一率。丙丁三步爲二率。庚丙十八步。庚丙與乙丁等。爲三率。求得四率四步半。爲甲庚。加丙丁三步。即庚乙。共七步半。爲甲乙之距。若甲爲高處。則止立丁戊兩表。而丙丁之距爲丁表之高。其法並同。

論曰。此因二率丙丁三率庚丙相乘之庚丁長方。與一率丙辛即丁戊乘四率壬丙即甲庚之壬辛長方等積也。試作甲癸、癸戊兩平行線，成甲癸戊乙長方形，爲甲戊對角綫所分成相等之兩大句股形，又爲庚辛壬丁十字綫所分成兩兩相等之四句股形及兩長方形。此兩長方形雖不相似，其積必等。于相等之兩大勾股形內各減去相似之兩小句股形，則各餘一長方形。其減去者既相等，則所餘者必等無疑矣。兩長方既等，一庚丁，一壬辛。故以丙丁二率乘庚丙三率之庚丁長方，亦即壬辛長方。爲實，以戊丁即丙辛。一率除之，而得壬丙即甲庚。也。

又論曰：以句股比例言之，以戊丁小股比丙丁小句，同於庚丙大股比甲庚大句也。

重測

凡高遠之處，可望而不可即者，欲求其距，須用重測。

假如隔水有一方臺。欲測其甲乙一面之寬并相距之遠。

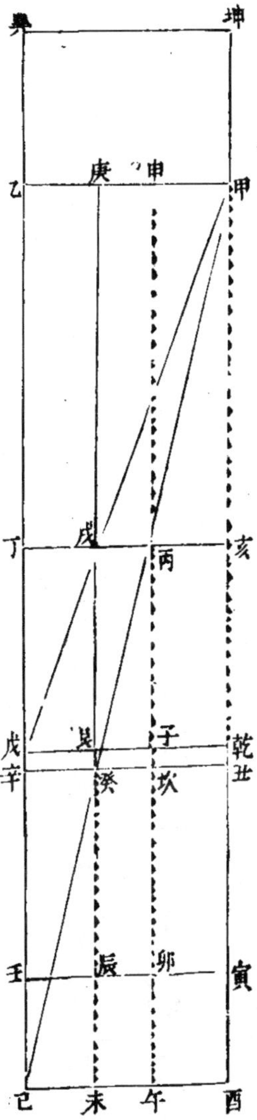

法立表於丁。望乙至東南角巽。使丁乙巽成一直綫。再從丁橫過於戊於丙各立一表。使丙戊丁成一直綫。而丁角正方。又從丁退行至戊。亦與丁乙成直綫。從戊望戊表至甲而相參直。量得戊丁之距四步。丁戊之距十二步。又退行至已。亦與戊丁乙成直線。從已望丙表至甲而相參直。量得丙丁之距六步四分。已丁之距三十六步。

乃以丙丁六步四分爲一率。丁巳三十六步爲二率。癸辛四步即戊丁爲三率。求得四率二十二步半。爲辛巳。內減丁戊十二步。餘十步半爲壬巳。是爲景差。

次以景差十步半爲一率。戊丁十二步爲二率。又以戊丁四步減丙丁六步四分。餘丙戊二步四分爲三率。求得四率二步七分半弱。爲甲申。加申乙六步四分。即丙丁共九步一分强。爲甲乙。即方臺一面之寬。

又以壬巳景差爲一率。以辛巳二十二步半減丁巳三十六步。餘辛丁十三步半。爲二率。丁戊十二步爲三率。求得四率十五步四分强。爲乙丁。即距臺之遠。

論曰。重測本用四表。今用三表。乃巧算也。　若測高則重測本用前後二表者。亦可用一表。故當先知本法。然後明其所以然。下文詳之。

先詳四表本法

欲測甲乙之闊。先立丁表。從戊（戊爲人目）望丁表至乙。（遠物之末端）三者參相直。次於丁表橫過與甲乙平行。作戊丁乙直線之橫綫。於此綫戊處立表。人目從戊過戊表窺甲遠物之西端。亦參相直。則與甲乙戊兩線成甲戊乙勾股形。量得戊丁兩表橫距四步。丁戊直距十二步。次從丁戊直綫退行至己。又自戊表作戊艮癸直綫。與丁戊平行。此平行綫上取癸立表。人目從己過癸至甲參相直。成己癸甲斜弦。亦從癸橫行至丁己綫尋辛立表。此癸辛兩表之距。與戊丁等。（四步）又量得辛表距人日己二十二步半。內減丁戊十二步。餘壬己十步半爲景差。末以己辛二十二步半減己丁三十六步。餘辛丁十三步半爲前後表間之距。以表橫距四步乘之。得五十四步爲表間積。即丁癸長方。置表間積爲實。以景差爲法除之。得五步一分强爲甲庚。加庚乙四步。共九步一分强。爲所測遠物甲乙之濶。

論曰。前表戌戊乙甲勾股形內有戊乙餘方與形外戌乾餘方等積。後表戌己乙甲句股形有癸乙餘方與形外癸酉餘方等積。於癸乙內減戌乙。於癸酉內減寅癸。即乾戌。則所餘之癸丁及辰酉兩餘方亦必等積也。故以丁癸長方變爲辰酉長方而得辰寅。即甲庚也。

次明用三表之理

用三表者於戊丁兩表外增一丙表也前增一表而無後表則無從而得景差故以三率法求而得之其實癸辛即後表也其理與四表同

然不用癸卯形而用戊子形何也曰准前論辰酉形與丁癸形等積而午癸形與丁癸形亦等積（兩餘方在巳丙丁句股形內外故等）則辰酉與午癸亦等積矣各減同用之卯未則所餘之酉卯與卯癸二形亦自相等積而卯癸原與戊子等故用戊子長方變爲卯酉長方而得卯寅即得甲申矣

其以辛丁乘戊丁爲實何也曰此三率法也丁乙加丁辛前後兩測之表距故辛壬（即戊丁）亦加壬巳兩測之景差法爲壬巳與辛丁若戊丁與丁乙也

測高可用一表而成兩測

假如前圖之甲乙爲高下竪立之物。乃立丙丁表。人目在戊測之。則表之端不相值。而參相直於表之若干度。如戊退若干度至已。測之正對表端丙。其法並同。但皆以橫爲直。

窺望海島

程賓渠著算法統宗。頗能備九章。其句股章言劉徽註九章。立重差之法。以窺望海島爲篇目。迨後唐李淳風、宋揚輝釋名圖解。以彰前美。其書繁衍。難於引證。而孫子度影量竿之術。頗足以誘進後學。因各具一問云云。今觀程書算例圖解畧具。而殊欠詳明。劉李諸君之書。必有精義。而世不多有。恐古人立法之深意遂致泯没。故因其問例而各加剖晰焉。

度影量竿　原問

假如有立木不知高。日影在地長五丈。隨立一竿長一丈。在邊影長一丈二尺五寸。問立木高若干。　答曰木高四丈。

法置立木影五丈爲實。以竿影一丈二尺五寸爲法除之。合問。

論曰。此勾股比例也。甲乙立木爲大股。丙乙木影爲大句。丁戊竿爲小股。丙戊竿影爲小句。法爲丙戊小句比丁戊小股。同於丙乙大句比甲乙大股也。本宜以丁戊乘丙乙爲實。因丁戊係一丈。故省乘耳。

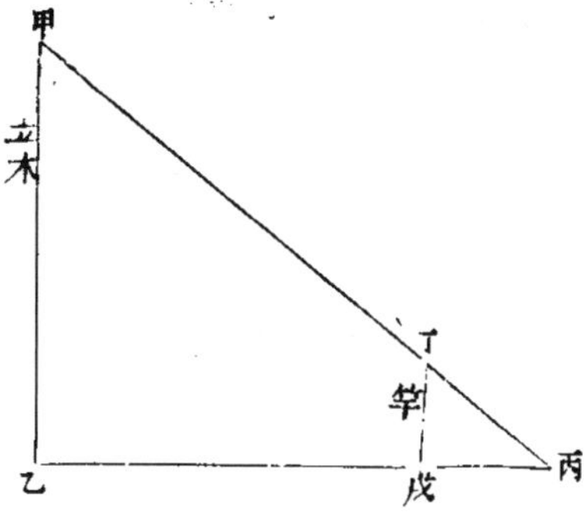

又論曰。竿不必定立影邊。隨便立之皆可。蓋太陽之高度未移。

則其影所成之句股皆同式也。

隔水量高

假如隔水望木。欲知其高。立二表各長一丈。前後參直。相去一丈五尺。從前表退行五尺。人目四尺望表與木齊平。復從後表退行八尺。窺望亦與木齊平。問木高隔水各若干。原問

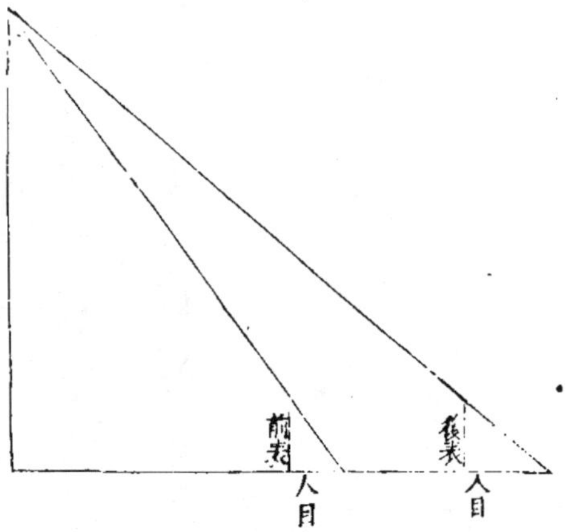

答曰。木高四十尺。　隔水遠二丈五尺。

法置表十尺。減人目四尺。餘六尺。以兩表相去一十五尺乘之。得九十尺爲實。又以前後退行步相減。餘三尺爲法除之。得三十尺。加表高十尺。得木高四十

尺。另置兩表相距一十五尺。以前表退行五尺乘之。得七十五尺爲勾實。（原名股實。按修爲股。廣爲句。今所求者係相距之遠。乃句也。原名股寔者非是。）仍以前法三尺除之。得木距前表二十五尺。即隔水之遠。

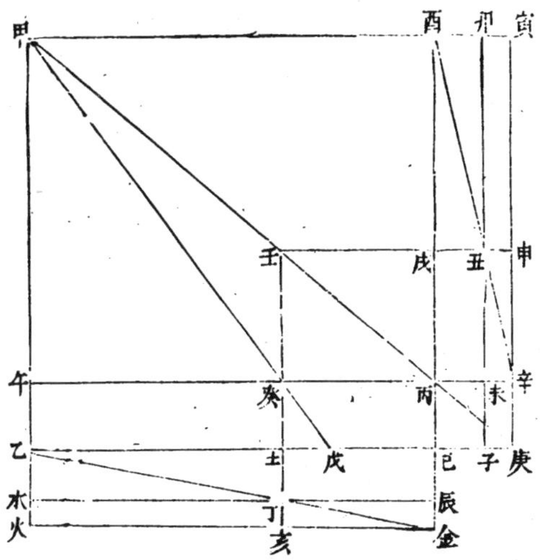

論曰。癸土爲前表減人目之餘。（六尺）丙已爲後表減人目之餘。（亦六尺。）丙癸爲兩表相距。（十五尺。已土同。）以丙已（或癸土）乘已土。得丙土長方。即表間積也。於後表退行之已庚（入尺）內減去前表退行之戊土。（五尺。即已子。）餘庚子三尺。即景差也。其以景差除表間積而得木高何也。因寅未長方與丙土長方等積也。蓋丙土長方與申丙長方等積。居申庚壬方內句股之兩旁故。而申丙長方又與寅未長方等積。寅丑與丑丙兩長方。居寅辛丙酉方內勾股之旁。其積必等。於兩形內各加同用之申未。則成寅未與申丙。其積安得不等。則寅未長方亦必與丙土長方等積可知矣。寅未長方以辛未為濶。與庚子景差等。以寅辛為長。與甲午木高等。故以景差除表間積而得木高也。其以前表退行乘兩表相距為句實何也。曰亦兩長方等積故也。試引丙巳至金。截巳金如巳庚。截巳辰如巳子。則巳辰即戊土。巳子即戊土庚。巳辰既如巳子。故即戊土。辰金即景差。又作辰水及金火平行綫。引乙至火。聯為巳火長方形。又引土至亥。復作乙金斜綫。則其理著矣。

假如海島在望。欲測其高遠。立前後兩表各長三丈。相去五百丈。乃從前表退行六十丈。又立三尺短表。人目之高。窺望二表與島峯參合。復從後表退行六十二丈。亦立三尺短表。窺望二表與島峯參合。問海島高遠各若干。

答曰。島高三里一百三十八丈。　遠八十三里六丈。

法置表三丈減去短表三尺目即人餘二丈七尺以乘兩表相去五百丈得一千三百五十丈爲實。又以兩退行步相減。餘二尺爲法除之得六百七十五丈。加表高三丈。共六百七十八丈。以里法一百八十丈收之。得三里零一百三十八丈爲島高。

又置表間相去五百丈。以前表退行六十丈。乘之。得三萬丈爲句實。亦以所餘二丈爲法除之。得一萬五千丈。以里法收之得八十三里零六丈。爲距島之遠也。圖解同前

終

曆算叢書輯要卷十八

宣城梅文鼎定九甫著

孫 瑴成玉汝甫
　 玕成肩琳甫 同較輯

曾孫 釴用和
　　 鈖二如甫 同校字
　　 鏐繼美

幾何通解以句股解幾何原本之根。

幾何不言句股然其理並句股也。西人謂勾股爲直角三角形。譯書時不能會通。遂分途徑。故其最難通者以句股釋之則明。惟理分中末綫似與句股異源今爲游心於立法之初而仍出於句股信古九章之義包舉無方。

解幾何二卷第五題　第六題

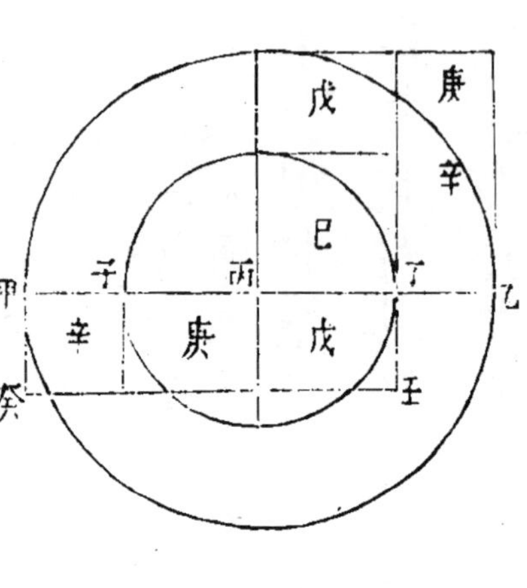

甲丙爲弦。丁丙爲句。丁甲爲句弦和。乙丁爲句弦較。子甲同。丁壬甲癸並同。庚辛戊已弦冪也。已句冪也。戊庚辛較乘和之長方冪也。移戊補戊。移庚辛補庚辛。而弦冪內淨多一已形。卽句冪。弦冪內有和較相乘之長方。又有句冪也。用股弦和較亦同。

論曰。凡大小方形相減。則其餘必爲兩形邊和較相乘之長方。是故已形者句自乘之小方也。戊庚辛句弦較乘句弦和之長方也。合之成戊庚辛已形。卽弦自乘之大方矣。

幾何二卷第五題以倍弦爲甲乙原線以甲丙弦爲平分之綫以甲丁和乙丁較爲任分之綫以丁丙句爲分内綫其理一也第六題以子丁倍句爲原綫以丁丙句爲平分綫以句弦較乙丁卽子甲爲引增線以丁甲句弦和爲全線其理亦同

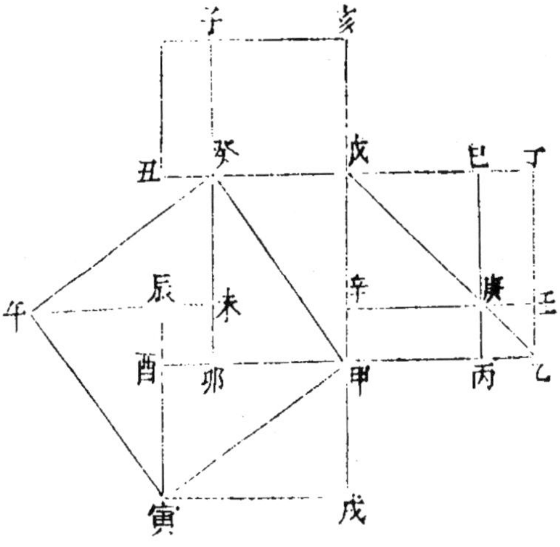

解幾何二卷第七題

甲丁股冪卽甲乙元綫上方子戊句冪卽甲乙方内所作巳辛方乃任分線甲丙上方也倂之成癸寅弦冪卽所謂兩直角方形倂也弦冪内有戊甲股卽甲乙原綫戊癸句卽任分之甲丙線相乘長方形二卽巳甲長方及丁辛長方亦卽甲乙偕甲丙矩形二也及句

股較乙丙上方一即壬丙小方亦即所謂分餘綫上方也

何以明之曰試於戊癸線引長至丑令丑癸如巳丁較即乙丙遂作子丑小長方與丁庚等以益亥癸成亥丑長方與丁辛巳甲等亦次於癸寅内作甲酉寅辰午未癸卯四線皆與甲乙股等自然有甲卯寅酉午辰癸未四綫皆與戊癸句等又自有未卯卯酉等句股較與乙丙較等即顯弦冪内有句股形四較冪一也

試於弦冪内移午辰寅句股補癸戊甲之位成戊卯長方與巳甲等又移癸未午句股補甲戊寅之位成戊酉長方與亥丑等而較冪未酉小方元與壬丙等又子丑小長方元與丁庚等合而觀之豈非丁甲股冪及子戊句冪併即與巳甲亥丑兩長方及壬丙小方等積乎

解幾何二卷第八題

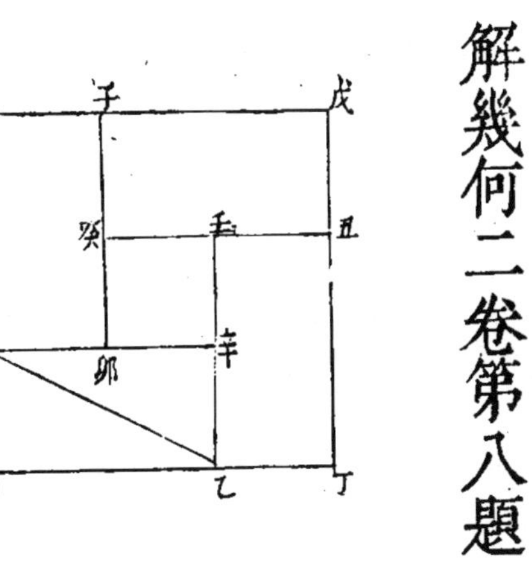

庚甲乙句股形取丁乙如庚甲句則丁甲爲句股和和之冪爲丁巳大方即元線甲乙偕初分線上直角方也於大方周線取戊丑巳子皆與庚甲句等即丑丁戊子巳庚皆與甲乙股等即甲乙元線也句較即分線

次作丑癸庚辛乙壬子卯四線皆與外周四股線平行而等自有丑壬子癸庚卯乙辛四線皆與外周四句綫平行而等又有壬癸癸卯卯辛辛壬四句股較綫自相等即分餘線也丁巳和冪內有長方形四皆句乘股之積即元線偕初分線矩內形四也又有

句股較自乘幂一卽分餘線上方形也。

解幾何二卷第九題

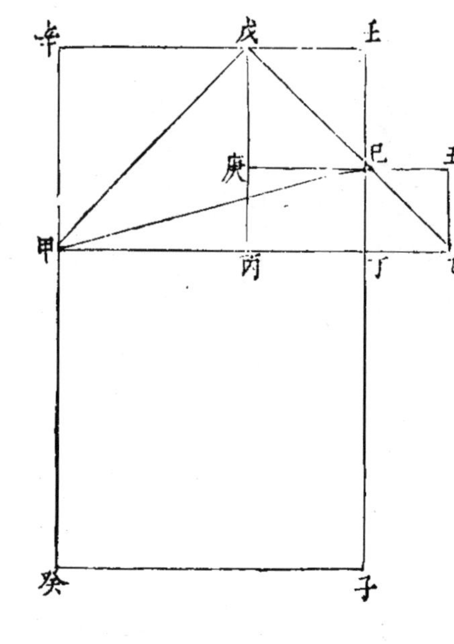

甲丙爲股。丁丙爲句。丁甲句股和。乙丁句股較。壬庚爲句幂。辛丙爲股幂。丑丁較幂。丁癸和幂。戊己線上方爲句幂之倍。戊甲線上方爲股幂之倍。併和較幂。倍大於句幂股幂之併。古法倍弦幂內減句股和幂開方得較。若減較幂。亦開方得和。卽其理也。

論曰。己丁較上方與丁甲和上方併之。卽己甲上方也。戊己線

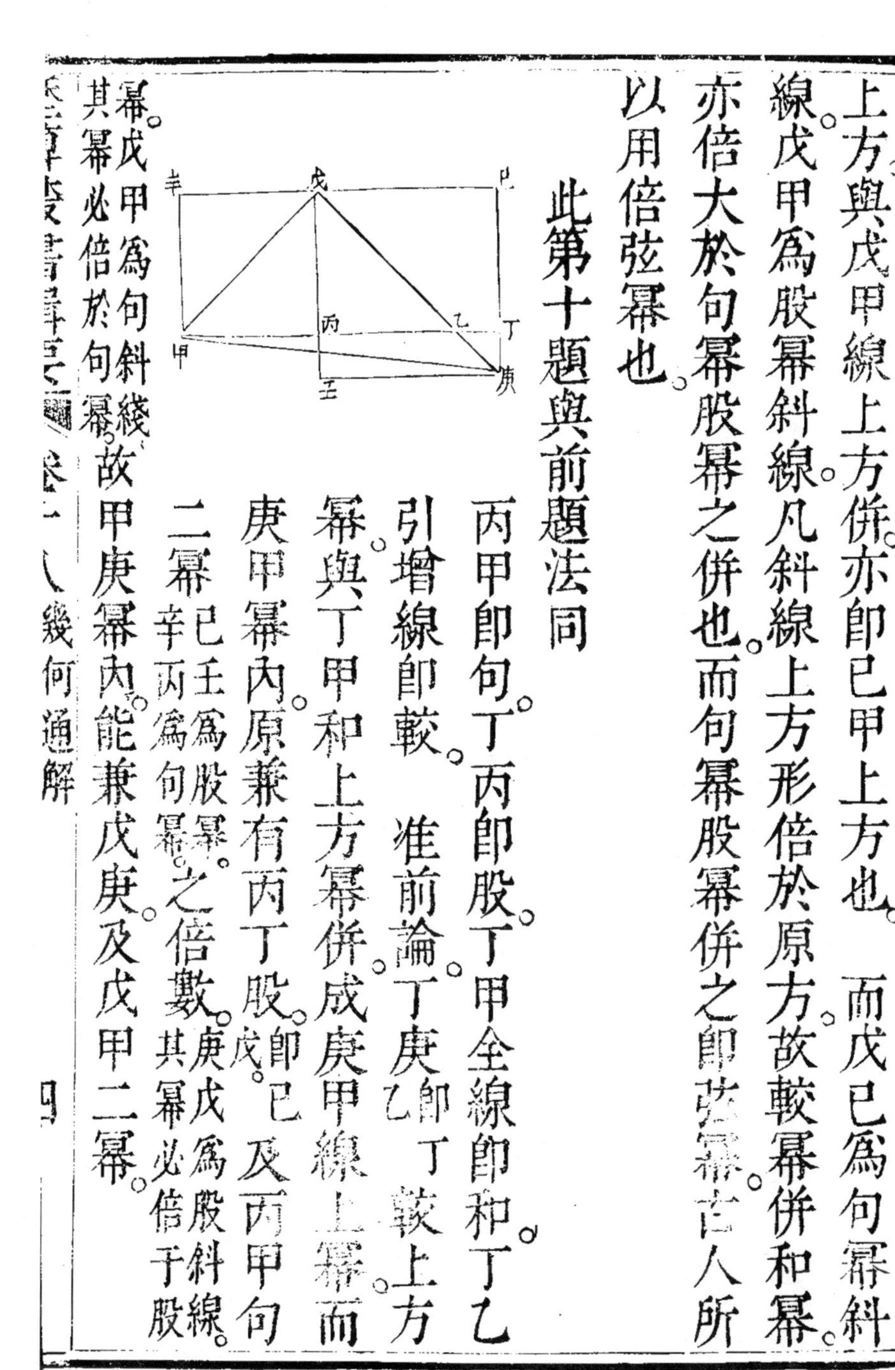

上方與戊甲線上方併。亦即巳甲上方也。　而戊巳爲句冪斜線。戊甲爲股冪斜線。凡斜線上方形倍於原方。故較冪併和冪亦倍大於句冪股冪之併也。而句冪股冪併之即弦冪。古人所以用倍弦冪也。

此第十題與前題法同

丙甲即句。丁丙即股。丁甲全線即和。丁乙引增線即較。　准前論。丁庚即丁乙較上方冪與丁甲和上方冪併。成庚甲線上冪。而庚甲冪內。原兼有丙丁股。即巳戊。及丙甲句二冪。巳壬爲股冪。辛丙爲句冪。之倍數。庚戊爲股斜線。其冪必倍于股冪。戊甲爲句斜綫。其冪必倍於句冪。故甲庚冪內。能兼戊庚及戊甲二冪。

解幾何二卷第十一題　六卷第三十題

四卷第十第十一題解理分中末線之根

句弦和較相乘卽同股冪之圖。

癸　丙　庚
戊　己
乙　辛　甲
丁　壬

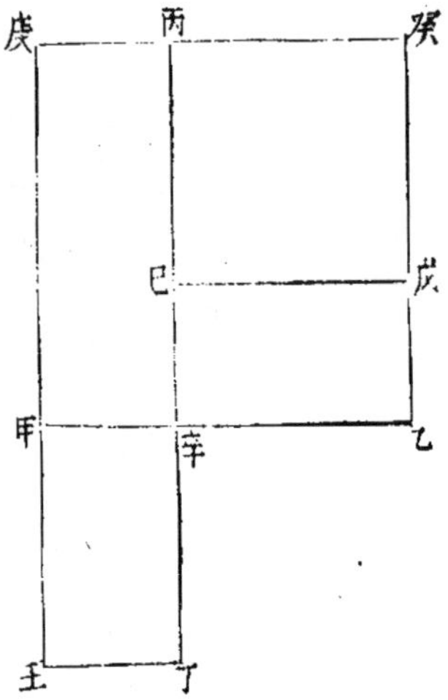

癸庚弦。其冪庚乙。丙癸句。其冪丙戊。引庚甲至壬。使甲壬如癸丙。則庚壬爲句弦和。丙庚原爲句弦較。以較乘和。成丙壬長方。內截甲丁小長方與戊辛等。

合而觀之。是弦冪內兼有勾弦較乘和之積。及句冪也。夫弦冪內原有句股二冪。今以句弦較乘和之積。可代股冪。是句弦較乘和卽同股冪也。

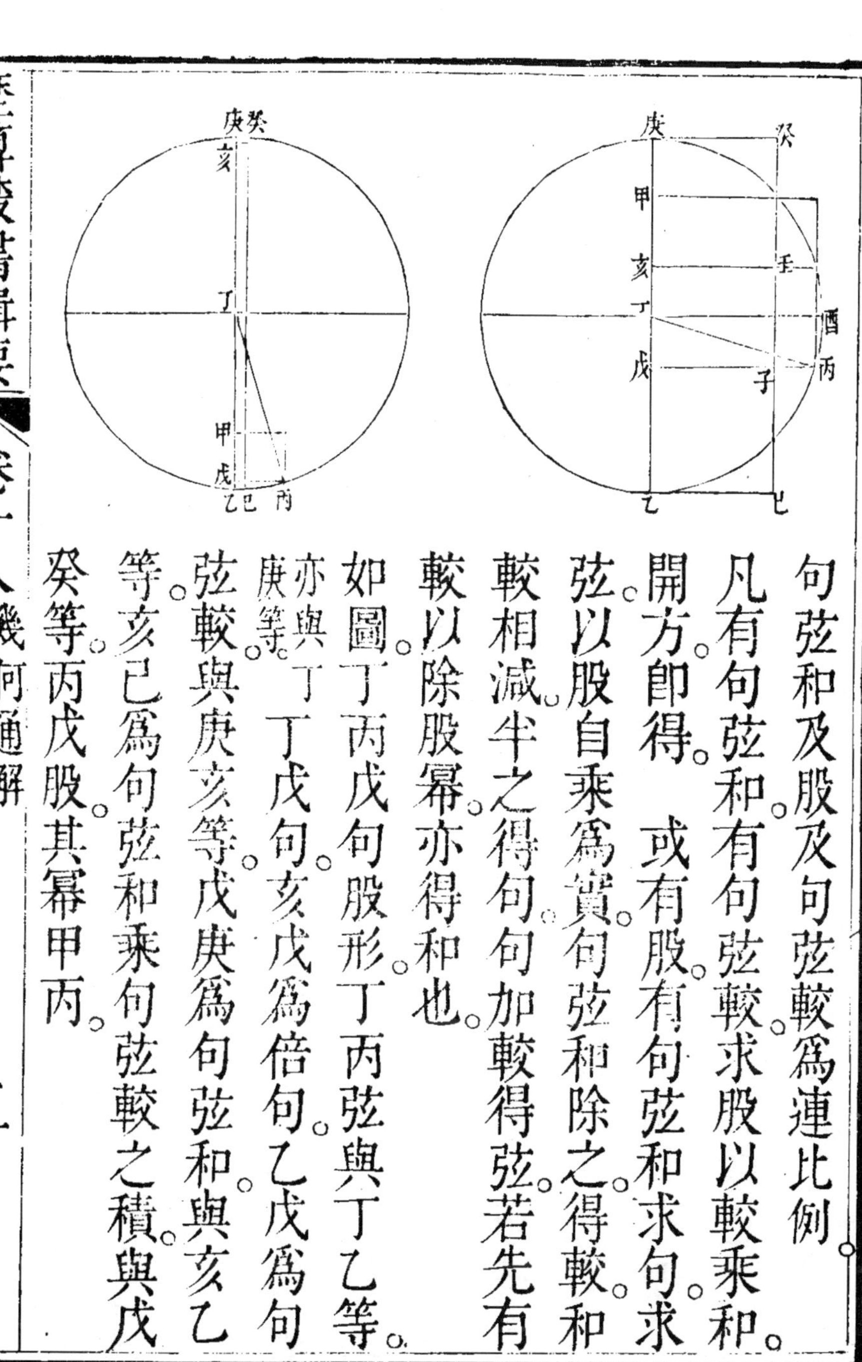

句弦和及股及句弦較爲連比例。

凡有句弦和有句弦較求股。以較乘和。開方卽得。　或有股有句弦和求句求弦。以股自乘爲實。句弦和除之。得較。和較相減。半之。得句。句加較得弦。若先有較。以除股冪。亦得和也。

如圖。丁丙戊句股形。丁丙弦與丁乙等。亦與丁庚等。丁戊句。亥戊爲倍句。乙戊爲句弦較。與庚亥等。戊庚爲句弦和。與亥乙等。亥巳爲句弦和乘句弦較之積。與戊癸等。丙戊股。其冪甲丙。

準前論甲丙方與亥己長方等積。戊癸同。則庚戊和與丙戊股若丙戊股與戊乙較也。以戊乙較減亥乙和。餘亥戊倍句折半為句。丁戊或亥丁。或戊乙較與丙戊股亦若丙戊股與庚戊和也。

又論曰以二圖合觀之。凡倍句加句弦較。即句弦和。以倍句減句弦和。餘即句弦較。

此不論句小股大如前圖。或句大股小如後圖。並同。

此可以明倍句與句弦較。必為句弦和之兩分線。故以句弦和為全線。則其內兼有倍句及句弦較之兩線矣。但倍句有時而大於較。有時而小於較。故不能自為連比例。而必藉股以通之。今於句弦和全線內取倍句。如股則先以股線為和較之中率者。今以如股之倍句當之。而倍句原係句弦和全線之大分於

是和與倍句之比例若倍句與較亦即爲全線與大分若大分與小分此理分中末線所由出也下文詳之

丙戊線上取理分中末線

先以丙戊線命爲股以丙戊折半成丁戊命爲勾取丙丁弦與丁乙等則戊乙爲句弦較此變股爲倍句成理分中末線亥戊倍句與丙戊股等以加較成亥乙即句弦和亥巳爲和較相乘積與丙亥股冪等丙亥爲丙戊股之方即爲亥戊倍句之方

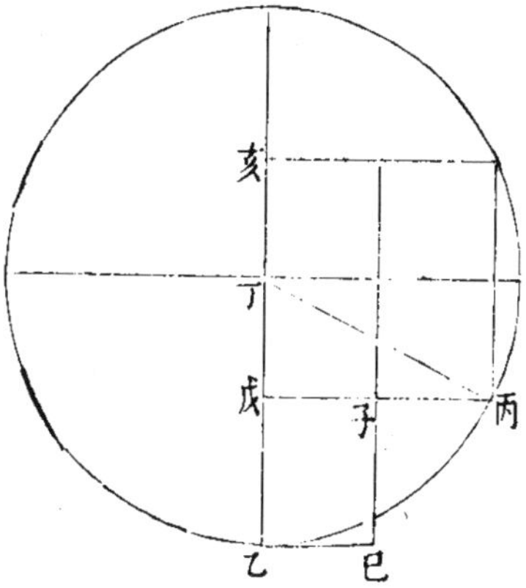

準前論亥乙和與丙戊股若丙戊股與戊乙較今亥戊即丙戊則又爲亥乙和與亥戊倍句若亥戊倍句與戊乙較也

夫亥乙者全線也。亥戊其大分。戊乙其小分也。合之則是全線與其大分。若大分與其小分。

論曰。此以丙戊股線爲理分中末之大分。而求得其全線亥乙與其小分戊乙也。而大分與小分之比例。原若全線與大分。故

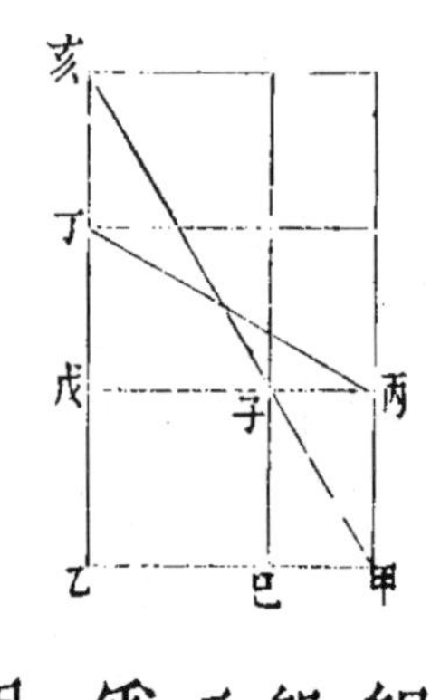

即可以丙戊大分爲全線。而以小分戊子即戊乙也。爲大分。則子丙自爲小分矣。以亥乙爲全線。亥戊大分。即丙戊。亦即乙甲。戊乙小分。即戊子。亥乙與乙甲。即亥戊。若亥戊與子戊也。即亥戊與戊乙。此用亥乙甲大句股比亥戊子小句股。若丙戊爲全線。則戊子爲大分。子丙爲小分。爲亥戊與戊子。若子己與己甲也。

此用亥戊子大句股比子巳甲小句股。亥戊與戊乙。若戊子與子丙。又相視之理也。又若子巳爲全線。則子庚又爲大分。庚巳又爲小分。

其法。但於大分子巳內。截取子庚如小分丙子。作丙庚小方。則戊子卽子巳與子丙。若子庚與庚巳。以此推之。可至無窮。

甲乙線求作理分中末線

法以甲乙全線。折半於庚。乃作垂線於甲端爲丙甲。如半線甲庚之度爲句。全線爲股。次作丙乙線爲弦。次引丙甲線至丁。令丙丁如丙乙度。末以甲爲心。丁爲界。作丁戊巳圈分。則甲巳爲理

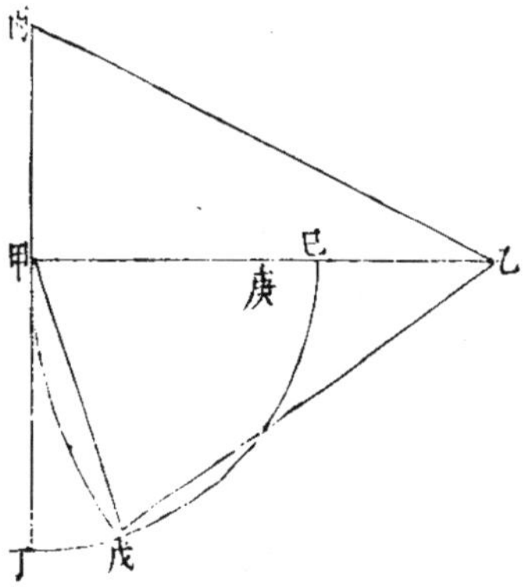

曆算叢書輯要卷十八　幾何通解

分中末之大分。已乙爲小分。其比例爲甲乙與甲已。若甲已與已乙也。

遞加法　借右圖。以乙爲心。甲爲界。運規。截丁巳圈分於戊。自戊作線向甲。成甲戊線。與甲丁等。乃自戊作戊乙線。與乙甲等。成甲戊乙三角形。

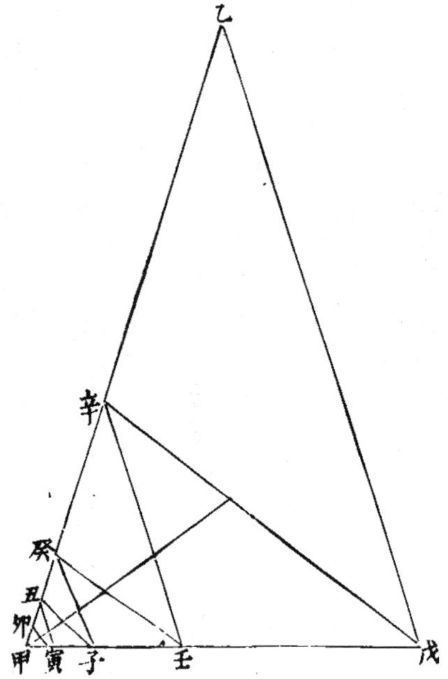

此形甲戊兩角。悉倍於乙角。卽右圖展大。乃平分戊角。作戊辛線此線與甲戊等。亦與乙辛等。成辛戊甲相似三角形。則甲乙與乙辛。卽戊辛。若乙辛與辛甲也。又平分辛角。作辛壬

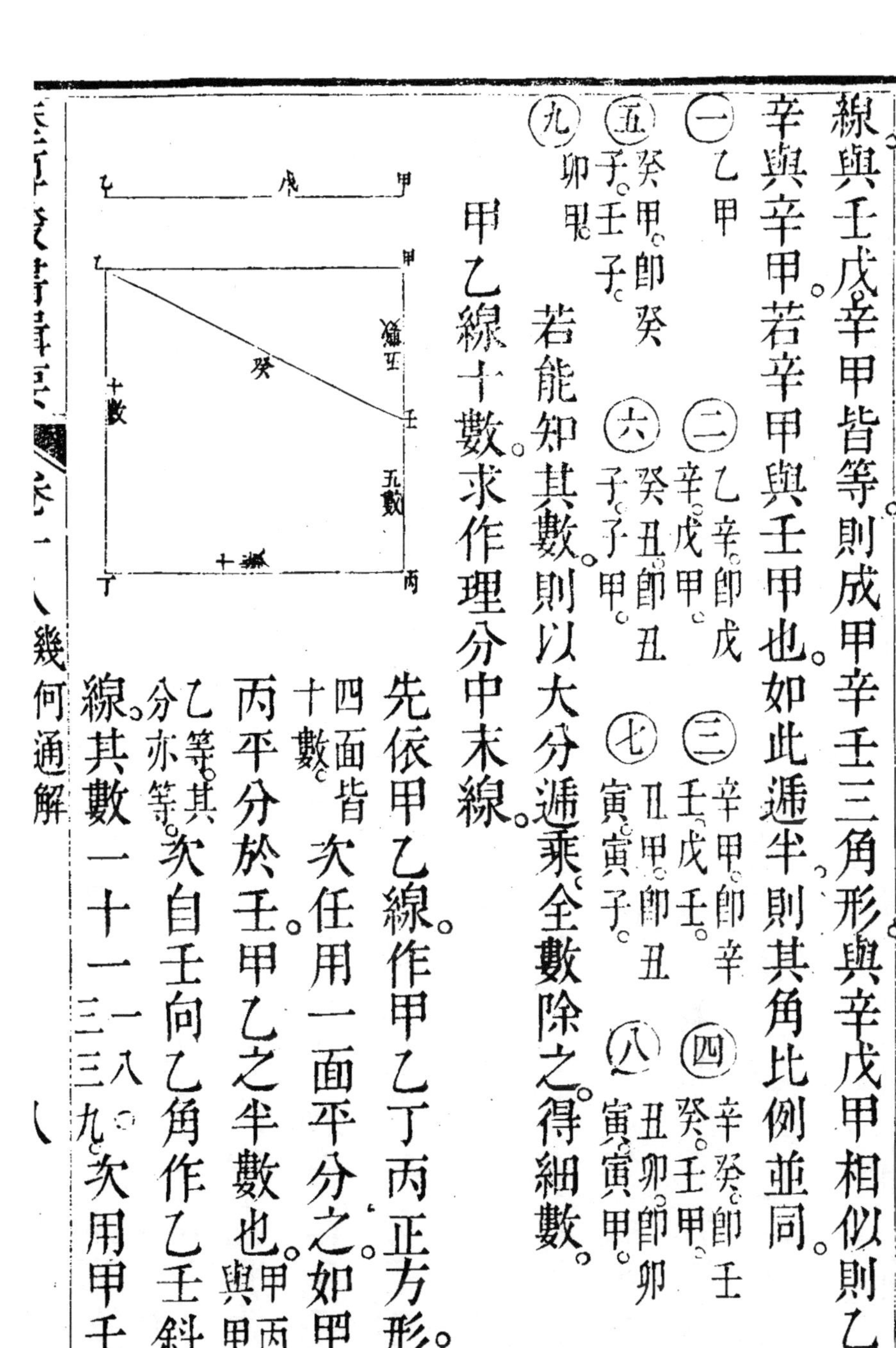

線與壬戊辛甲皆等。則成甲辛壬三角形與辛戊甲相似。則乙辛與辛甲。若辛甲與壬甲也。如此遞半。則其角比例並同。

(一)乙甲
(二)乙辛。卽戊辛戊甲。
(三)辛甲。卽辛壬戊壬。
(四)辛癸。卽壬癸壬甲。
(五)癸甲。卽癸子壬子。
(六)癸丑。卽丑子子甲。
(七)丑甲。卽丑寅寅子。
(八)丑卯。卽卯寅寅甲。
(九)卯丑。

若能知其數。則以大分遞乘。全數除之。得細數。

甲乙線十數。求作理分中末線。

先依甲乙線。作甲乙丁丙正方形。四面皆十數。次任用一面平分之。如甲丙平分於壬。甲乙之半數也。甲丙與甲乙等。其分亦等。次自壬向乙角作乙壬斜線。其數一十一一八〇三三九。次用甲壬度自壬截乙壬於癸。其餘癸乙即大分。其數六一八〇三三九。末以癸乙度截甲乙於戊。則乙戊爲大分。戊甲爲小分。其數三八一九六六。

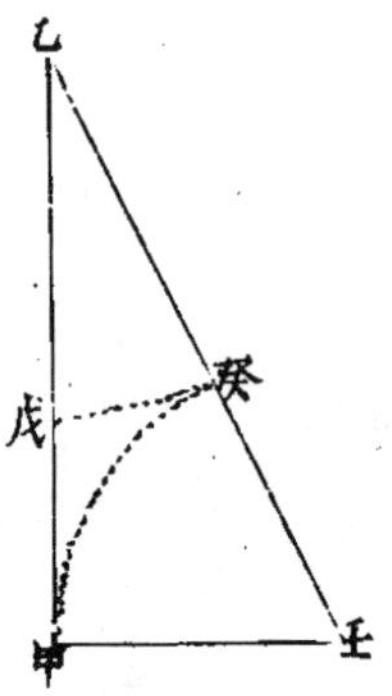

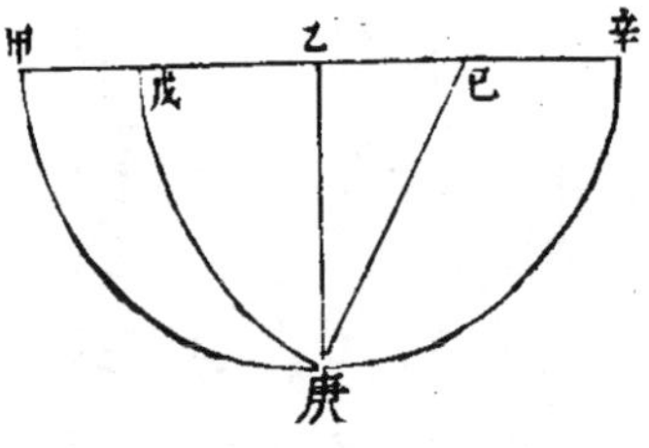

簡法作句股形。令甲壬句如甲乙股之半。乃以壬爲心。甲爲界。作圜分。截乙壬於癸。末以乙爲心。癸爲界。作圜分。截甲乙於戊。則乙戊爲大分。甲戊爲小分。

又簡法以甲乙全線爲半徑。作半圜形。則乙庚乙辛兩線皆與甲乙等。次平分辛乙線於己。次以己爲心。庚爲界。運規割甲乙線於戊。戊己之度即同己庚。則乙戊爲大分。甲戊爲小分。

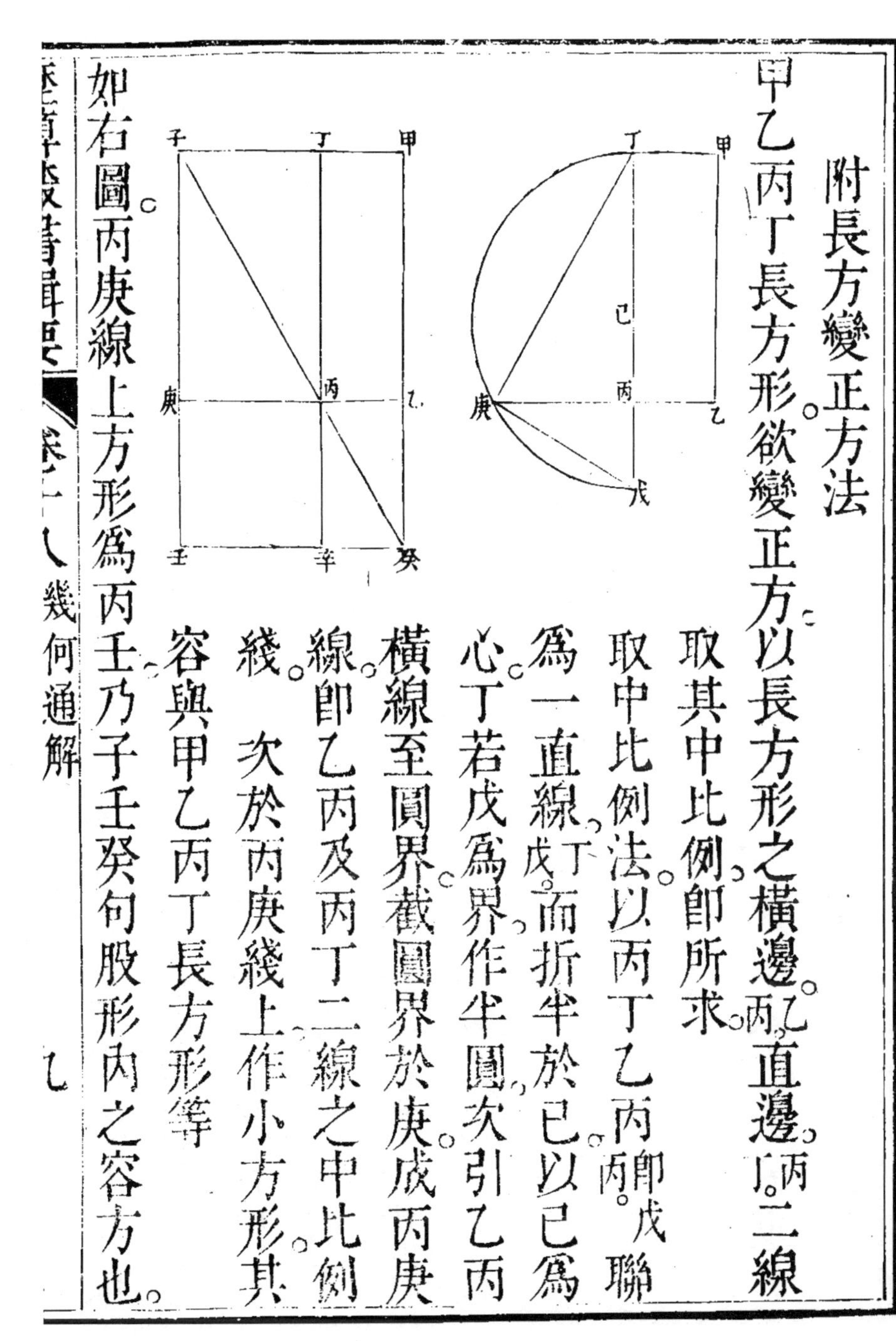

附長方變正方法

甲乙丙丁長方形。欲變正方。以長方形之橫邊丙乙。直邊丁丙。二線取其中比例。即所求。

取中比例法。以丙丁。乙丙。即戊丙。聯為一直線戊丁。而折半於已。以已為心。丁若戊為界。作半圓。次引乙丙橫線至圜界。截圜界於庚。戊丙庚線。即乙丙及丙丁二線之中比例綫。次於丙庚綫上作小方形。其容與甲乙丙丁長方形等。

如右圖丙庚線上方形為丙壬。乃子壬癸句股形內之容方也。

而甲丙長方形則子壬癸句股外之餘方也。餘方與容方等積。

簡法先引丁丙邊至辛。引乙丙邊至未。次以丙角爲心。乙爲界。作小圜界虛線。截引長線於戊。次以丁戊線折半於己。次以己爲心。戊爲界。運規。作小圜界。截引長線於庚。則丙庚即所變方形之一邊。末依丙庚線作方形。與甲乙丙丁長方形等積。

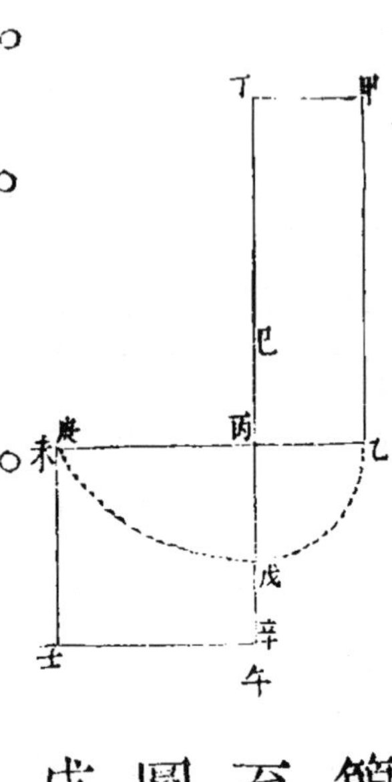

理分中末線用法

一用以分平圜爲十平分。半徑與三十六度之分圜。若全分與理分中末之大分也。

一用以分平圜爲五平分。

歷書言以全分爲股大分爲句求其弦卽半徑全數爲股三十六度之分圓爲句求得七十二度之分圓爲弦

一用以量十二等面體

立方邊與所容十二等面邊若理分中末之全分與小分也。又十二等面體之邊與內容立方邊若理分中末之大分與全分也。又立方內容十二等面體其內又容小立方則外立方與內立方若理分中末之全分與大分也。

一用以量二十等面體

立方邊與所容二十等面邊若理分中末之全分與大分也。

一用以量圓燈

圓燈邊與自心至角線若理分中末之大分與全分也。此自

心至角線即爲外切立方立圓及十二等面二十等面之半徑又爲内切八等面之半徑圓燈爲有法之形即此可見

用理分中末線說

言西學者以幾何爲第一義而傳只六卷其有所秘耶抑爲義理淵深翻譯不易而姑有所待耶測量全義言有法之體五其面其積皆等其大小相容相抱與球相似幾何十一十二十三十四卷諸題極論此理又幾何六卷言理分中末線爲用甚廣量體所必需幾何十三卷諸題全賴之古人目爲神分線又言理分中末線求法見本卷三十題而與二卷十一題同理至二卷十一題則但云無數可解詳見九卷其義皆引而未發故雖有此線莫適所用疑之者十餘年辛未歲養病山阿游心算學

於量體諸法稍得窺其奧爰証歷書之誤數端於十二等面二十等面得理分中末之用及諸體相容之確數故以立方爲主其內容十二等面邊得理分線之末二十等面邊得理分線之中反覆推求了無凝滯始信幾何諸法可以理解而彼之秘爲神授及吾之屏爲異學皆非得其平也其理與法詳幾何補編

解幾何三卷第二十七題

甲乙丙句股形以乙丙句折半於己作己戊線與股平行平分甲丙弦於戊又作戊庚線與句平行平分甲乙股於庚成己庚長方此即半句乘半股爲句股積之半也　凡句股形內依正角作長方惟此爲大若於形內

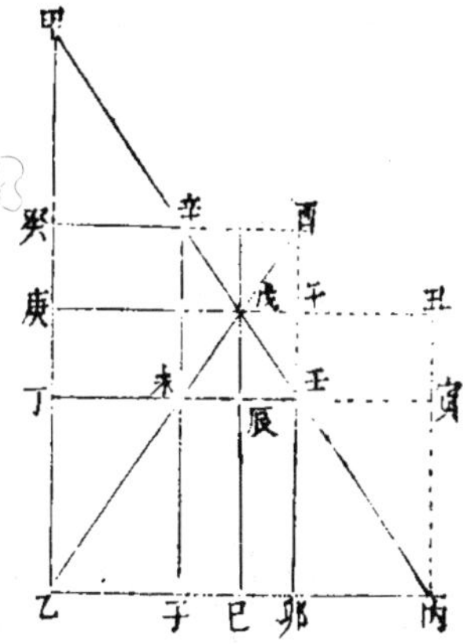

別作長方皆小。皆不及句股半積也。

今任作卯丁形則小於己庚。何以知之。曰試作丑戊線與丙己半句平行而等。又作丑丙線與戊己半股平行而等。又引辰壬至寅。引壬卯至午。即顯壬丑形與壬己形等。又乙辰原與己寅等。則以己寅加壬丑而成丑午壬辰己之磬折形。即亦與卯丁形等矣。夫磬折形在丑己方形內。而缺午辰之一角。即相同磬折之卯丁形以較己庚半積方形。亦缺戊未之一角也。蓋丑己等己庚。而所缺之午辰小方亦等戊未也。準此言之。即凡作長方於丙戊界內者。皆小於己庚半積形也。

又作子癸形則亦小於己庚。何以知之。曰試作戊乙對角線引之至酉。即顯癸未形與卯未形等。即卯丁形與子癸形亦等。而其小於己庚形爲所缺之戊未小方亦等矣。

準此言之卽凡作長方於甲戊界內者皆小於己庚半積形也。

又知句股內容方之積亦皆小於半積惟句股相等如半方者容方卽爲半積。

論曰此磬折形依弦線而成葢卽幾何所謂有闕依形也所闕之小方午辰及戊未皆與丑己形相似而體勢等以有弦線爲之對角也然以句股解之殊簡。

又論曰若壬角在弦線上去戊角更遠則所缺之午辰小方亦更大而其形皆相似而體勢等辛角亦然

解幾何三卷第三十五題

圓內有一線不過圓心而十字相交於圓徑卽成句股和較之

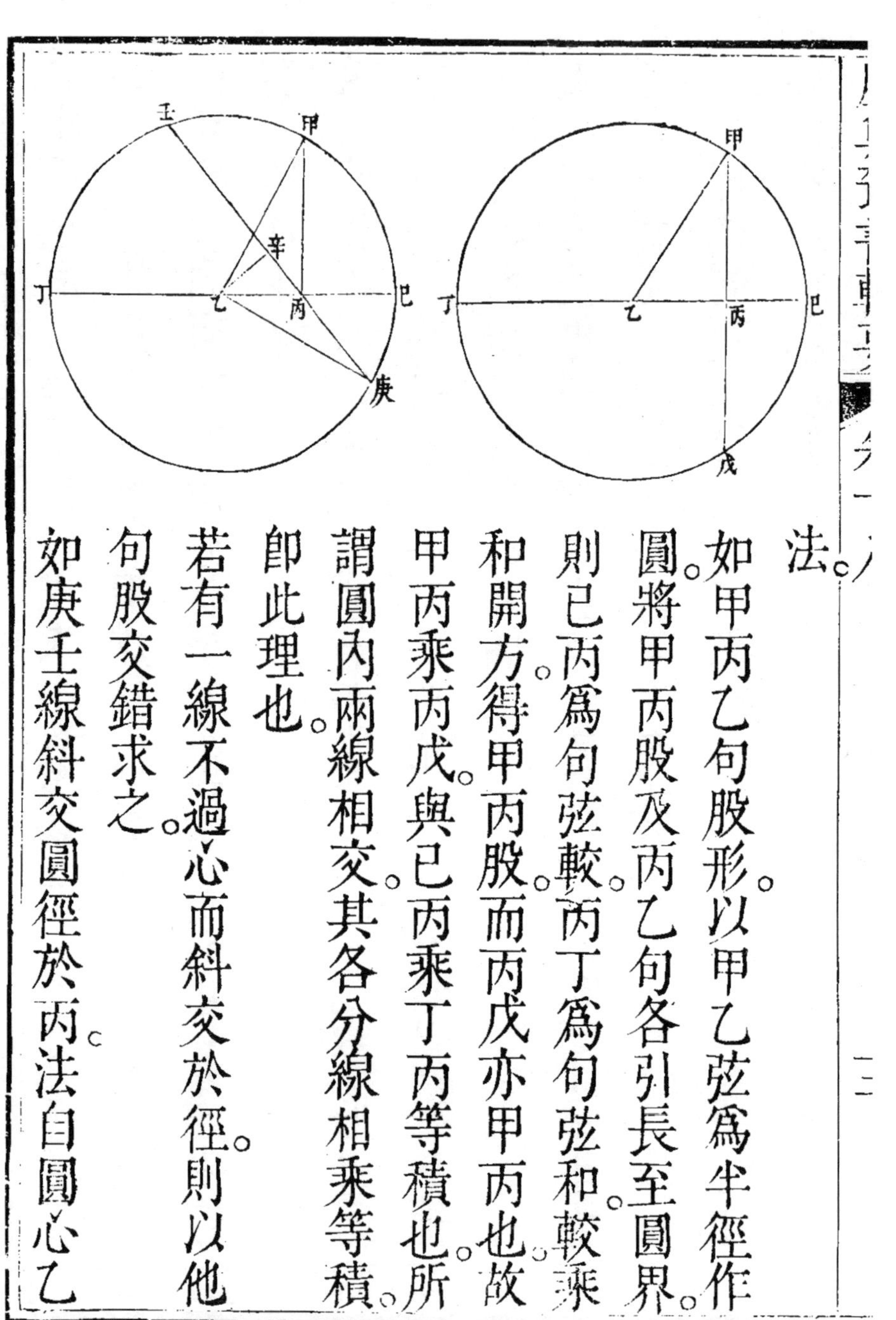

法。

如甲丙乙句股形。以甲乙弦爲半徑作圓。將甲丙股及丙乙句各引長至圓界。則已丙爲句弦較。丙丁爲句弦和。較乘和開方。得甲丙股。而丙戊亦甲丙也。故甲丙乘丙戊。與已丙乘丁丙等積也。所謂圓內兩線相交。其各分線相乘等積。卽此理也。

若有一線不過心而斜交於徑。則以他句股交錯求之。

如庚壬線斜交圓徑於丙。法自圓心乙

作十字線至辛。平分庚壬線爲兩。乃以辛丙減辛庚。餘庚丙爲較。以辛丙加辛壬。得壬丙爲和。

辛庚方內有庚丙較乘丙壬和之積及辛丙方。　乙辛庚句股形。以乙庚爲弦。弦冪內兼有庚辛及乙辛句股二冪。卽兼有庚丙乘丙壬之積及辛丙乙辛二方也。　又乙辛丙小句股形。以乙丙爲弦。則乙丙方內兼有辛乙辛丙二方。而甲丙乙句股形。以同庚乙之甲乙爲弦。弦冪內兼有甲丙及乙丙二方。　此兩弦者既等。其冪必等。而其所兼之辛丙乙辛二方。又與乙丙方等。則各減等率。而其所餘之庚丙乘丙壬積。亦必與甲丙方等矣。而已丙乘丙丁。原與甲丙方等。則已丙乘丙丁。亦必與庚丙乘丙壬等矣。

若兩線俱不過心。則作一過心線和之。辛戊線與庚壬線交於丙則戊丙乘丙辛與庚丙乘丙壬亦等。　試作丁已過心線與兩線交於丙則戊丙乘丙辛及庚丙乘丙壬之積皆於丁丙乘丙已之積等。則亦必自相等矣。

又法以大小兩句股相減

加前法作乙辛線平分庚壬線於辛成乙辛庚乙辛丙大小兩句股形以丙辛句減庚辛句餘庚丙爲較以同丙辛之辛戊加庚辛句成庚戊爲和。即丙壬。　又以乙丙弦減庚乙弦餘子庚爲較又兩弦相加成子丑爲和以庚子較乘子丑和與庚丙較乘丙壬和之積必等（詳後條）而已丙即庚子丙丁即子丑（亦即庚癸）故已丙乘丙丁與庚丙乘丙壬亦等又庚乙方內兼有庚子乘庚癸之積及乙子方即如兼有庚丙乘丙壬之積及乙丙方也（乙丙即乙子）而同庚乙之甲乙弦冪內原兼有甲丙方及乙丙方此庚乙甲乙兩積內各減去乙丙方則所存者一爲庚丙乘丙壬之積一爲甲丙自乘積此所餘兩積亦必相同可知矣又已丙乘丙丁之積原與甲丙方等則亦與庚丙乘丙壬等矣

又以兩方相減及兩句股相加減合圖以明之（圖如後）

先解兩方相減

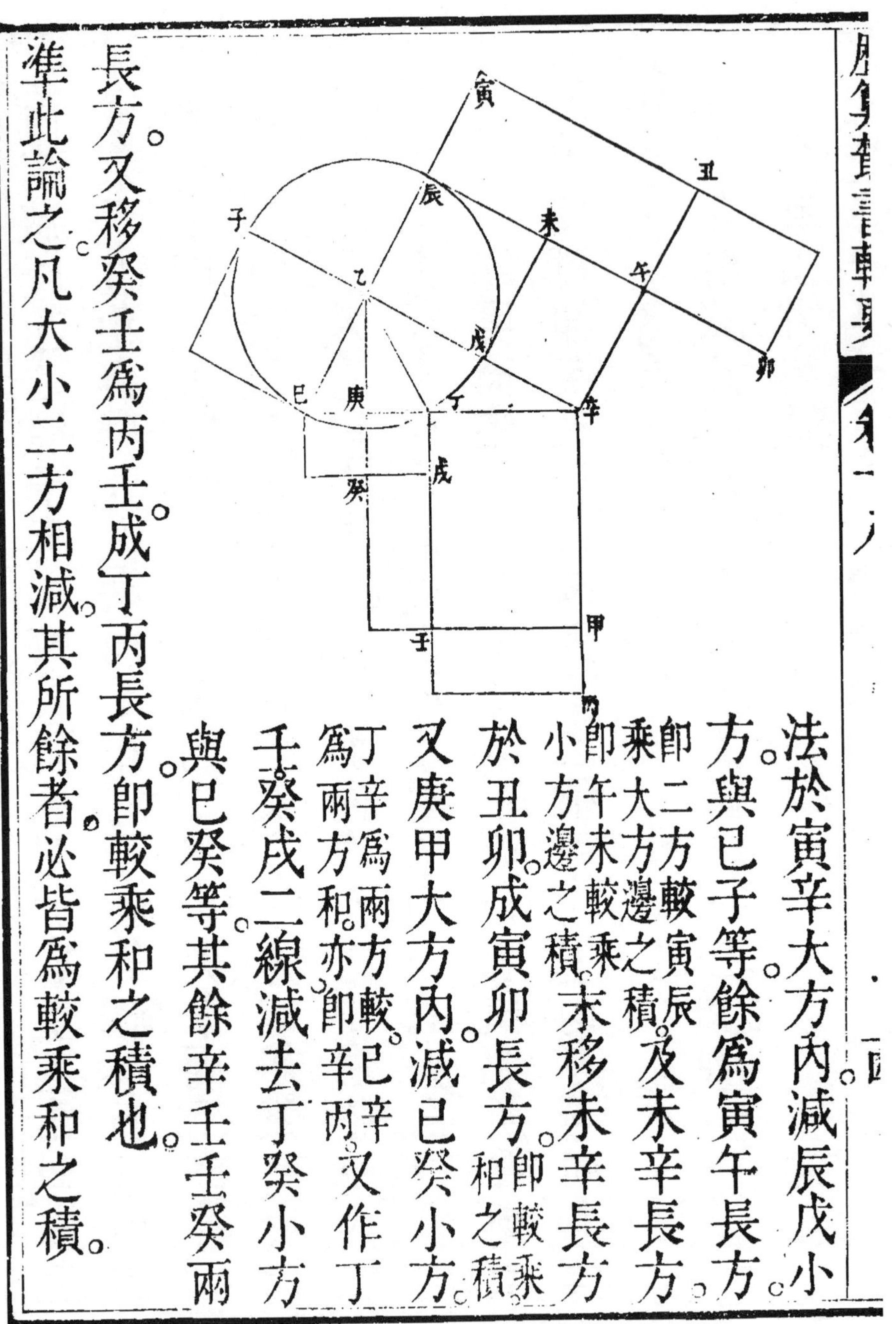

法於寅辛大方內減辰戊小方。與巳子等餘爲寅午長方。卽二方較寅辰乘大方邊之積。及未辛長方卽午未較乘小方邊之積。末移未辛長方於丑卯。成寅卯長方。卽較乘和之積。又庚甲大方內減巳癸小方。丁辛爲兩方較。巳辛爲兩方和。亦卽辛丙。又作丁壬癸戊二線減去丁癸小方與巳癸等其餘辛壬壬癸兩長方。又移癸壬爲丙壬成丁丙長方。卽較乘和之積也。

準此論之凡大小二方相減。其所餘者必皆爲較乘和之積。

次解兩句股形相減

乙庚辛句股與乙庚丁句股相減則以丁庚句減辛庚句餘辛丁爲兩句之較又以同丁庚之己庚句加辛庚句成辛己爲兩句之和和乘較成丁丙長方　又以乙丁弦減辛乙弦餘辛戊爲兩弦之較又兩弦相加成辛子爲兩弦之和和乘較成卯寅長方此兩長方者其積必等無論乙爲正角或鈍角或鋭角並同

何以明之曰句股法乙辛弦上方兼有乙庚庚辛上二方又乙己弦上方兼有乙庚庚己上二方今旣以乙己上方減乙辛上方則各所兼之乙庚方已同減盡故乙辛上方之多於乙己上方者卽是庚辛上方多於庚己上方之數也又是兩分之乙庚辛句股及乙庚己句股卽乙庚丁故不論乙角鋭鈍其法悉同也

曆算叢書輯要卷十八　幾何通解　三

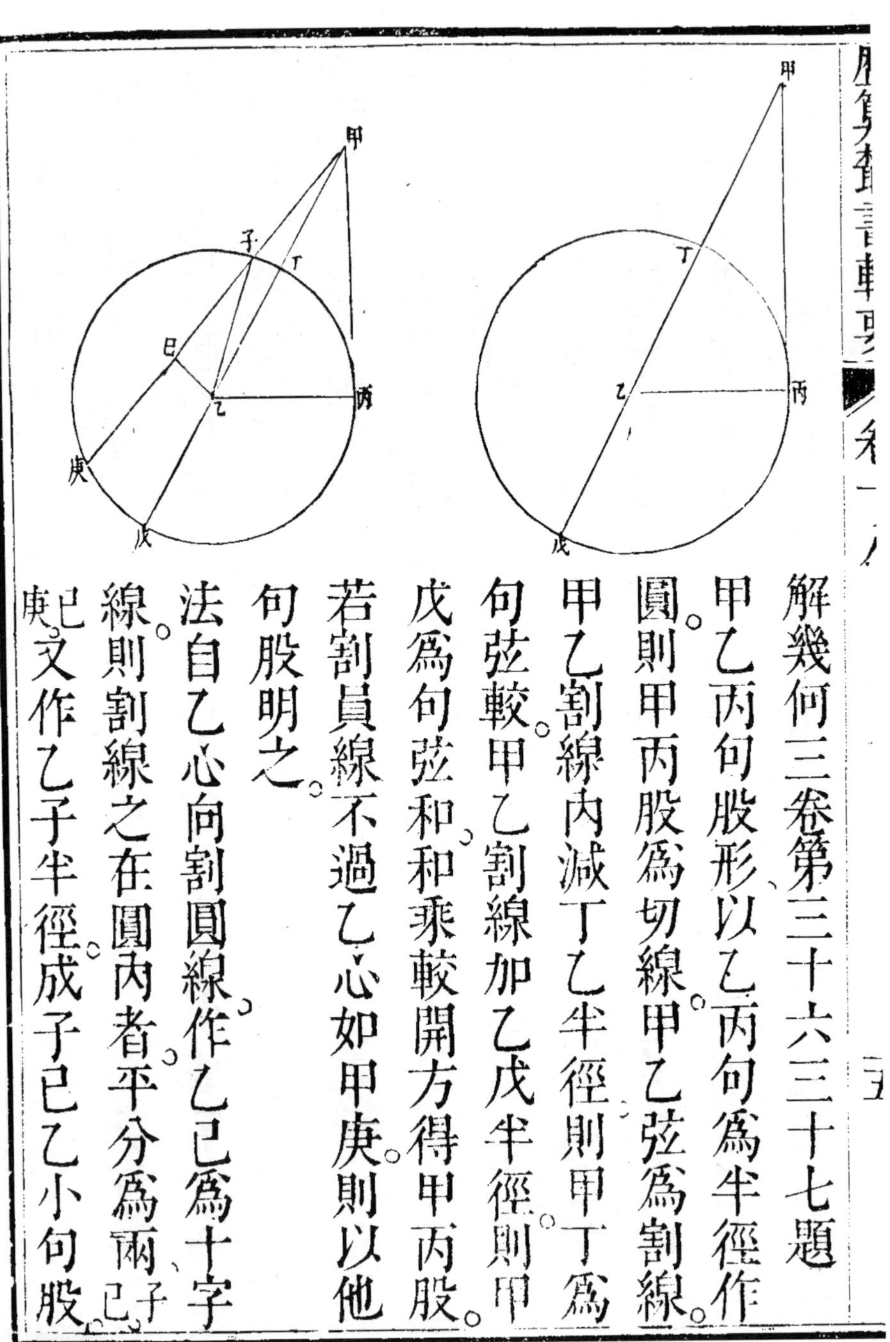

解幾何三卷第三十六三十七題

甲乙丙句股形以乙丙句爲半徑作圓則甲丙股爲切線甲乙弦爲割線甲乙割線內減丁乙半徑則甲丁爲句弦較甲乙割線加乙戊半徑則甲戊爲句弦和和乘較開方得甲丙股若割員線不過乙心如甲庚則以他句股明之

法自乙心向割圓線作乙己爲十字線則割線之在圓內者平分爲兩子己己庚又作乙子半徑成子己乙小句股

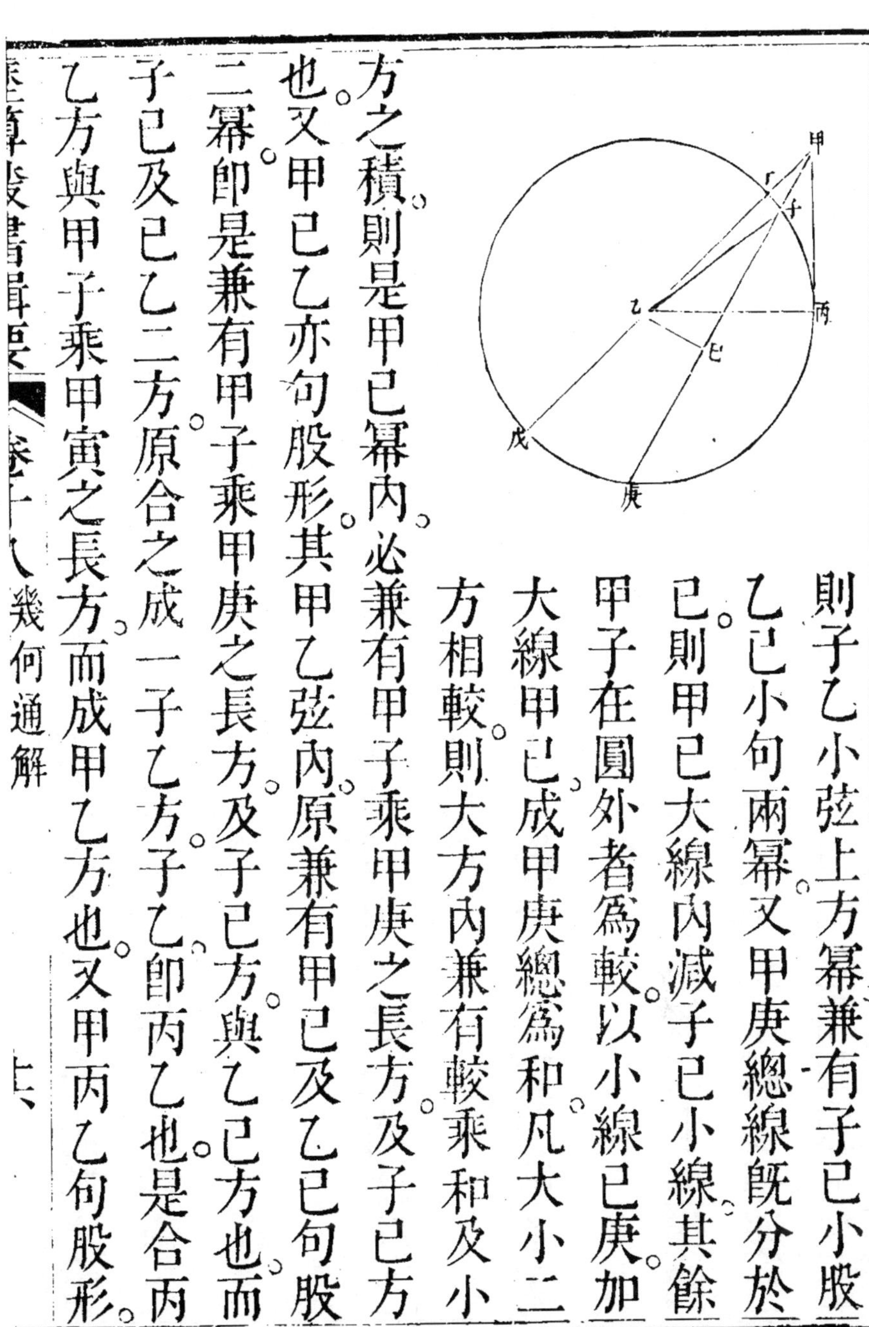

則子乙小弦上方冪兼有子巳小股乙巳小句兩冪又甲庚總線既分於巳則甲巳大線內減子巳小線其餘甲子在圓外者爲較以小線巳庚加大線甲巳成甲庚總爲和凡大小二方相較則大方內兼有較乘和及小方之積則是甲巳冪內必兼有甲子乘甲庚之長方及子巳方也又甲巳乙亦句股形其甲乙弦內原兼有甲巳及乙巳句股二冪卽是兼有甲子乘甲庚之長方及子巳方與乙巳方也而子巳及巳乙二方原合之成一子乙方子乙卽丙乙也是合丙乙方與甲子乘甲寅之長方而成甲乙方也又甲丙乙句股形

同以甲乙為弦。原合丙乙方與甲丙方。而成甲乙方兩形之甲乙方。內各去其相等之丙乙方。則其餘積。一為甲子乘甲庚之長方。一為甲丙自乘方。是二者。不得不等矣。

用法

凡測平圓形。既得甲丙切線。自乘為實。以甲丁之距為法除之。得甲戊之距。以甲丁距減之。得丁戊圓徑。

若欲測庚物之在圓周者。亦以甲丙切線自乘為實。以甲子為法除之。即得甲庚之距。

又法。用兩句股相加減。甲乙丙句股形。以乙丙句為半徑作圓。又以甲乙弦為半徑作外圓。自外圓任取甲點。作過心圓徑至戊。又作一不過心斜綫入內員至庚。則以兩圓間距線乘其全

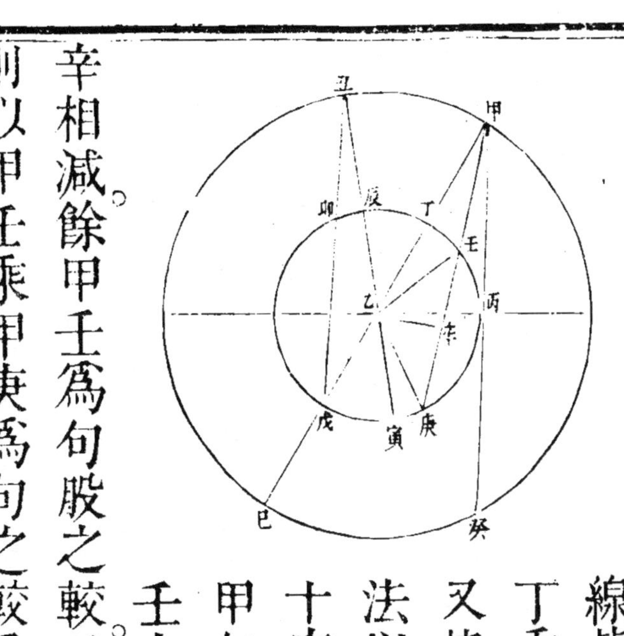

線皆與股冪等而亦自相等如以甲丁乘甲戊或甲壬乘甲庚其積皆等又皆與甲丙切線上方冪等

法以丙句股相加減自乙心作乙辛十字正線平分壬庚線於辛成乙辛甲句股又作乙壬乙庚二線成乙辛壬小句股與乙辛庚等以辛壬與甲辛相減餘甲壬爲句股之較又相加成甲庚全線爲兩句之和則以甲壬乘甲庚爲句之較乘和也又以乙壬與甲乙相減餘甲丁爲兩弦之較相加成甲戊全線爲兩弦之和則以甲丁乘甲戊爲弦之較乘和也此句與弦之和較相乘兩積必等而甲

丁乘甲戊原與甲丙自乘等故三積俱等

準此論之凡自甲點任作多線入內員其法並同不但此也但於外員周任作線入內員亦同如於丑作丑戊線則丑卯乘丑戊亦與甲丙冪等

何以知之曰試於丑作丑寅過心線即諸數並同甲戊矣而丑卯戊之於丑辰寅猶甲壬庚之於甲丁戊故也

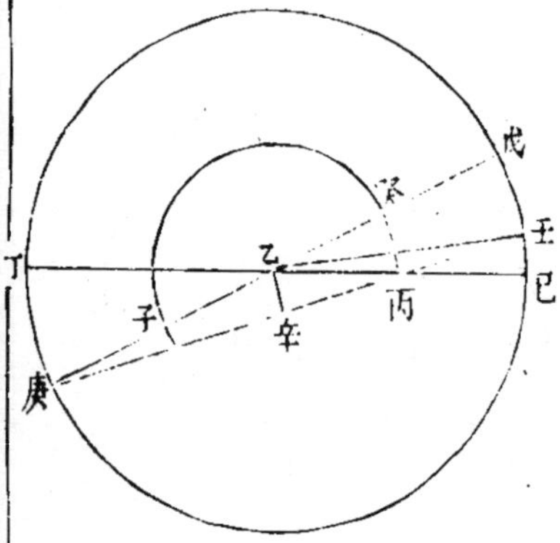

簡法作戊庚過心線則乙辛庚與乙辛壬成相同之句股即顯壬丙爲兩句之較而丙庚爲其和又顯戊癸爲兩弦之較與己丙等而癸庚爲其和與丙丁等則壬丙乘丙庚與己丙乘丙丁皆較乘和也其積必等

曆算叢書輯要　卷十八　幾何通解

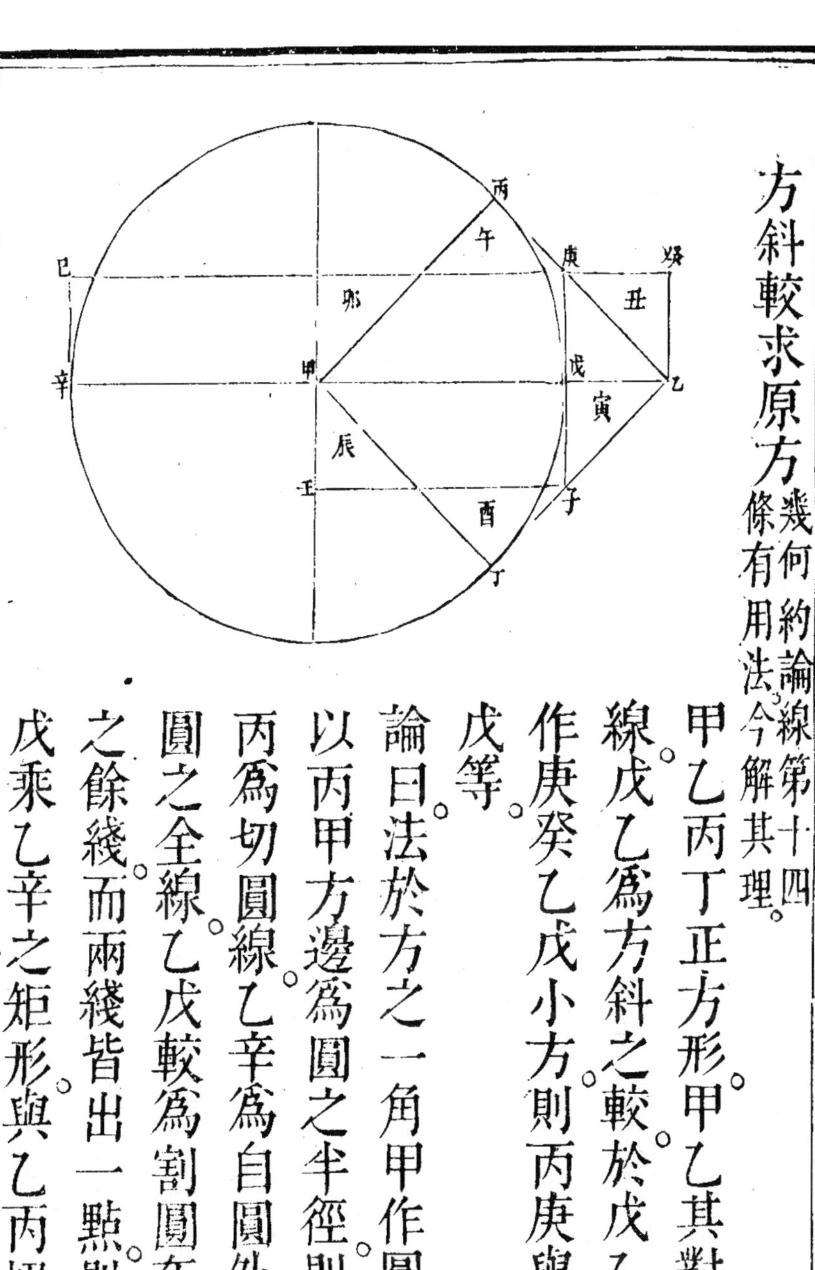

方斜較求原方幾何約論線第十四條有用法。今解其理。

甲乙丙丁正方形。甲乙其對角線。戊乙爲方斜之較。於戊乙上作庚癸乙戊小方。則丙庚與庚戊等。

論曰。法於方之一角甲作圓。而以丙甲方邊爲圓之半徑。則乙丙爲切圓線。乙辛爲自圓外割圓之全線。乙戊較爲割圓在外之餘綫。而兩綫皆出一點。則乙戊乘乙辛之矩形與乙丙切線方形等夫乙丙即原設方也今以同乙戊之癸乙爲橫乙辛爲直作乙己長方（即乙戊乘乙辛之矩）又移切甲己長方爲子甲長方又移卯補午移辰補酉移丑補寅則復成乙丙甲丁方形矣而丑卯午酉等斜剖半方形皆以乙戊較爲半方形之邊是庚戊及丙庚皆與乙戊等而亦自相等又何疑焉

用法

有方斜之較乙戊求原方形之一邊法以乙戊較作小方形取其斜乙庚再引長之截丙庚如乙戊得乙丙如所求

如有圓城正西之門如戊西南之門如丙人立於庚可兩見之而庚丙與庚戊皆等問城徑

法以庚戊自乘成戊庚癸乙小方形以方斜之法倍小方爲實

以平方開之得其斜距爲乙庚。以乙庚加庚丙爲乙丙。即圜城之半徑。此即幾何約之用法也。

又論曰。試於庚丙上作丙子較線上方。引庚戊至丁。則丁庚又爲丙子方之斜。而丁戊與乙丙等。從丁戊作丁壬甲戊爲元方如所求。

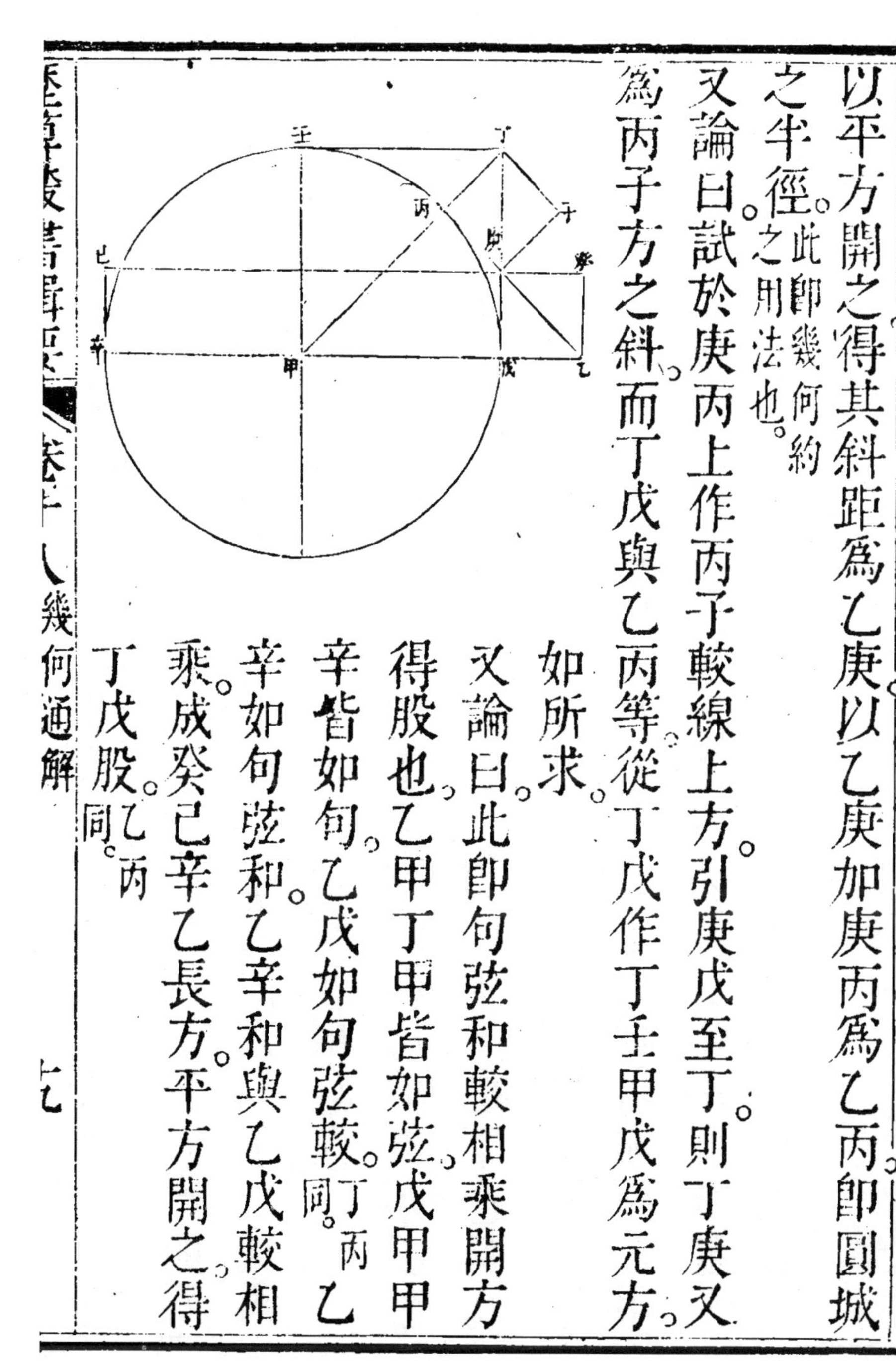

又論曰。此即句弦和較相乘開方得股也。乙甲丁甲皆如弦。戊甲甲辛皆如句。乙戊如句弦較。丁丙同。乙辛如句弦和。乙辛和與乙戊較相乘。成癸巳辛乙長方。平方開之得丁戊股。乙丙同。

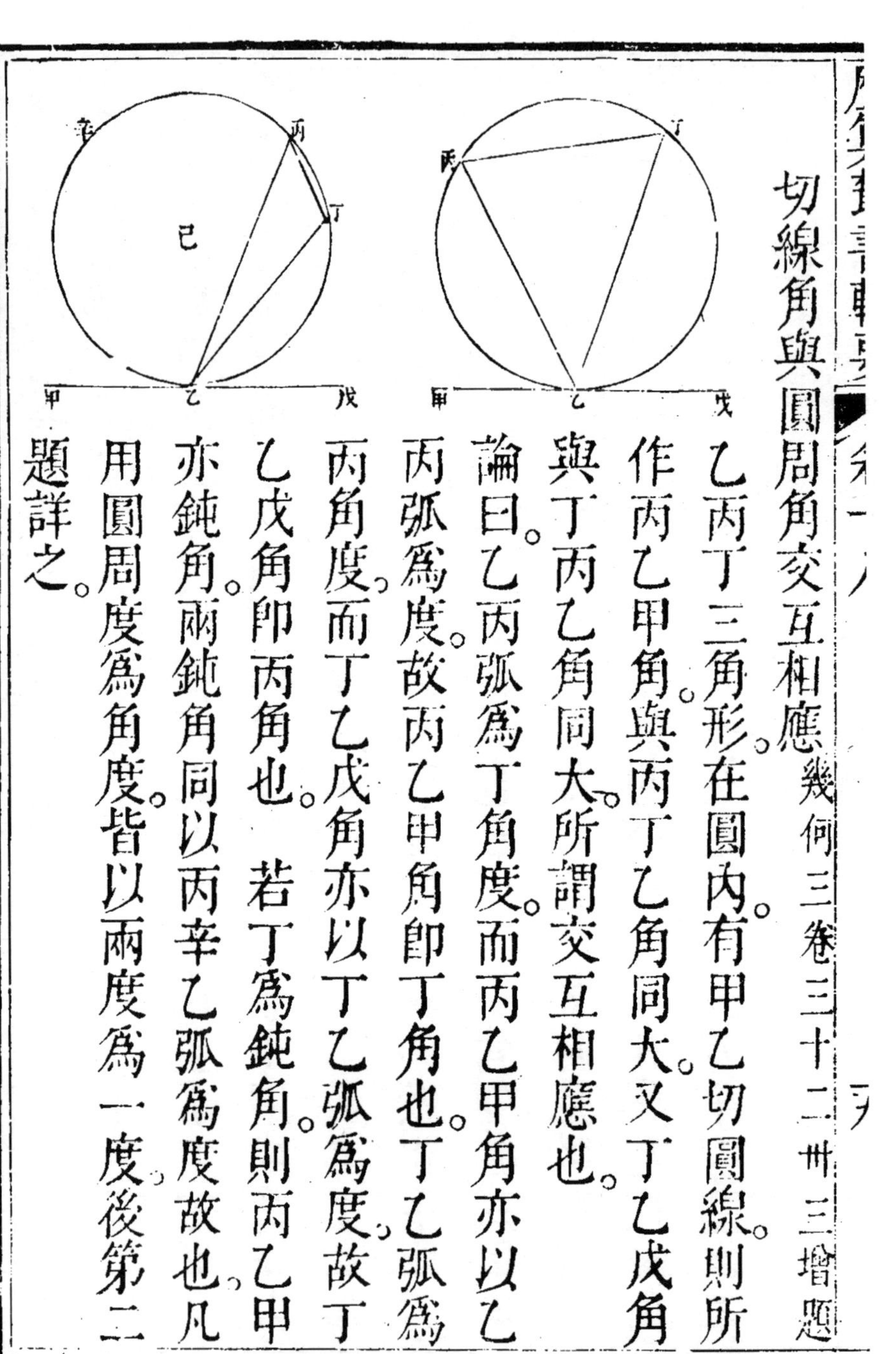

切線角與圓周角交互相應。幾何三卷三十二卅三增題

乙丙丁三角形在圓内。有甲乙切圓線。則所作丙乙甲角與丙丁乙角同大。又丁乙戊角與丁丙乙角同大。所謂交互相應也。

論曰。乙丙弧爲丁角度。而丙乙甲角亦以乙丙弧爲度。故丙乙甲角即丁角也。丁乙弧爲丙角度。而丁乙戊角亦以丁乙弧爲度。故丁乙戊角即丙角也。　若丁爲鈍角。則丙乙甲亦鈍角。兩鈍角同以丙辛乙弧爲度故也。凡用圓周度爲角度。皆以兩度爲一度。後第二題詳之。

又增題員內三角形。一角移動。則餘二角變。而本角度分不變。交互相應之角度亦不變。

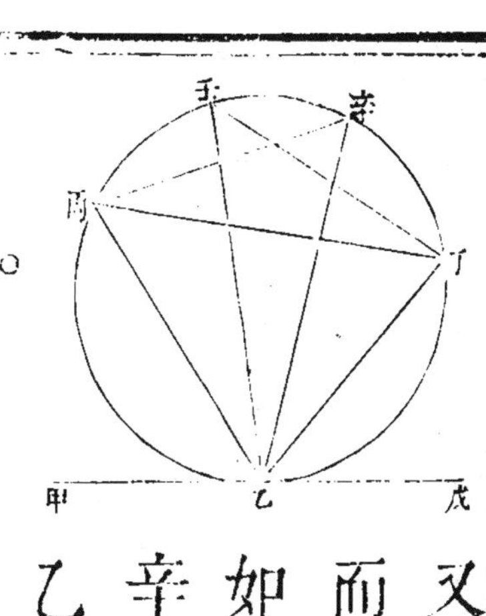

如上圖。丁角移至辛。則丙角加大。而相應之辛乙戊角亦從之而大。以辛丁乙弧大於丁乙弧也。辛乙戊大則辛乙丙小矣。其較皆爲丁辛弧。若丁角雖移至辛。而其度不變。相應之丙乙甲角亦不變。以所用之丙乙弧不變也。

又丙角移至壬。則丁角加大。相應之壬乙甲亦從之而大。以壬丙乙弧大於丙乙弧也。壬乙甲大則壬乙丁小矣。其較皆爲丙壬弧。若丙角雖移至壬。其度不變。相應之丁乙戊亦不變。以所用之丁乙弧不變也。

又增題切圓線作角與圓周弧度相應圖。

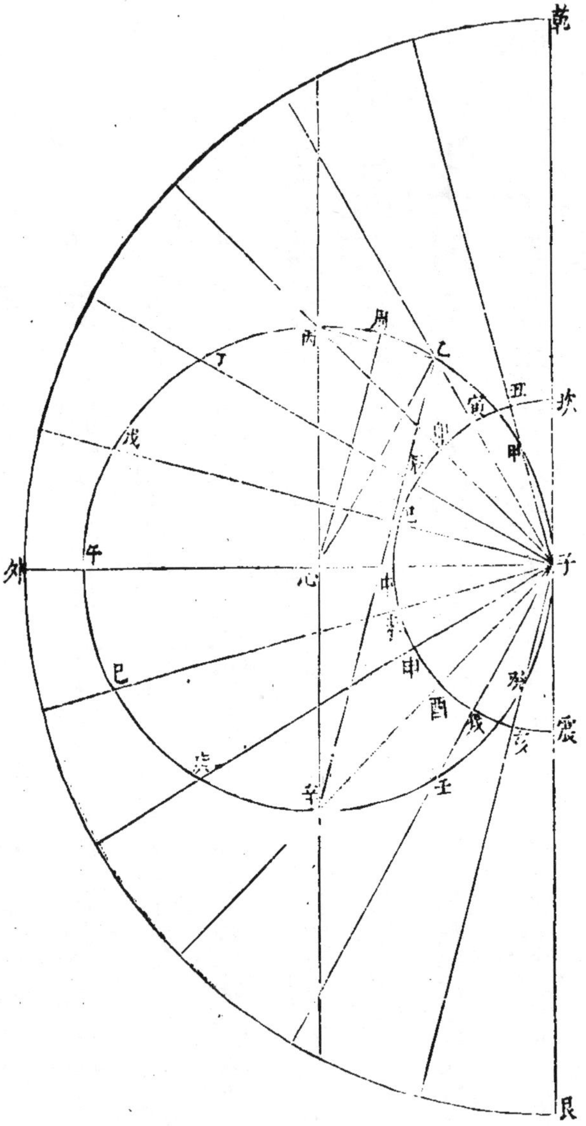

有子甲戊圓。有乾艮線相切於子。從子點出線。與切線作角。必

割圓周之度其大小皆相應但皆以圓周兩度當角之一度如用子午正線則所作兩旁子角皆正角各九十度而亦剖圓爲半周是兩度當一度又如用子辛綫作辛子艮銳角四十五度而本線割圓周於辛爲九十度亦兩度當一度又如用子辛綫作辛子乾鈍角百三十五度而線割辛午子圓分爲二百七十度三象限亦兩度當一度又如於員內任作辛子乙角乙辛子角所乘之子甲乙弧六十度乾子乙角同用子甲乙弧亦六十度然其實度是坎寅弧實只三十度亦兩當一也又子乙辛角乘子癸壬辛弧一象限艮子辛角亦割子癸壬辛弧一象限然其實度爲震酉弧只四十五度亦兩當一也所以者何曰試作心乙線移角於心則所乘弧子甲乙六十度皆實度也今也角在辛是圓周也非圓心也凡

圜周之角。小於圜心一倍故也。

論曰。圜周至圜心。正得圜徑之半。故所作角爲折半。此例試作乙丙線。成辛乙丙句股形。又從心作心周線。與辛乙平行。則所作周心丙角。與乙辛丙等。而此心周綫平剖乙丙句。亦平分乙周丙於周。而正得其半矣。

系。句股形平分弦線。作點從此作線與股平行。即平分句線爲兩。

又論曰。查角度之法。皆以切點爲心。作半圓。即見眞度。此不論半圓大小。或作於圓內。或作於圓外。並同。　作於圓外。其度開明。易於簡查。

又論曰。試於所切圈心。作竪徑線。與切線平行。如辛丙線。引長之出圓外而以査角度之線割圓周而過之則皆成大小句股形而所過竪線上點皆卽八線中之切線爲句股形之股角度斜線爲竪線所截處卽八線中割線常爲弦而切點至圓心之半徑常爲句如子辛角度線割竪線於辛成辛子心句股形其所當角度爲酉中四十五度則辛心卽四十五度之切線辛子卽四十五度之割線餘並同其子心卽半徑也

又論曰角度半圓有大小而子心半徑常爲句者以所作竪線在圓心欲用圓度相較也若於半圓之端如中如外作竪線與切線平行其所作切線割線亦同此例而卽以各半圓之半徑爲句矣不但此也卽任於子心外直線上任作一竪線其所作句股並同但皆以十字交處距子點之度命爲半徑此八線割圓之

曆算叢書輯要　卷十八　幾何通解

法所由以立也

曆算叢書輯要卷十九

平三角舉要序

西法用三角猶古法之用句股也但三角有鈍角而句股無之論者遂謂句股之術有所窮殊不知銳角形須分爲兩句股鈍角形須補成句股邊角比例莫非句股也至于弧三角以直線測渾圓其理最奇又於無句股中尋出句股也然則句股雖不能備三角之形而能兼三角之理三角不能出句股之外而能盡句股之用一而二二而一者也新歷之妙全在弧三角然必先知平三角而後可以論弧三角猶之必先知句股而後可以論平三角也乃舉其要義次爲五卷

平三角舉要目録

歷算叢書輯要卷十九

宣城梅文鼎定九甫著

孫　瑴成玉汝甫重較錄
　　玕成肩琳
　　釴用和
曾孫　鈖二如甫同較字
　　鈁導和
　　鏐繼美

平三角舉要一

測算名義

古用句股有割圓弧背弦矢諸名今用三角其類稍廣不可以不知爰摘綱要列于首簡

點

點如針芒無長短濶狹可論然算從此起譬如算日月行度只論日月中心一點此點所到即為躔離真度

線

線有弧直二種皆有長短而無濶狹自一點引而長之至又一點止則成線矣

弧線　凡弧線必中規

直線　凡直線必中繩

平行直線　凡平行線必相距等

如測日月相距度皆自太陽心算至太陰心是為弧線如測日月去人遠近皆自人目中一點算至太陽太陰天是為直線

凡句股三角之法俱論線線兩端各一點故線以點為其界

面

面有方圓各種之形皆有長短有濶狹而無厚薄故謂之冪冪者所以冒物如量田疇界域只論土面之大小不言深淺

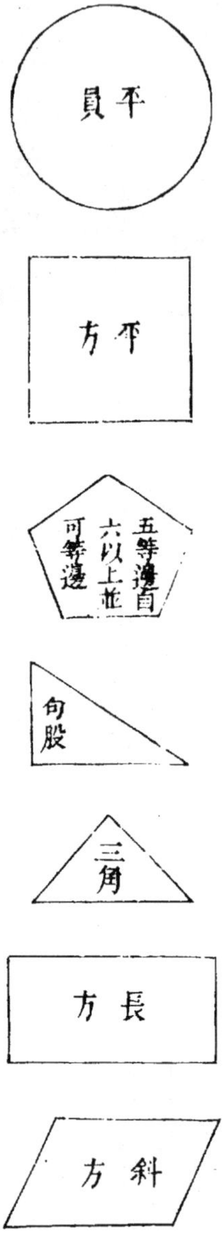

平員

平方

五等邊自六以上並可等邊

句股

三角

長方

斜方

面之方員各類皆以線限之故面以線爲界面之線亦曰邊

惟員面是一線所成乃弧線也若直線必三線以上始能成形

體

體或方或員其形不一皆有長短有濶狹又有厚薄或淺深高下之類

員體如球如柱方體如櫃如斗或如員塔方塔皆以面爲界

渾員即球體古曰立員

員柱

立方

方錐截之則如覆斗

方錐

覆斗

半員

員錐

以上四者(謂點線面體。)略畫測量之事矣。然其用皆在線。如論點則有距線。論面則有邊線。論體則有棱線。(面與面相得則成棱線。)凡所謂長短闊狹厚薄淺深高下。皆以線得之。三角法者。求線之法也。

長短闊狹厚薄等類。皆以量而得。而量者必于一線正中。若稍偏於兩旁。則其度不真矣。故凡測量所求者。皆線也。

三角形

欲明三角之法。必詳三角之形。

兩直線不能成形。成形者必三線以上。而三線相遇則有三角。故三角形者。形之始也。

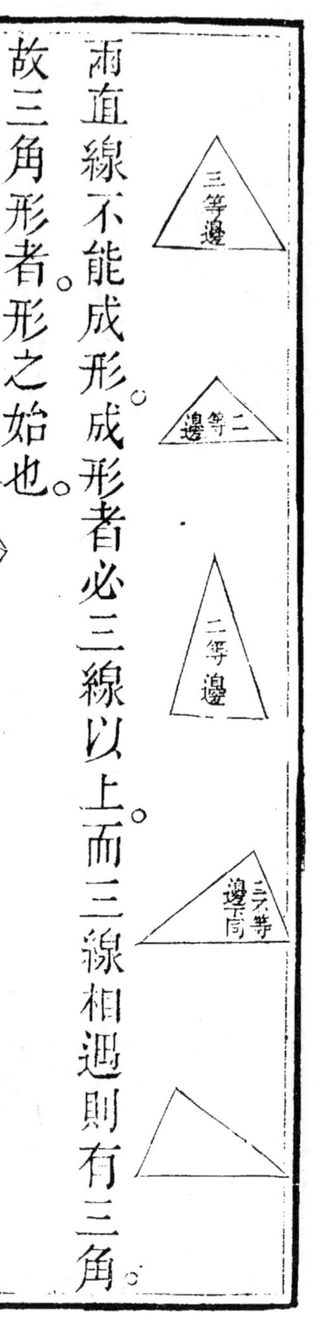

多線皆可成形。析之皆可成三角。至三角則無可析矣。故三角能盡諸形之理。

凡可算者爲有法之形。不可算者爲無法之形。三角者有法之形也。不論長短斜正皆可以求其數。故曰有法。若無法之形析之成三角則可量。故三角者量法之宗也。

角

三角法異于句股者。以用角也。故先論角。

兩線相遇則成角。平行兩直線。不能作角。何也。線既平行。則雖引而長之。至于無窮。終無相遇之理。角安從生。是故作角者必兩線相遇。必不平行也。

角有三類。一正方角。一銳角。一鈍角。

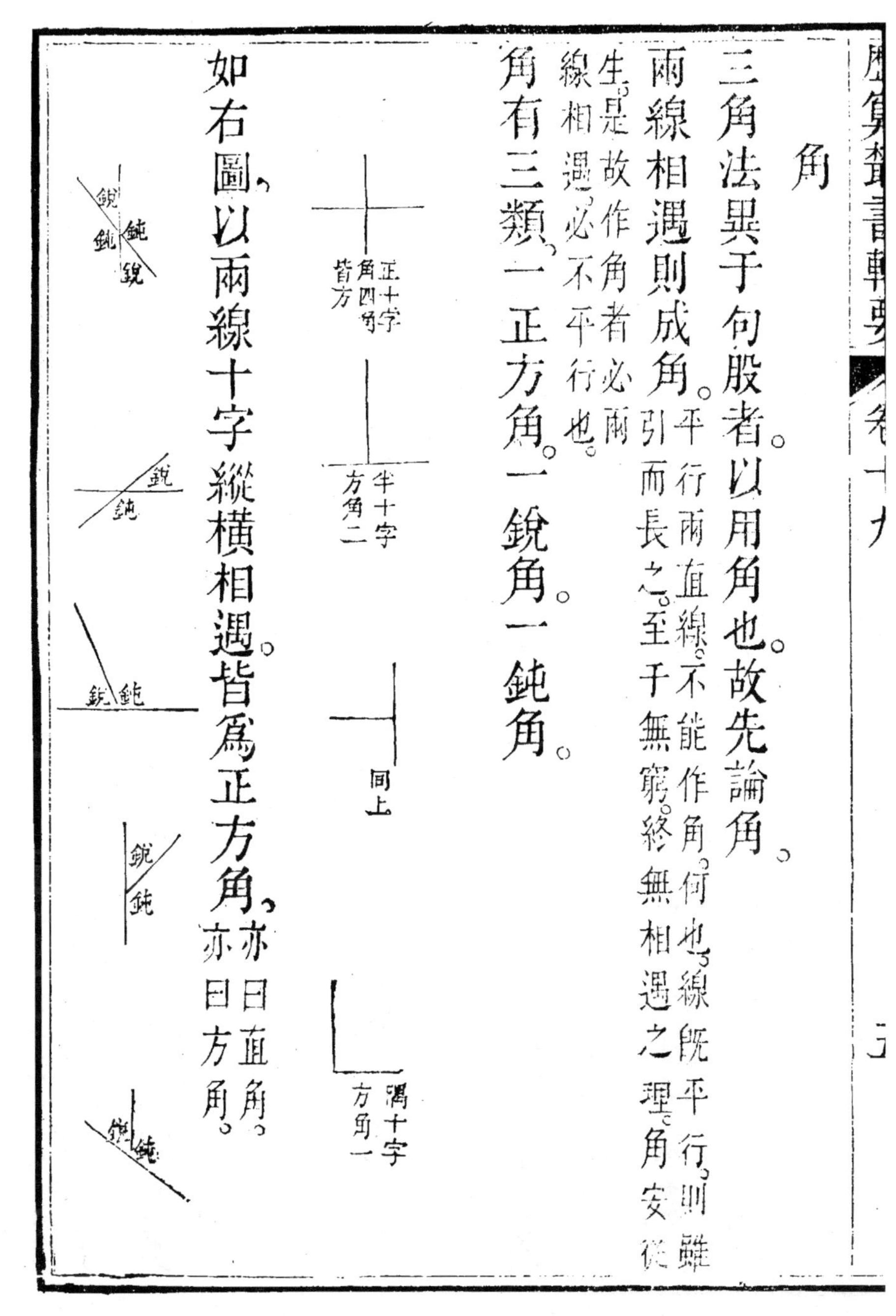

如右圖。以兩線十字縱橫相遇。皆爲正方角。亦曰直角。亦曰方角。

如右圖以兩線斜相遇則一爲鋭角一爲鈍角凡鋭角必小于正方角凡鈍角必大于正方角正方角止一鋭角鈍角則有多種而算法生焉

弧

角在小形與在大形無以異也故無丈尺可言必量之以對角之弧

法以角之端爲員心用規作員員周分三百六十度乃視本角所對之弧于全員三百六十度中得幾何度分其弧分所對正得九十度者爲正方角九十度者全員四之一謂之象限若所對弧分不滿九十度者爲鋭角自八十九度以至一度並鋭角也所對弧分在九十度以上者爲鈍角自九十一度至百七十九度並鈍角也

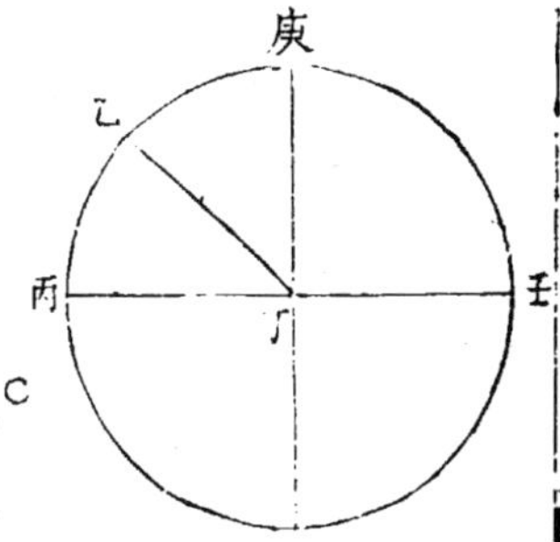

如圖丁爲角。卽角爲員心以作員形。其庚丁丙角。凡論角度。並以中一字爲所指之角。此言庚丁丙。卽丁爲角也。所對者庚丙弧。在全員爲四之一。正得象限九十度。是爲正方角。

若乙丁丙角。所對者乙丙弧。在象限庚丙弧之內。小于象限九十度。是爲銳角。

又乙丁壬角。所對乙庚壬弧。過于壬庚弧。壬庚亦象限九十度弧。故庚丁壬亦方角。大于象限九十度。是爲鈍角。

角之度。生于割員。

割員弧矢

有弧則有矢。弧矢者。古人割圓之法也。

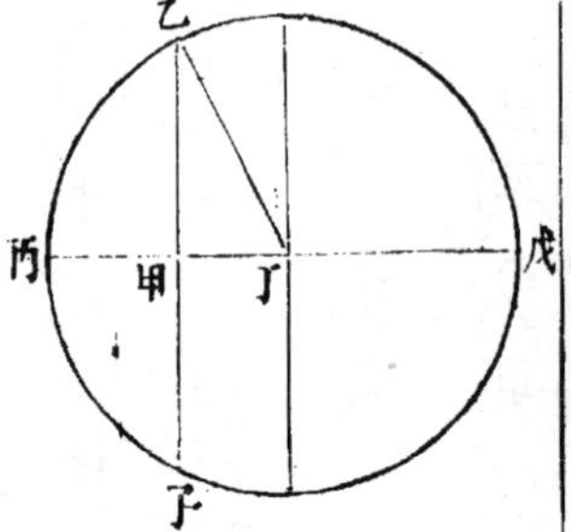

如圖以乙子直線割平員則成弧矢形所割乙丙子員分如弓之曲古謂之弧背。以弧背半之則爲半弧背。如乙丙。

通弦正弦

割員直線。如弓之弦。謂之通弦。如乙子通弦半之古謂之半弧弦今曰正弦。如乙甲

正矢大矢

正弦以十字截半徑。成矢。如丁丙橫半徑。爲乙甲正弦所截。成甲丙矢。謂之正矢。全徑內減去正矢餘謂之大矢。如戊丙全徑內減去甲丙正矢。餘戊甲爲大矢。

正弧餘弧正角餘角

所用之弧度爲正弧。以正弧減象限爲餘弧。如庚丙象限內減乙丙正弧則其餘乙庚爲餘弧。正弧所對爲正角。如正弧乙丙對乙丁丙角則爲正角。餘弧所對爲餘角。如餘弧庚乙對乙丁庚角則爲餘角。

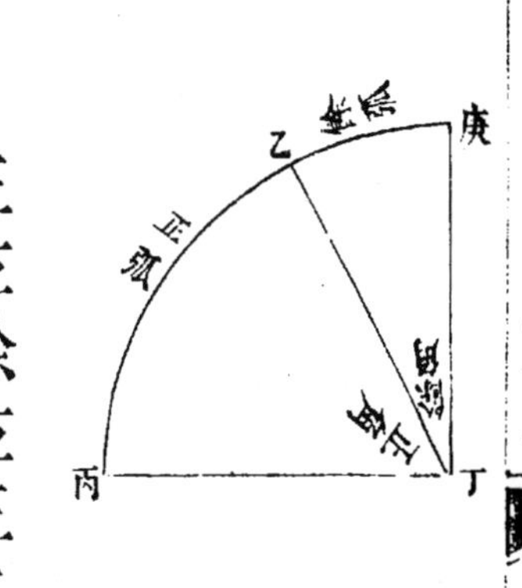

正弦餘弦正矢餘矢

庚
巳
乙
餘矢
餘弦
正弦
正矢
甲
丙
丁

有正弧正角卽有正弦。如乙甲有正矢。如甲丙亦卽有餘弦。如乙巳有餘矢。如巳庚正弦正矢餘弦餘矢皆乙丙弧所有。亦卽乙丁丙角所有。自一度至八十九度並得爲乙丙。並得爲正弧。卽正餘弦矢畢具。

若用乙庚爲正弧。則乙丙反爲餘弧。角之正餘亦同。

割線切線

每一弧一角各有正弦餘弦正矢餘矢，已成四線於平員內。古人用句股割員，卽此法也。蓋此四線已成倒順二句股。再引半徑透于平員之外，與切員直線相遇，爲割線切線，而各有正餘，復成四線。正割正切餘割餘切，復成倒順二句股。共爲八線，故曰割員八線也。

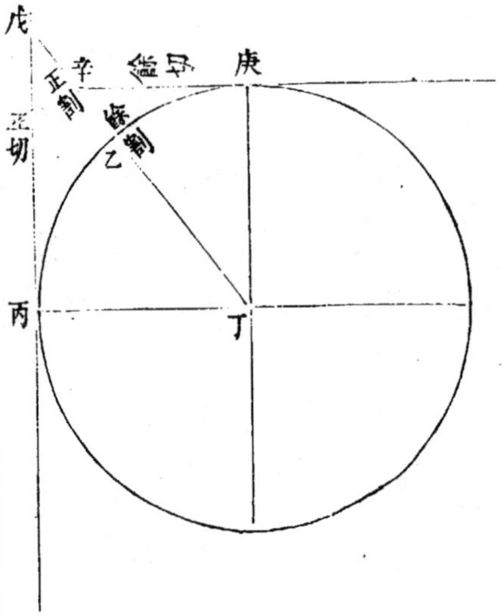

如圖，庚乙丙平員切戊丙直線于丙。又引乙丁半徑透出員周外，使兩線相遇于戊，則戊丙爲乙丙弧之正切線，亦卽爲乙丁丙角之正切線，而戊丁爲乙丙弧之正割線，亦卽爲乙丁丙角

之正割線　又以平員切庚辛直線于庚與乙丁透出線相遇于辛則庚辛爲乙丙弧之餘切線亦即爲乙丁丙角之餘切線而辛丁爲乙丙弧之餘割線亦即爲乙丁丙角之餘割線

割圓八線

凡用一角即對一弧即有八線正弦正矢正割正切餘弦餘矢餘割餘切弧亦然

凡一弧之八線即成倒順四句股角亦然

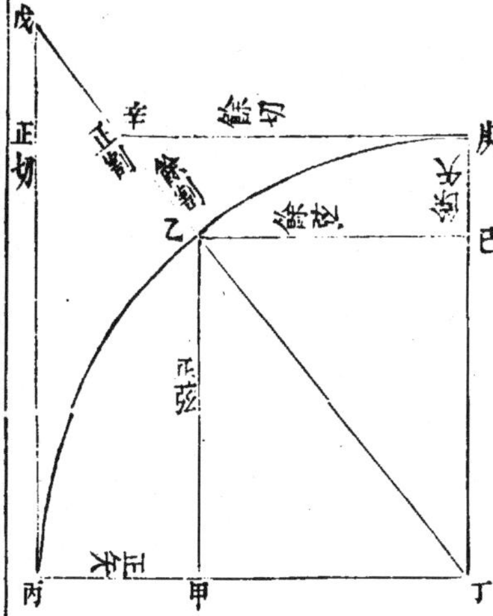

如圖庚丙象弧共九十度庚丁丙爲九十度十字正方角任分乙丙爲正弧乙丁丙爲正角則乙庚爲餘弧乙丁庚爲餘角

正弦乙甲同丁巳　正矢甲丙　正切戊丙　正割戊丁

餘弦乙巳同丁甲　餘矢庚巳　餘切辛庚　餘割辛丁

以上八線。爲乙丙弧所用。亦卽爲乙丁丙角所用。自一度至八十九度。並同。

若用乙庚弧。亦同此八線。但以餘爲正。以正爲餘。

兩順句股等角圖

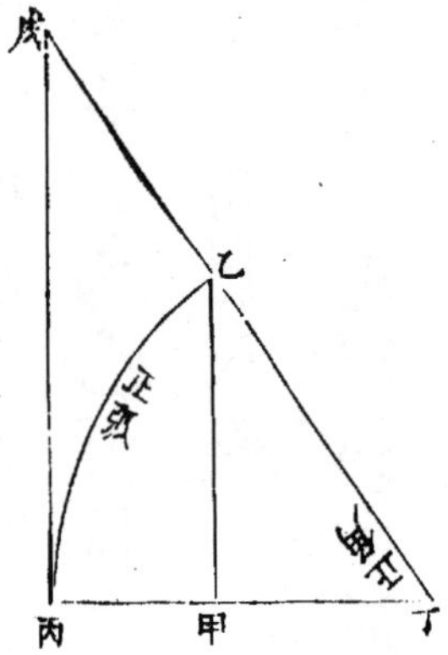

乙甲丁句股形。乙丁半徑爲弦。乙甲正弦爲股。丁甲餘弦爲句。戊丙丁句股形。戊丁正割爲弦。戊丙正切爲股。丙丁半徑爲句。以上兩順句股形同用乙丁甲角。故其比例等。凡句股形。一角等。則餘角並等。

兩倒句股等角圖

順倒兩句股等角等邊圖

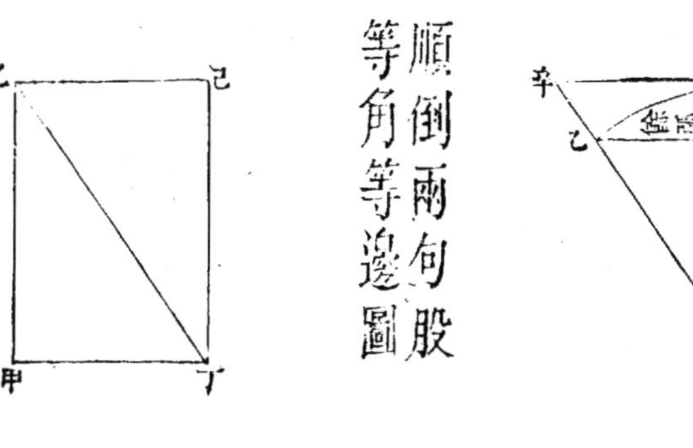

乙巳丁倒句股形。乙丁半徑爲弦。巳丁正弦爲股。乙巳餘弦爲句。　辛庚丁倒句股形。辛丁餘割爲弦。丁庚半徑爲股。辛庚餘切爲句。　以上兩倒句股形同用乙丁巳角故其比例亦等。

乙甲丁句股形。乙丁半徑爲弦。乙甲正弦爲股。甲丁餘弦爲句。　丁巳乙倒句股形。乙丁半徑爲弦。巳丁正弦爲股。乙巳餘弦爲句。　此倒順兩句股形等邊又等角。倒形之丁角。即順形丁角之餘。倒形之乙角。即順形乙角之餘。竟如一句股也準此論之則倒順四句股之比例。亦無不等矣。

角度

凡三角形併三角之度皆成兩象限。共一百八十度

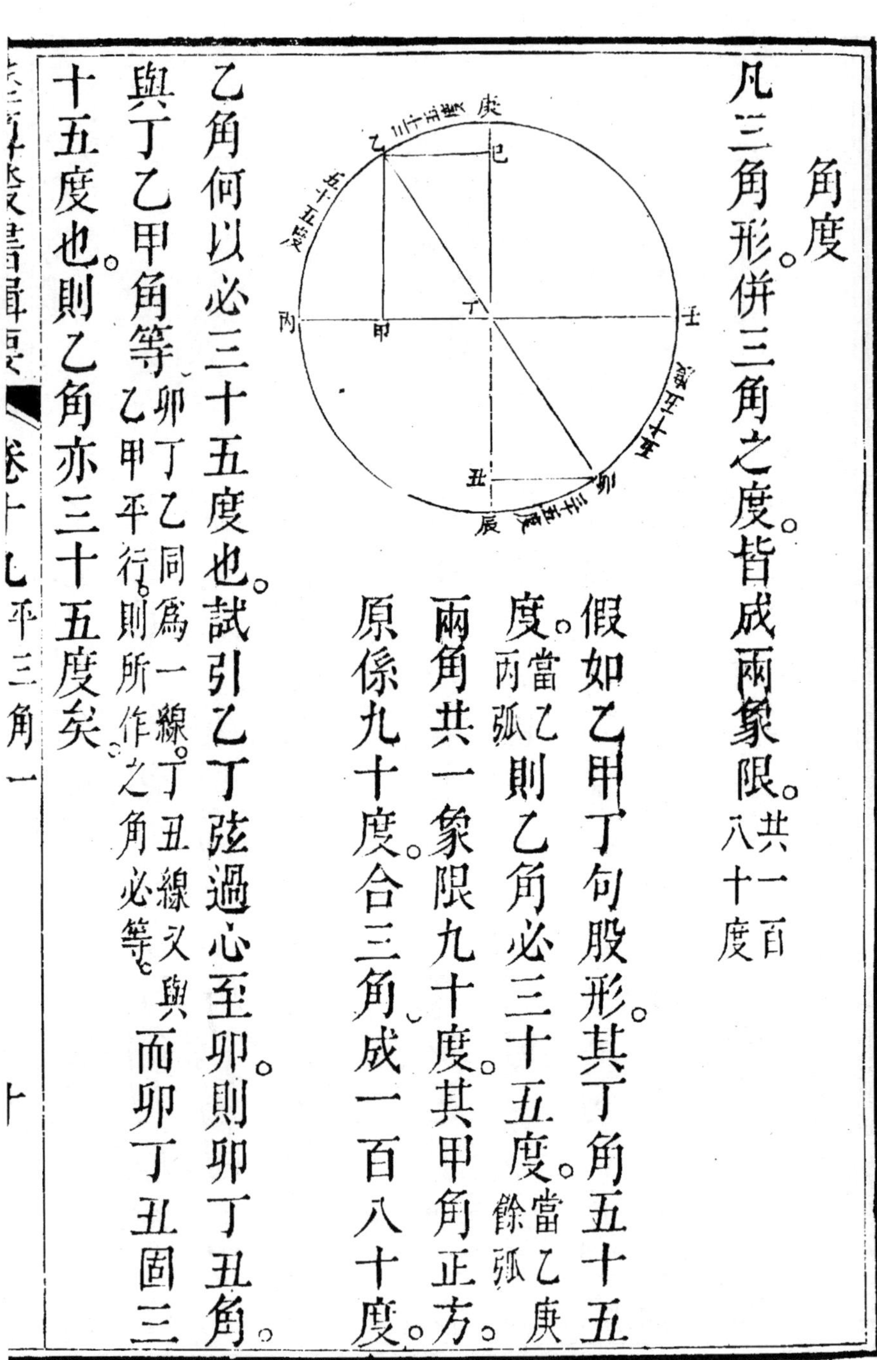

假如乙甲丁句股形。其丁角五十五度。當乙丙弧則乙角必三十五度。當乙庚餘弧兩角共一象限九十度。其甲角正方。原係九十度。合三角成一百八十度。

乙角何以必三十五度也。試引乙丁弦過心至卯。則卯丁丑角。與丁乙甲角等卯丁乙同爲一線。丁丑線又與乙甲平行。則所作之角必等。而卯丁丑固三十五度也。則乙角亦三十五度矣。

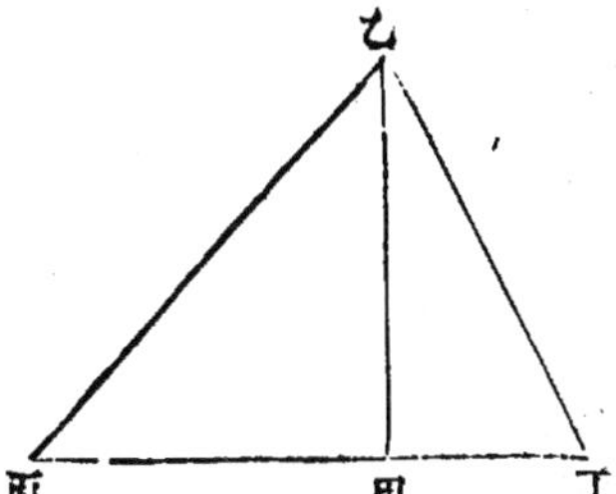

又假如丙乙丁三角形。從乙角作乙甲直線。至丁丙邊。分爲兩句股形。（乙甲丁。乙甲丙。）準前論。乙甲丁句股形。以乙分角與丁角合之。成一象限九十度。又乙甲丙句股形。以乙分角與丙角合之。成一象限九十度。然則以乙全角（即兩分角之合）與丁丙兩角合之。必兩象限一百八十度矣。（乙爲鈍角。並同。）

以此推知三角形有兩角。即知餘角。（併兩角。以減半周一百八十度得之。）句股形。有一角。即知餘角。（句股原有正方角九十度。則餘兩角共九十度。故得一可知其二。）

相似形

既知角。可以論形。有兩三角形。其各角之度相等。則爲相似形。

而兩形中各邊之比例相等。謂此形中各邊自相較之比例。亦如彼形中各邊自相較之比例也。

比例

兩數相形則比例生。比例者或相等。或大若干。或小若干。乃兩數相比之差數也。有兩數于此。又有兩數于此。數雖不同而其各兩數自相差之比例同。謂之比例等。

或兩小數相等。又有兩大數相等。是爲相等之比例。數雖有大小。其相等之比例均也。或兩小數相差三倍。又有兩大數亦相差三倍。是爲三倍之比例。或兩小數相差爲一倍有半。又有兩大數相差亦一倍有半。是爲一倍有半之比例。數雖有大小。其爲三倍之比例。及一倍有半之比例均也。

論八線之比例有二

一為八線自相生之比例

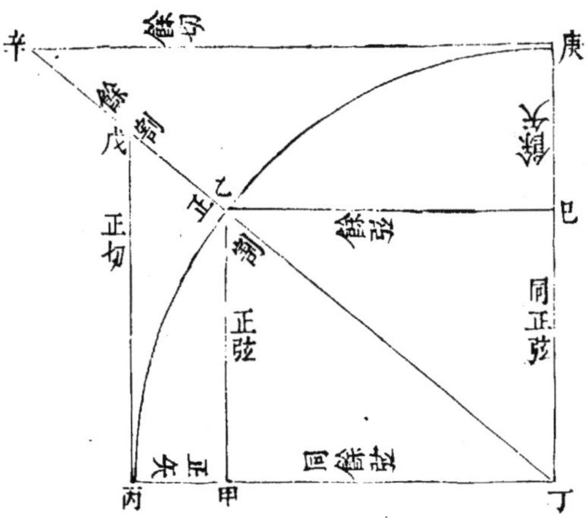

乙甲丁小句股形。與戊丙丁大句股形相似。見前條故以半徑乙丁比正弦乙甲。若割線戊丁與切線戊丙之比例也。此為以小弦比小股。若大弦與大股。求弦亦同。又以半徑丙丁。比正切戊丙。若餘弦甲丁與正弦乙甲之比例也。此為以大句比大股。若小句比小股。股求句亦同。餘倣此。以故凡八線中但得一線。則餘皆可求。觀圖自明。

一為八線算他形之比例

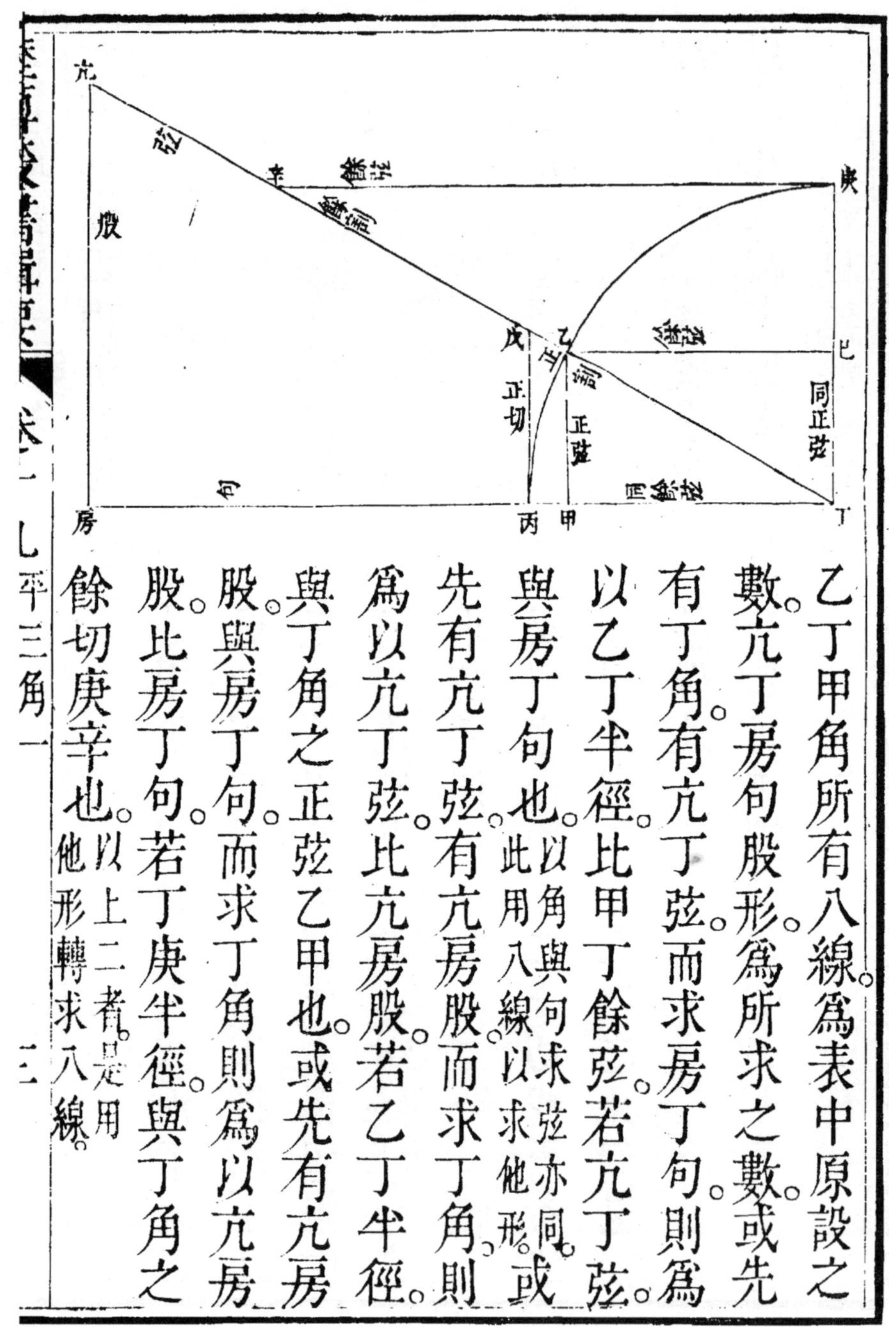

乙丁甲角所有八線。爲表中原設之數。亢丁房句股形。爲所求之數。或先有丁角。有亢丁弦。而求房丁句。則爲以乙丁半徑。比甲丁餘弦。若亢丁弦。與房丁句也。以角與句求弦亦同。此用八線以求他形。或先有亢丁弦。有亢房股。而求丁角。則爲以亢丁弦。比亢房股。若乙丁半徑。與丁角之正弦乙甲也。或先有亢房股。與房丁句。而求丁角。則爲以亢房股。比房丁句。若丁庚半徑。與丁角之餘切庚辛也。以上二者。是用他形轉求八線。

總而言之。皆以先有兩數之比例。爲後兩數之比例。其乘除之法。皆依三率也。三率法詳筆算

八線表

八線爲各弧各角之句股所成。故八線表者。卽句股形之立成數也。古人用句股開方。已盡測量之理。然句股弦皆邊線耳。邊之數無方。放之則彌四遠。近之則陳几案。故所傳算術。皆以一端示例而已。不能備詳其數也。今變而用角。則有弧度三百六十以限之。而以象限盡全周。有合于舉一反三之旨。又析象限之度各六十分。凡爲句股形二千七百。角度五千四百。九十度之分五千四百。而句股形並有兩角。故其形二千七百。而角數倍之。爲正弦。爲切線。爲割線。共一萬六千二百。三項各五千四百。正餘互用也。而句股之形略備。用之殊便也。

鋭角分兩句股鈍角補成句股然惟有八線表中豫定之句股故但得其角度則諸數歷然可于無句股中尋出句股矣

半徑全數

全數即半徑也不言半徑而言全數者省文也凡八線生于角度而有角有弧則有半徑八線之數皆依半徑而立也半徑常爲一或五位則爲一萬或六位則爲十萬則正弦常爲半徑之分正弦必小于半徑而不得爲全數惟半徑可稱全數也割切二線皆依正弦而生亦皆有畸零不得爲全數用全數爲半徑有數善焉一立表時易于求數也一用表時便于乘除也三率中全數爲除法則但降位可省一除若全數爲乘法則但升位可省一乘歷書中多言全數或但曰全以從省便今算例中直云半徑以欲明比例之理故質言之

補遺

正弦爲八線之主

割圜之法皆作句股于圜內。以先得正弦。故古人祗用正弦。亦無不足。今用割切諸線。而皆生于正弦。

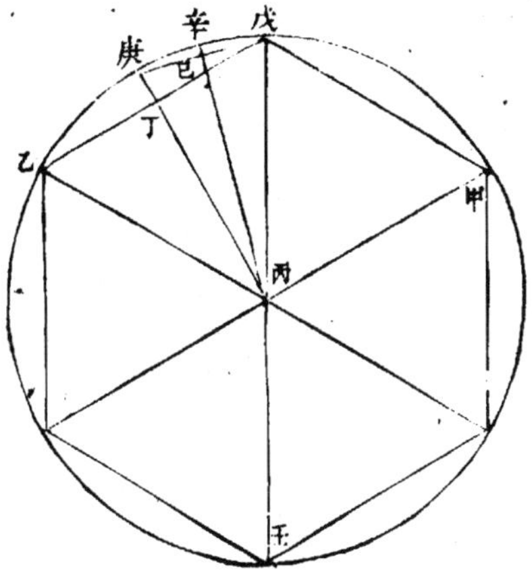

平圜徑二尺。即戊壬半之一尺。即戊丙庚丙等爲圜裏六弧之一面。即乙戊半徑戊丙爲弦。半面戊丁爲句。句弦求股。得股丁丙。轉減半徑庚丙得餘庚丁爲小句。半面戊丁又爲小股。句股求弦。得小弦戊庚。是爲割六弧成十二弧之一面。如是累析爲二十四弧。四十八弧至九十六弧以上。定爲徑一尺周三尺一寸四分有奇。

論曰九章算經載劉徽割圓術大略如此其以半徑爲六弧之一面與八線理合半徑恒爲一即全數半面爲股則正弦也

趙氏割圓圖

平方徑十寸其積百寸內作同徑之平圓平圓內又作平方正得外方之半其積五十寸平方開之得七寸七有奇即離震等四等面之通弦乃自四隅之旁增爲八角曲圓爲第一次即八等面通弦至第二次則爲曲十六即十六等面通弦第三次爲曲三十二每次加倍至十二次則爲曲一萬六千三百八十四于是方不復方漸變爲圓矣其法逐節以大小句股弦冪相求至十

二次所得小弦以一萬六千三百八十四乘之得三十一寸四分一釐五毫九絲二忽爲徑十寸之圜周與祖冲之徑一百一十三周三百五十五合

論曰元趙友欽革象新書所撰乾象周髀法大略如此所得周徑與西術同其逐節所求皆通弦所用小股皆正弦也

又論曰劉徽祖冲之以割六弧起數趙友欽以四角起數今西術作割圜八線以六宗率則兼用之可見理之至者先後一揆法之精者中西合轍西人謂古人但知徑一圍三未深攷也

又論曰中西割圜之法皆以句股法求通弦通弦半之爲正弦割圜諸率皆自此出總之爲句股之比例而已

鈍角正弦餘弦

鈍角不立正弦。即以外角之正弦爲正弦。亦即以外角之餘弦爲餘弦。

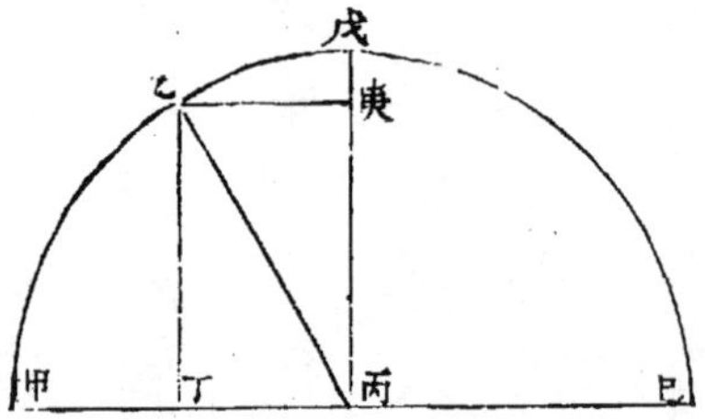

鈍角之正弦在形外。即外角之正弦也。故乙丙已鈍角。與乙丙甲外角同以乙丁爲正弦。以鈍角減半周。得外角。假如鈍角一百二十度。其所用者。即六十度之正弦。乙丁線能爲乙丙甲角正弦。又能爲乙丙已鈍角正弦。八線表止于象限以此。因鈍角與外角同正弦。故表雖一象限。而寔有半周之用。

又乙庚爲外角乙丙甲餘弦。即爲鈍角乙丙已餘弦。

捷法鈍角乙丙已內減去正角戊丙已得餘角。戊丙乙即得餘弦。

過弧大矢

鈍角之弧爲過弧。矢爲大矢。

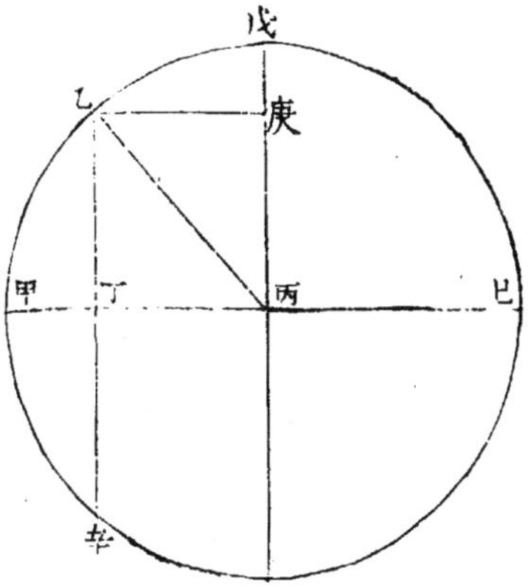

巳戊爲象限弧。而乙戊巳爲乙丙巳鈍角之弧。是越象限弧而過之也。故曰過弧。

以乙丁辛弦分全圜。卽全徑亦分爲二。則丁甲爲小半圜（辛乙甲）之徑。謂之正矢。丁巳爲大半圜（辛乙巳）之徑。謂之大矢。大矢者。鈍角所用也。鈍角與外角同用乙丁正弦。乙庚餘弦。所不同者惟矢。（乙丙巳角。用大矢丁巳。乙丙甲角。用正矢丁甲。）

捷法。以乙庚（卽丁丙）餘弦。加巳丙半徑。卽得（丁巳）大矢。（若以餘弦減半徑亦卽得正矢。）

正角以半徑全數爲正弦

八線起。○度一分。至八十九度五十九分。並有正弦。而九十度。無正弦。非無正弦也。蓋即以半徑全數爲其正弦。故凡算三角。有用半徑與正弦相爲比例者。皆正角也。其法與鋭角形鈍角形用兩正弦爲比例同理。並詳後卷。

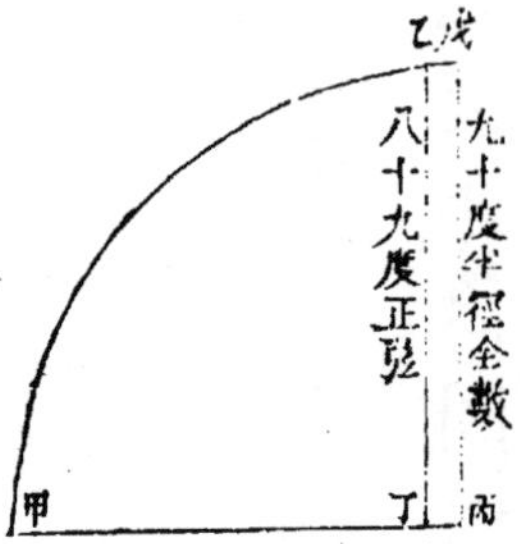

八十九度奇之正弦。至九九九九九而極。迨滿一象限始能成半徑全數。是故半徑全數者。正角九十度之正弦也。其數爲一○○○○○。

歷算叢書輯要卷二十

平三角舉要二

算例

凡三角形有三類。曰直角三邊形。即句股也。有正方角一。餘並銳。曰銳角形。三角並銳。曰鈍角形。三角內有鈍角一。餘並銳。

句股形第一術　有一角一邊。求餘角餘邊。

假如壬癸丁句股形。有丁角五十七度。壬丁弦九十一丈八尺。求餘邊餘角。

一求丁癸邊。

術曰。以半徑全數比丁角之餘弦。若壬丁弦與癸丁句。半徑。即丁乙。餘弦。即甲丁。以丁乙比甲丁。若壬丁比丁癸。

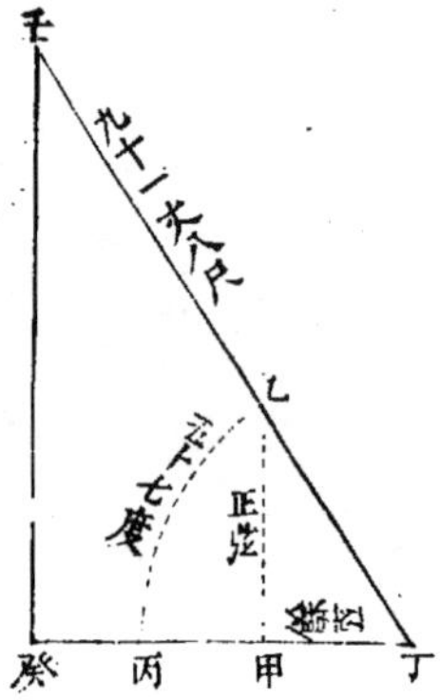

一率原設弦半徑　一〇〇〇〇〇

二率原設句丁角五十七度餘弦〇五四四六四八線表內五十七度相對之數。他倣此

三率今有弦壬丁邊　九十一丈八尺

四率今所求句癸丁邊　五十丈

一求壬癸邊以半徑比丁角之正弦。若壬丁弦與壬癸股。

一率原設弦半徑　一〇〇〇〇〇

二率原設股丁角五十七度正弦〇八三八六七

三率今有弦壬丁邊　九十一丈八尺

四率今所求股壬癸邊　七十七丈

一求壬角以丁角五十七度。減象限九十度。餘三十三度。爲壬角。

假如壬癸丁句股形有丁角六十二度。癸丁句二十四丈。求餘邊餘角。

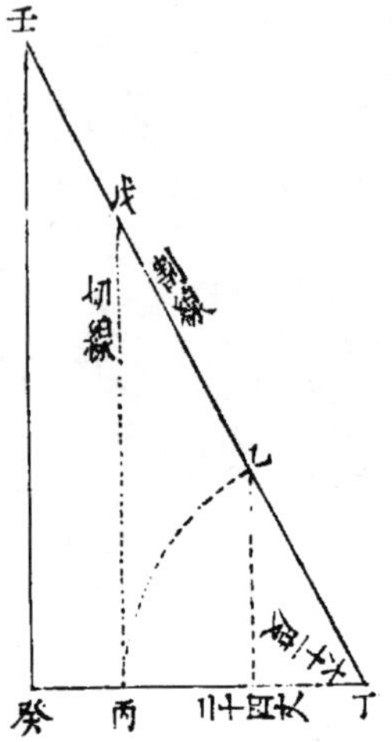

壬
戊
割線
切線
乙
癸
丙
丁

戊丙丁句股形。以戊丙切線爲股。丙丁半徑爲句。戊丁割線爲弦。是丁角原有之線。今壬癸丁句股形。旣同丁角。則其比例等。

一求壬丁邊。以半徑比丁角之割線。若癸丁句與壬丁弦。

一率句　原設半徑　一〇〇〇〇〇

二率弦　原設丁角六十二度割線　二一三〇〇五

三率句　今有癸丁邊　二十四丈

四率弦　所求壬丁邊　五十一丈一尺

一求壬癸邊以半徑比丁角之切線。若癸丁句與壬癸股。

一率句原設半徑　一〇〇〇〇〇

二率股原設丁角六十二度切線　一八八〇七三

三率句今有癸丁邊　二十四丈

四率股所求壬癸邊。　四十五丈一尺

一求壬角以丁角六十二度減象限餘二十八度卽壬角。

句股形第二術　有邊求角

假如壬癸丁句股形。有壬丁弦一百零二丈二尺。癸丁句四十八丈。求二角一邊。　一求丁角。

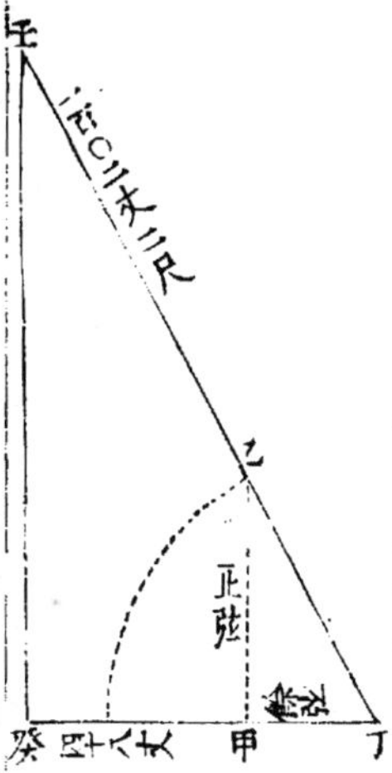

術爲以壬丁弦比癸丁句。若半徑乙丁與丁角之餘弦甲丁。

一率壬丁邊　一百〇二丈二尺
二率癸丁邊　〇四十八丈
三率半徑　一〇〇〇〇〇
四率丁角餘弦　〇四六九六六
以所得餘弦查八線表得六十二度爲丁角。後省曰檢表。
一求壬癸邊以半徑比丁角之正弦若壬丁弦與壬癸股。
一率半徑　一〇〇〇〇〇
二率丁角六十二度正弦　〇八八二九五
三率壬丁邊　一百〇二丈二尺
四率壬癸邊。　〇九十丈〇二尺三寸
一求壬角以丁角六十二度減象限餘二十八度爲壬角。

假如壬癸丁三角形有壬丁邊一百〇六丈。壬癸邊九十丈。癸丁邊五十六丈。求角。　一求癸角。

術以壬丁大邊與丁癸邊相加得一百六十二丈爲總。又相減得五十丈爲較。以較乘總得八千一百丈爲寔。以壬癸邊九十丈爲法除之。仍得九十丈。與壬癸邊數等。卽知癸角爲正方角。定爲句股形。

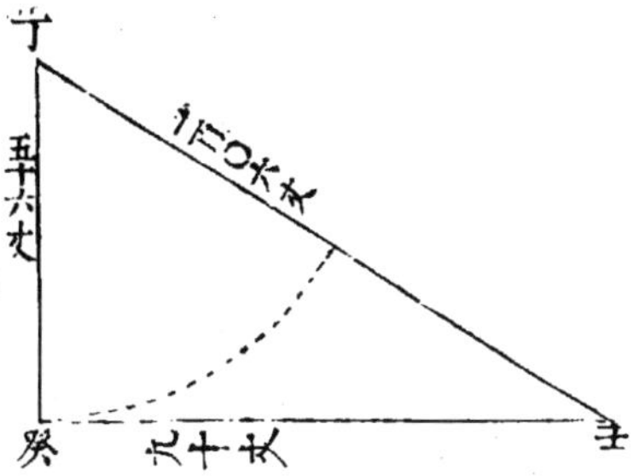

丁
一百〇六丈
五十六丈
癸
九十丈
壬

一求丁角。以丁癸邊比壬癸邊。若半徑與丁角之切線。

一率丁癸句　五十六丈　　三率半徑　一〇〇〇〇〇

二率壬癸股　九十丈　　四率丁角切線一六〇七一四

求得丁角五十八度〇六分　以所得切線檢表卽得。

一求壬角以丁角五十八度〇六分。減象限得壬角三十一度五十四分。

銳角形第一術　有兩角一邊。求餘角餘邊。

假如乙丙丁銳角形。有丙角六十度。丁角五十度。丙丁邊一百二十尺。

先求乙角。以丙角六十度丁角五十度併之得一百一十度。減半周一百八十度。得乙角七十度。

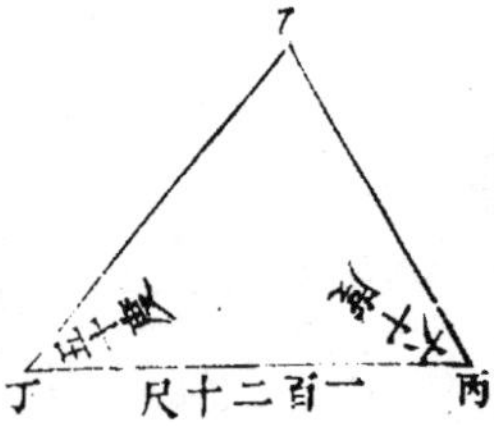

乙
六十度
五十度
丁　一百二十尺　丙

次求乙丁邊

術爲以乙角正弦比丙丁邊。若丙角正弦與乙丁邊。

一率乙角正弦九三九六九　三率丙角正弦八六六〇三

二率丙丁邊　一百二十尺　四率乙丁邊　一百一十尺〇六寸

次求乙丙邊以乙角正弦比丙丁邊若丁角正弦與乙丙邊。

一　乙角七十度　正弦　九三九六九

二　丙丁乙角對邊　一百二十尺

三　丁角五十度　正弦　七六六〇四

四　乙丙丁角對邊　〇九十七尺八寸

銳角形第二術　有一角兩邊求餘角餘邊。

假如甲乙丙銳角形有丙角六十度。甲丙邊八千尺。甲乙邊七千零三十四尺

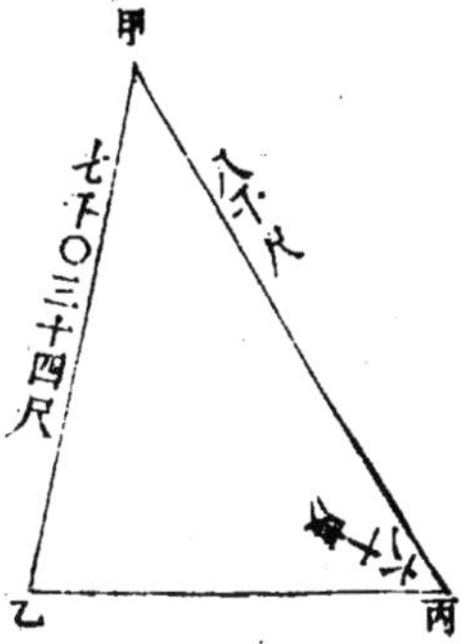

甲
乙
丙
七千〇三十四尺
八千尺
六十度

先求乙角

術爲以甲乙邊。比甲丙邊。若丙角正弦。與乙角正弦。

一　甲乙丙角對邊　七千〇三十四尺

二　甲丙乙角對邊　八千尺

三　丙角六十度　正弦　八六六〇三

四　乙角　正弦　九八四九六。

檢正弦表得乙角八十度〇三分。

次求甲角

以丙角乙角相併得一百四十度〇三分。以減半周餘三十九度五十七分爲甲角。

次求乙丙邊

術爲以乙角之正弦比甲角之正弦。若甲丙邊之與乙丙邊。

一　乙角八十度三分。　正弦　九八四九六

二　甲角三十九度五十七分　正弦　六四二一二

三　甲丙對乙角邊　八千尺

四　乙丙對甲角邊　五千二百一十五尺

假如甲乙丙銳角形。有甲丙邊四百尺。乙丙邊二百六十一尺八分。丙角六十度角在兩邊之中。不與邊對。求甲乙邊。

先求中長線。分爲兩句股形。

術爲以半徑比丙角正弦。若甲丙邊與甲丁中長線。

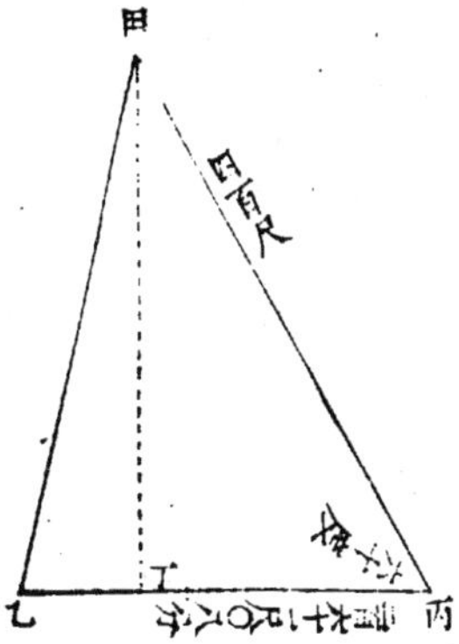

一　半徑　一〇〇〇〇〇
二　丙角六十度正弦　〇八六六〇三
三　甲丙邊　四百尺
四　甲丁中長線　三百四十六尺四寸一分

次求丙丁邊。即所分甲丁丙形之句。而甲丙爲之弦。以半徑比丙角餘弦。若甲丙邊與丙丁邊。

一　半徑　一〇〇〇〇〇
二　丙角六十度餘弦　〇五〇〇〇〇
三　甲丙邊　四百尺
四　丙丁邊　二百尺

次求乙丁邊。以丙丁減丙乙。餘六十一尺〇八分。爲乙丁。

次求丁甲乙分角。即分形甲丁乙句股之甲角。以甲丁中長線比乙丁分邊。若半徑與甲分角切線。

一　甲丁中長線　三百四十六尺四寸一分

二　乙丁分邊　○六十一尺○八分

三　半徑　一○○○○○

四　甲分角切線。○一七六三三檢表得甲分角一十度。

末求甲乙邊。以半徑比甲分角割線。若甲丁與甲乙邊。

一　半徑　一○○○○○

二　甲分角十度割線　一○一五四三

三　甲丁中長線　三百四十六尺四寸一分

四　甲乙邊　三百五十一尺七寸五分

又術新增　用切線分外角

假如甲乙丙銳角形有甲丙邊四百尺。乙丙邊二百六十一尺○八分。丙角六十度

此即前例但徑求甲角

術以甲丙乙丙兩邊相併爲總相減爲較又以丙角六十度減半周得外角一百二十度。半之得半外角六十度。撿其切線依三率法求得半較角以減半外角得甲角

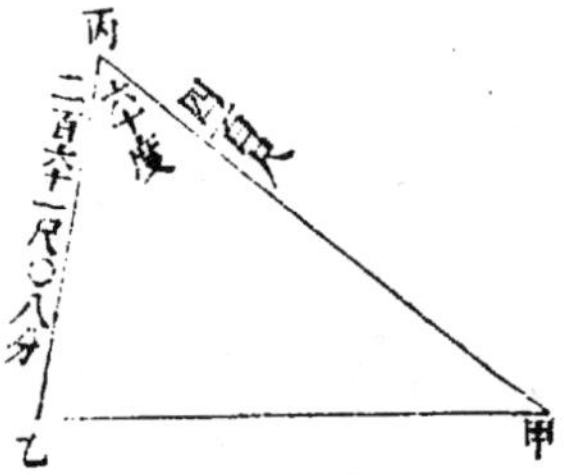

一	兩邊總	六百六十一尺○八分
二	兩邊較	一百三十八尺九寸二分
三	半外角切線	一七三二○五
四	半較角切線	○三六三九七

撿切線表得二十度為半較角。轉與半外角六十度相減

得甲角四十度。

次求乙角。併甲丙二角一百度。以減半周。得乙角八十度。

次求甲乙邊

一	甲角四十度	正弦	六四二七九
二	丙角六十度	正弦	八六六○三
三	乙丙邊		二百六十一尺○八分
四	甲乙邊		三百五十一尺七寸五分

銳角形第三術　有三邊求角

假如甲乙丙銳角形。有乙丙邊二十丈。甲丙邊一十七丈五尺八寸五分。乙甲邊一十三丈○五寸

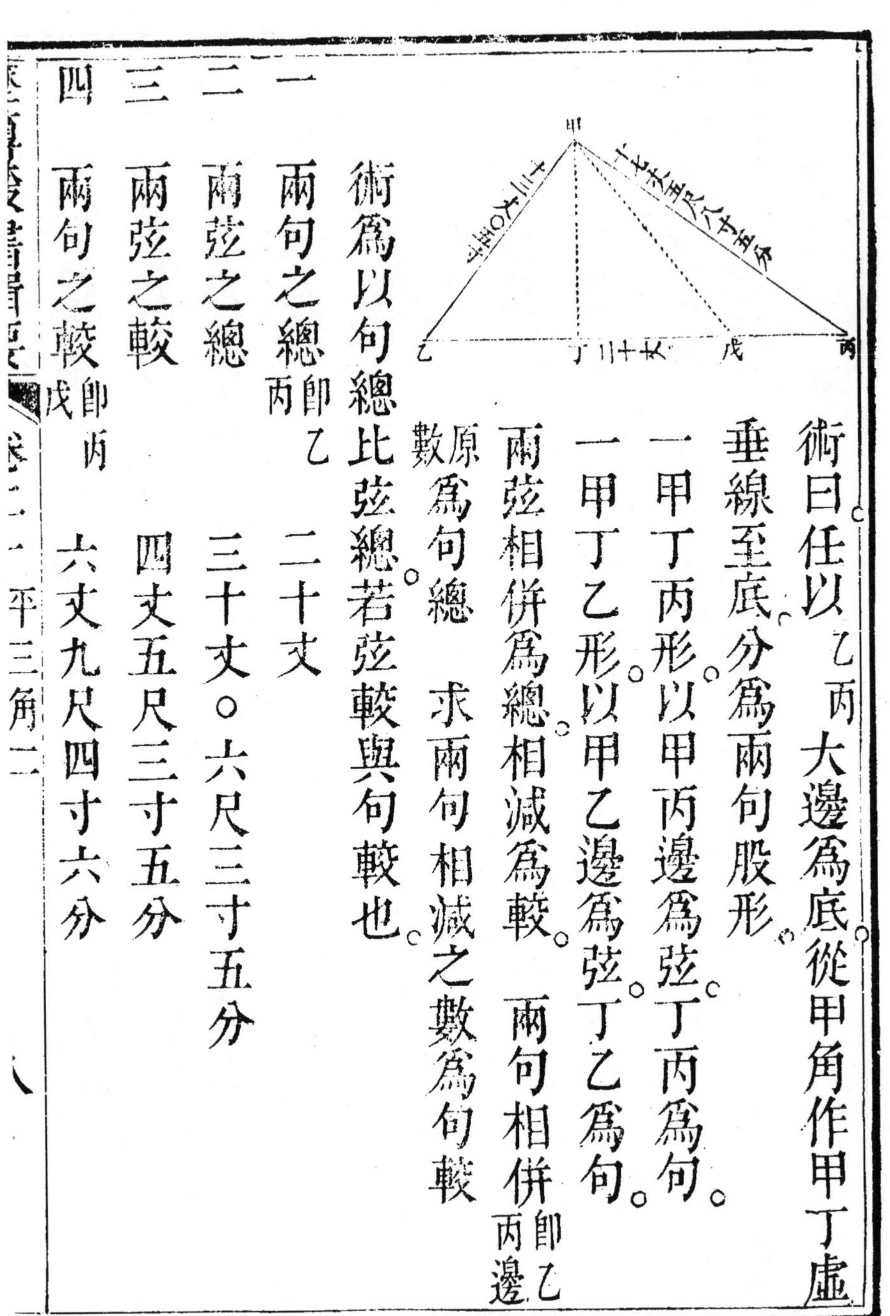

術曰：任以乙丙大邊爲底，從甲角作甲丁虛垂線至底，分爲兩句股形。

一甲丁丙形，以甲丙邊爲弦，丁丙爲句。

一甲丁乙形，以甲乙邊爲弦，丁乙爲句。

兩弦相併爲總，相減爲較。兩句相併即乙丙邊原數爲句總。求兩句相減之數爲句較。

術爲以句總比弦總，若弦較與句較也。

一　兩句之總即乙丙　二十丈

二　兩弦之總　三十丈〇六尺三寸五分

三　兩弦之較　四丈五尺三寸五分

四　兩句之較即丙戊　六丈九尺四寸六分

求分形之兩句

以句較六丈九尺四寸六分減句總二十丈即乙丙餘乙戊一十三丈五寸四分半之得丁乙丁即戊六丈五尺二寸七分爲甲丁乙分形之句

又以戊丁六丈五尺二寸七分加句較六丈九尺四寸六分即戊丙得丁丙一十三丈四尺七寸三分爲甲丁丙分形之句

求丙角以甲丙弦比丁丙句若半徑與丙角之餘弦

一　甲丙邊　一十七丈五尺八寸五分

二　丁丙分邊　一十三丈四尺七寸三分

三　半徑　一〇〇〇〇〇

四　丙角餘弦　〇七六六一六

撿餘弦表得丙角四十度

求甲角

術先求分形大半之甲角。以丙角四十度。減象限。餘五十度。爲丁甲丙分形之甲角。

次求分形小半之甲角。以甲乙弦。比丁乙句。若半徑與分形甲角之正弦。

一　甲乙邊　一十三丈○五寸

二　丁乙分邊　○六丈五尺二寸七分

三　半徑　一○○○○○

四　甲分角正弦。　○五○○一五

撿正弦表得三十度。爲丁甲乙分形之甲角。

末併分形兩甲角。先得五十度。後得三十度。得甲全角八十度。

求乙角併丙甲二角。一百二十度以減半周得乙角六十度。

鈍角形第一術　有兩角一邊求餘角餘邊。

假如乙丙丁鈍角形有丙角三十六度半乙角二十四度。丁乙邊五十四丈。

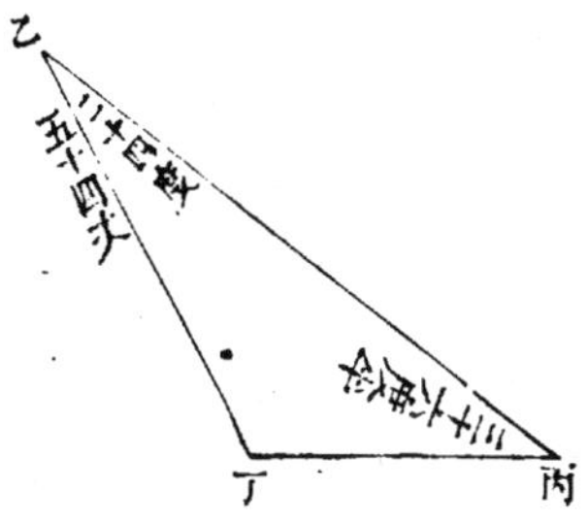

先求丁角

術以丙乙二角併之。共六十度半。以減半周。得餘一百一十九度半。為丁鈍角。

次求乙丙邊。以丙角正弦。比丁角正弦。若乙丁邊與乙丙邊。

一　丙角三十六度二十分正弦　五九四八二

二　丁角一百十九度三十分正弦　八七〇三六

三　乙丁邊　五十四丈

四　乙丙邊　七十九丈〇一寸

右所用丁角正弦，即六十度半正弦。以鈍角度減半周用之。凡鈍角並同。

求丁丙邊。以丙邊正弦比乙角正弦。若乙丁邊與丁丙邊。

一　丙角三十六度二十分正弦　五九四八二

二　乙角二十四度正弦　四〇六七四

三　乙丁邊　五十四丈

四　丁丙邊　三十六丈九尺二寸

鈍角形第二術　有一角兩邊。求餘角餘邊。

假如甲乙丙鈍角形。有乙角九十九度五十七分。甲丙對邊四千尺。甲乙邊三千五百一十七尺。

求丙角

術爲以甲丙對邊。比甲乙邊。若乙角正弦。與丙角正弦。

一	甲丙邊	四千尺
二	甲乙邊	三千五百一十七尺
三	乙角九十九度五十七分正弦	九八四九六即八十度三分正弦
四	丙角正弦	八六六〇三

撿表得丙角六十度

求甲角

併乙丙二角。共一百五十九度五十七分。以減半周得餘二十度。三分爲甲角。

求乙丙邊。以乙角之正弦。比甲角之正弦。若甲丙對邊。與乙丙邊。

一　乙角九十九度五十七分　正弦　九八四六九

二　甲角二十度零三分　正弦　三四二八四

三　甲丙邊　四千尺

四　乙丙邊　一千三百九十二尺

假如乙丁丙鈍角形。有乙丁邊一千零八十尺。乙丙邊一千五百八十二尺。乙角二十四度。

角在兩邊之中。不與邊對。

從不知之丙角作虛垂線于形外。如丙戊。亦引乙丁線于形外。如丁戊。兩虛線遇于戊。成正方角。乃求丙戊垂線。以半徑比乙角正弦。若乙丙邊與丙戊。

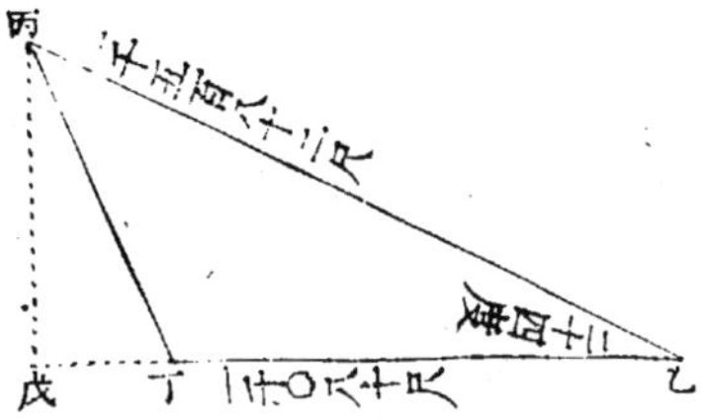

丙
一千五百八十二尺
二十四度
乙
丁
一千〇八十尺
戊

一	半徑	一〇〇〇〇〇
二	乙角二十四度正弦	〇四〇六七四
三	乙丙邊	一千五百八十二尺
四	丙戊邊即虛垂線	〇六百四十三尺

又以半徑比乙角之餘弦。若乙丙邊與乙戊。

一　半徑　一〇〇〇〇〇

二　乙角二十四度餘弦　〇九一三五五

三　乙丙邊　一千五百八十二尺

四　乙戊邊即乙丁引長線　一千四百四十五尺

以原邊乙丁一千八十尺。與引長乙戊邊相減。得丁戊三百六十五尺爲形外所作虛句股形之句。則先得丙戊垂線爲股。而原邊丁丙爲之弦。

求丁丙邊

依句股求弦術。以丙戊股自乘。四十一萬三千四百四十九尺丁戊句自乘。一十三萬三千二百二十五尺併之。得數五十四萬六千六百七十四尺爲實。平方開之。得弦七百三十九尺。爲丁丙邊。

求丙角以丁丙邊。比丁乙邊。若乙角正弦。與丙角正弦。

一　丁丙邊　○七百三十九尺

二　丁乙邊　一千○八十尺

三　乙角二十四度正弦　四○六七四

四　丙角　正弦　五九四四二

撿表得丙角三十六度二十九分。

求丁角

併乙丙二角共六十度二十九分以減半周得餘一百一十九度三十一分爲丁鈍角。

又術新增　用切線分外角。

假如乙丙丁鈍角形有丁乙邊五百四十尺丙乙邊七百九十一尺乙角二十四度　角在兩邊之中不與邊對。

求丙角

以丁乙丙乙兩邊相併爲總。相減爲較。又以乙角二十四度減半周得外角一百五十六度。半之得半外角七十八度。撿其切線得四七○四六三。乃求半較角切線。以邊總比邊較。若半外角切線。與半較角切線。

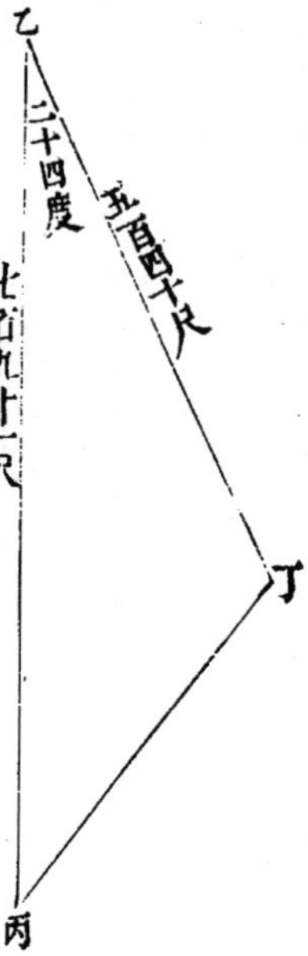

乙　二十四度　五百四十尺　七百九十一尺　丁　丙

一　兩邊之總　一千三百三十一尺

二　兩邊之較　○二百五十一尺

三　半外角切線　四七○四六三

四　半較角切線　○八八七一九

撿表得半較角四十一度三十五分。以轉減半外角七十八度得餘三十六度二十五分。為丙角。

求丁角

併乙丙二角。六十度二十五分。以減半周得一百一十九度三十五分。為丁鈍角。

求丁丙邊。以丙角正弦。比乙角正弦。若乙丁邊。與丁丙邊。

一　丙角　三十六度二十五分　正弦　五九三六五

二　乙角　二十四度　正弦　四〇六七四

三　乙丁邊　五百四十尺

四　丁丙邊　三百六十九尺九寸八分

鈍角形第三術　有三邊求角。新式

假如乙丙丁鈍角形。有乙丙邊三百七十五尺。乙丁邊六百。

七尺。丁丙邊三百尺。

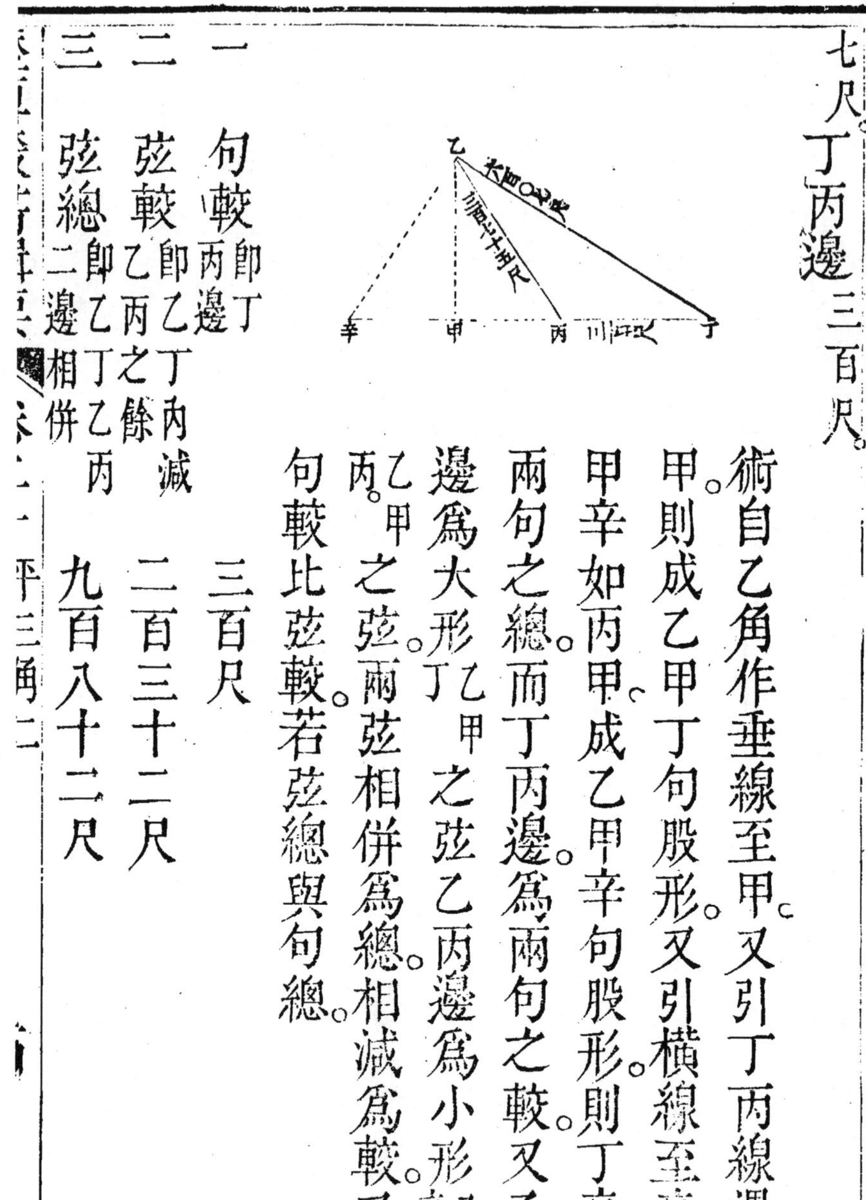

術自乙角作垂線至甲。又引丁丙線遇于甲。則成乙甲丁句股形。又引橫線至辛。使甲辛如丙甲。成乙甲辛句股形。則丁辛爲兩句之總。而丁丙邊。爲兩句之較。又乙丁邊爲大形。丁乙甲之弦。乙丙邊爲小形。辛乙甲卽丙乙甲之弦。兩弦相併爲總。相減爲較。乃以句較比弦較。若弦總與句總。

一　句較 卽丁丙邊　三百尺

二　弦較 卽乙丁內減乙丙之餘　二百三十二尺

三　弦總 卽乙丁乙丙二邊相併　九百八十二尺

四　句總　七百五十九尺四寸

以句較三百尺減所得句總。七百五十九尺四寸。餘數四百五十九尺四寸。半之。

得數二百二十九尺七寸。為小形之句甲丙。以甲丙小形之句。加丁丙較。

三百尺得數五百二十九尺七寸。為大形之句甲丁。

求丁角用乙甲丁大形以乙丁弦比丁甲句。若半徑與丁角之餘弦。

一　乙丁弦　六百〇七尺

二　甲丁句　五百二十九尺七寸

三　半徑　一〇〇〇〇〇

四　丁角餘弦　〇八七二六五

撿表得丁角二十九度一十四分。

求丙角。用乙甲丙小形。以甲丙句比乙丙弦。若半徑與丙角之割線。

一　甲丙句　　二百二十九尺七寸
二　乙丙弦　　三百七十五尺
三　半徑　　一〇〇〇〇〇
四　丙角割線　一六三二五六
撿表得丙角五十二度一十四分爲本形之丙外角以減
半周得丙鈍角一百二十七度四十六分
求乙角
併丁丙二角所得度分共一百五十七度以減半周得餘二十
三度爲乙角

歷算叢書輯要卷二十一

平三角舉要三

內容外切

三角測量之用，在邊與角，而其內容外切，亦所當明，故次于算例之後。

三角求積第一術

假如句股形，甲乙股一百二十尺，乙丙句三十五尺，求積。

術以甲乙股乙丙句相乘，四千二百尺。折半得積。

如圖甲乙股與乙丙句相乘，成甲乙丙丁長方形，其形半實半虛，故折半見積。

或以句折半十七尺半乘股，亦得積二千一百尺。

如圖乙丙句折半于戊，以乙戊乘甲乙，成甲乙戊丁形，是移丙戊己補甲丁己也。

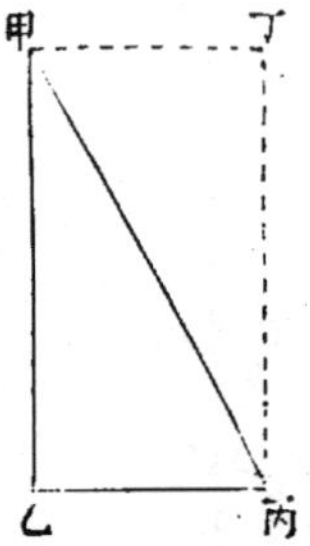

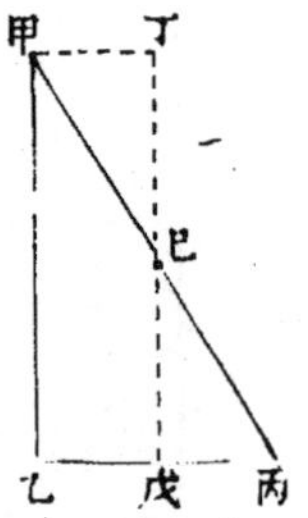

或以股折半。六十尺乘句。亦得積。二千一百尺。

如圖。甲乙股折半于己。以己乙乘乙丙。成己乙丙丁形。是移甲己戊補戊丁丙也。

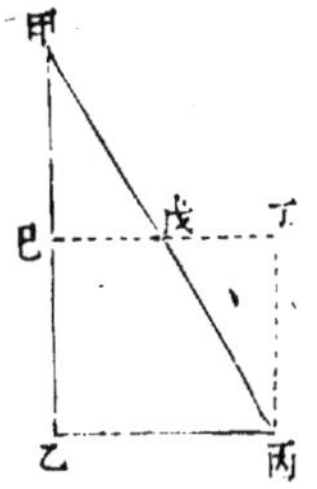

右句股形。以句爲底。以股爲高。若以股爲底。則句又爲高。可以互用也。

又句股形。有立有平。平地句股。以句爲闊。以股爲長。其理無二。

論曰。凡求平積。皆謂之冪。其形如網目。又似窻櫺之空。皆以横直相交。如十字。亦如機杼之有經緯而成布帛。故句股是其正法。何也。句股者。方形斜剖之半也。折半則成正剖之半方形矣。其他鋭角鈍角。或有直無横。有横無直。必以法求之。使成句股。然後可算。故句股者。三角法所依以立也。

假如銳角形甲乙邊二百三十二尺。甲丙邊三百四十尺。乙丙邊四百六十八尺。求積。

術先求垂線。用銳角第三術。任以乙丙邊爲底。以甲丙甲乙爲兩弦。兩弦之較數一百零八尺。總數五百七十二尺。相乘六萬一千七百七十六尺。爲實。以乙丙底爲法。除之得數一百三十二尺。轉減乙丙餘數三百三十六尺。半之。得乙丁一百六十八尺。依句股法。以乙丁自乘二萬八千二百二十四尺。與甲乙自乘五萬三千八百二十四尺。相減餘數二萬五千六百尺。平方開之。得甲丁垂線一百六十尺。以甲丁垂線折半乘乙丙底得積。

凡求得銳角形積三萬七千四百四十尺。

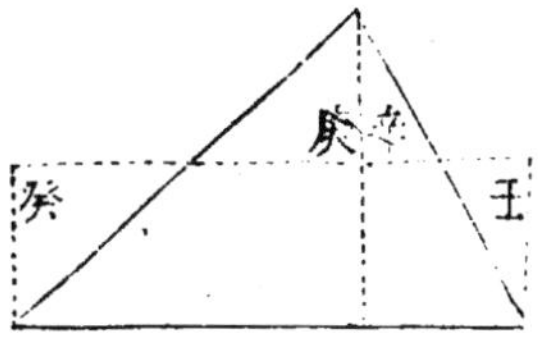

如圖移辛補壬移庚補癸則成長方形即垂線折半乘底之積

右鈍角形任以乙丙邊爲底取垂線求積若改用甲乙或甲丙邊爲底則所得垂線不同而得積無異故可以任用爲底

假如鈍角形甲乙邊五十八步甲丙邊八十五步乙丙邊三十三步求積

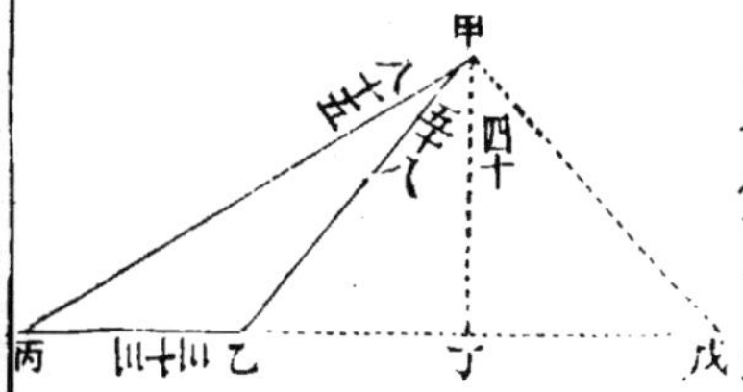

術求垂線立于形外用鈍角第三術以乙丙爲底甲乙甲丙爲兩弦總數一百四十三步較數二十七步相乘三千八百六十一步爲實乙丙底爲法除之得數一百一十七步內減乙丙餘數八十四步折半四十二步爲乙丁即乙丙引長邊依句股法乙丁自乘一千七百六十四步甲乙自乘三千三百六十四步相減

餘數一千六百步。平方開之得甲丁四十步。為形外垂線以乙丙底折半十六步半乘之得積。

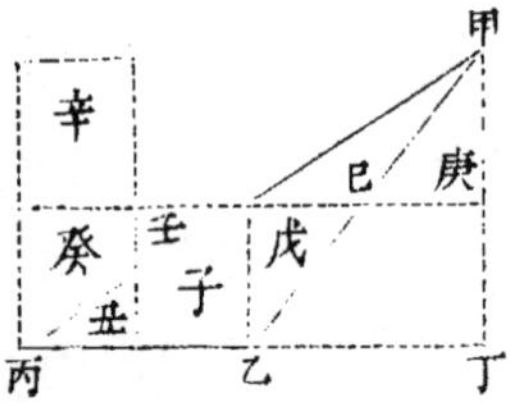

凡求得鈍角形積六百六十步。

如圖甲乙丙鈍角形移戊補庚移庚己補壬癸。

又移壬子補辛戌辛癸丑長方即乙丙底折半

乘中長甲丁之積。

右鈍角形以乙丙為底故從甲角作垂線若以甲乙為底則自丙角作垂線亦立形外而垂線不同然以之求積並同若以甲丙為底從乙角作垂線則在形內如銳角矣其垂線必又不同而其得積無有不同故亦可任用一邊為底

凡用垂線之高乘底見積必其線上指天頂底線之橫下應地

平兩線相交正如十字故其所乘之冪積皆成小平方可以虛實相補而求其積數鈍角形引長底線以作垂線立于形外則兩線相遇亦成十字正方之角矣

總論曰三角形作垂線于內則分兩句股鈍角形作垂線于外則補成句股皆句股法也

三角求積第二術　以中垂線乘半周得積謂之以量代算

假如鈍角形乙丙邊五十八步甲乙邊一百一十七步甲丙邊八十五步求積

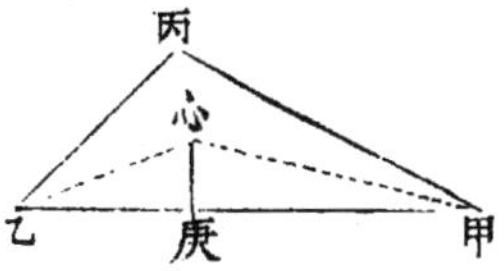

術平分甲乙兩角各作線會于心從心作十字垂線至乙甲邊庚如心庚即中垂線也乃量取中垂線心庚得數一十八步合計三邊而半之一百三十步為半周以半周乘中垂線得積

凡求得鈍角形積二千三百四十步

又術如前取中垂心庚爲闊半周爲長如乙癸及丁壬别作一長方形如乙壬丁癸即與甲乙丙鈍角形等積

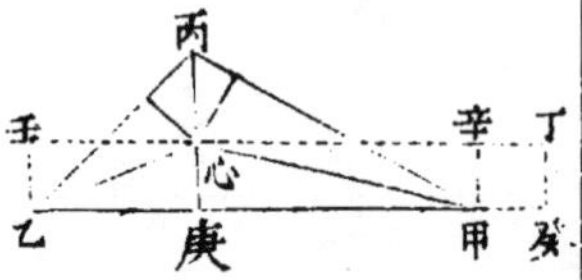

解曰凡自形心作垂線至各邊皆等故中垂線乘半周爲一切有法之形所公用方員及五等面六等面至十等面以上並同故以中垂線爲闊半周爲長其所作長方形即與三角形等積

又解曰中垂線至邊皆十字正方角即分各邊成句股形以乘半周得積即句股相乘折半之理

附分角術

假如有甲角欲平分之

術以甲角爲心。作虛半規。截角旁兩線。得辛壬二點。乃自辛自壬。各用爲心。作弧線相遇于癸。作癸甲線。卽分此角爲兩平分。

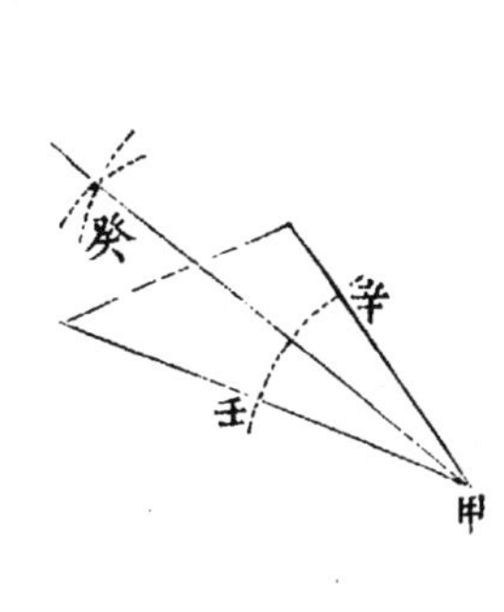

三角求心術

如上分角術。于甲角平分之。于乙角又平分之。兩平分之線。必相遇成一點。此一點卽三角形之心。

解曰。試再于丙角如上法分之。則亦必相遇于原點。

三角求積第三術　以三較連乘。又乘半總。開方見積。

假如鈍角形甲乙邊一百一十六尺甲丙邊一百七十尺乙丙邊二百三十四尺求積。

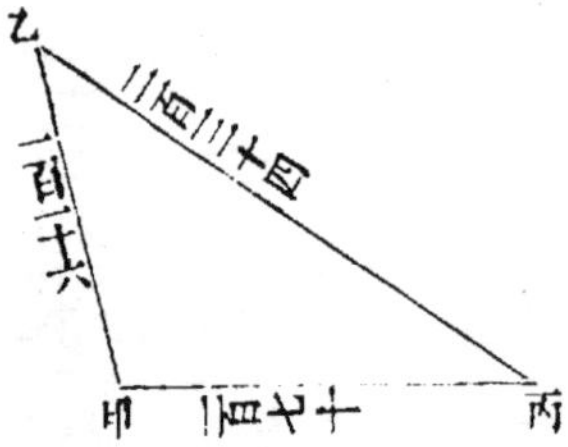

乙　甲　丙
一百一十六
二百三十四
一百七十

術合計三邊而半之二百六十尺為半總以與甲乙邊相減得較一百四十四尺與甲丙邊相減得較九十尺與乙丙邊相減得較二十六尺三較連乘以兩較相乘得數又以餘一較乘之也得數三十三萬六千九百六十尺又以半總乘之得數八千七百六十萬零九千六百尺平方開之得積。

凡求得鈍角形積九千三百六十尺。若係鋭角同法。

解曰此亦中垂線乘半周之理但所得為冪乘冪之數故開方見積詳或問。

三角容員第一術　以弦與句股求容員徑此術惟句股形有之凡句股相併爲和以和與弦併爲弦和和以和與弦相減爲弦和較

假如　甲乙丙句股形甲丙句二十步乙甲股二十一步乙丙弦二十九步求容員徑。

術以句股和四十一步與弦相減得數爲容員徑。此以弦和較爲容員徑

凡求得內容員徑一十二步。

如圖從容員心作半徑至邊又作分角線至角成六小句股形則各角旁之兩線相等。如丙戊丙庚兩線在丙角旁則相等乙庚乙巳在乙角旁甲戊甲巳在甲角旁並兩線相等

其在正方角旁者。甲戊甲巳乃弦和較也。于乙丙弦內分丙庚以對丙戊又分乙庚以對乙巳則其餘爲甲戊及甲巳此即句股和與乙丙弦相較之數也。然即爲內容圓徑何也各角旁

兩線並自相等而正方角旁之兩線又皆與容員半徑等。正方角旁兩小形之角。皆平分方角之半。則句股自相等。而甲戊等心戊。甲已等心已。然則弦和較者正方角旁兩線甲戊甲已之合即容員兩半徑心戊心已之合也。故弦和較即容員徑也。

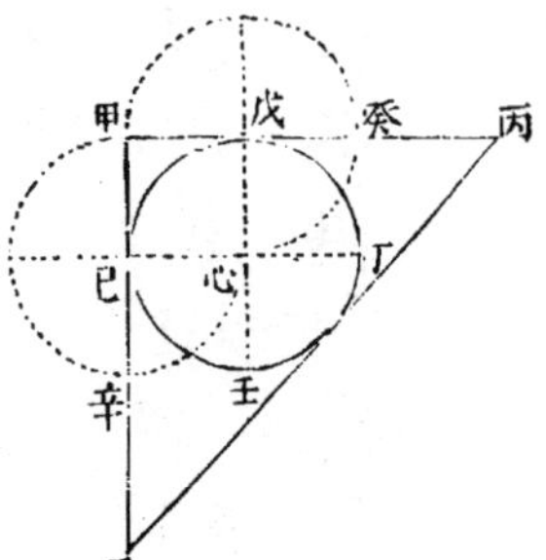

試以甲戊為半徑作員則戊心亦半徑。而其全徑癸戊甲。與容員徑丁心已。等。以甲已為半徑作員則已心亦半徑而其全徑辛已甲。與容員徑戊心壬。亦等。

三角容員第二術

以周與積求容員徑。

假如甲乙丙句股形。甲丙句。一十六步。甲乙股。三十步。乙丙弦。三十四步。求容員徑。

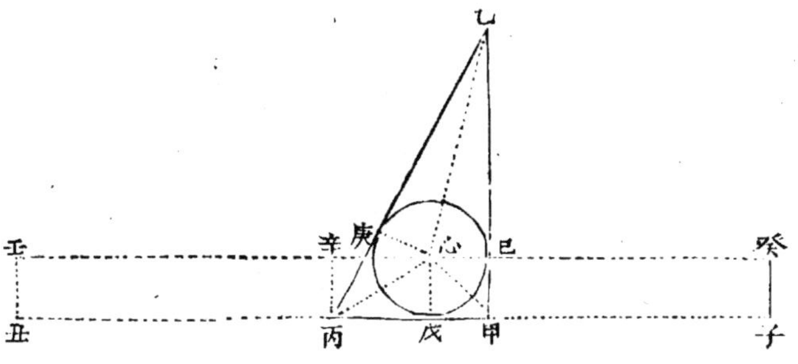

術以句股相乘得數四百八十步爲實併句股弦數共八十步爲法除之得數倍之爲容員徑此以弦和和除句股倍積得容員半徑

凡求得容員徑一十二步

如圖從容員心作對角線分其形爲三一甲心丙一甲心乙一丙心乙乃于甲丙句線兩端各引長之截子甲如乙甲股截丙丑如丙乙弦則子丑線即弦和和也乃自員心作癸壬直線與丑子平行兩端各聯之成長方又作辛丙線分爲三長方形其闊並如員半徑其長各如句如股如弦而各爲所分三小形之倍積甲辛長方如甲丙句之長而以心戊半徑爲闊即爲甲心丙分形之倍甲癸長方如乙甲股之長而以同

心己之半徑爲闊。卽爲乙心甲形之倍。丙壬長方。如丙乙合之弦之長。而以同心庚之半徑爲闊。卽爲乙心丙形之倍。卽爲本形倍積。與句股相乘同也。句股相乘爲倍積。見求積條。故以弦和和除句股相乘積。得容員半徑。

假如甲乙丙句股形。甲丙句。八十八尺。甲乙股。一百零五尺。乙丙弦。一百三十七尺。求容員徑

術以句股相乘而半之。得積。四千六百二十尺。爲實。併句股弦數而半之。一百六十五尺。爲法。除之。得數。倍之。爲容員徑。此以半闊除句股積得容員半徑。

凡求得內容員徑五十六尺。

如圖。從容員心分本形爲六小句股。則同角之句股各相等。可以合之而各成小方形。同甲角之兩句股。成丁己小方形。同丙角之兩句股。可合之成丁辛長方形。以心辛丙形。等丙戊心也。同乙角

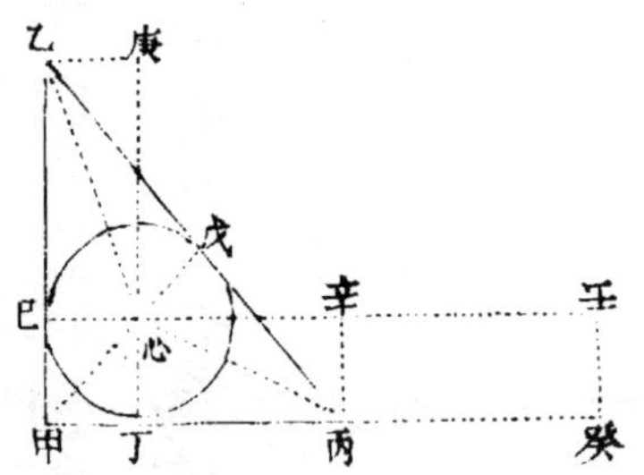

之兩句股。可合之成已庚長方形。以乙庚心形。等心戊乙也。乃移已庚長方爲辛癸長方。則癸甲即同半周。而癸已大長方。即爲半周乘半徑。而與句股積等也。六小形之句皆原形之周。變爲長方。則兩兩相得。而各用其半。是半周也。癸甲及壬已之長。並半周。壬癸及已甲辛丙之間。並同心丁。是半周乘半徑也。辛癸長方。與已庚等積。即與乙角旁兩句股等積。又丁辛長方。與丙角旁兩句股等積。再加丁已形。即與原設乙甲丙句股形等積矣。然則以句股相乘而半之者。句股形積也。故以半周除之。即容員半徑矣。

或以弦和和除四倍積。得容員全徑。並同前論。

論曰。句股形古法。以弦和較爲容員徑。與弦和和互相乘除。乃至精之理。測員海鏡引伸其例。以爲測望之用。其變甚多。三角容員。蓋從此出。

假如甲乙丙銳角形。乙丙邊。五十六尺。甲丙邊。七十五尺。甲乙邊。六十一尺。求容員徑。

術以乙丙邊爲底。求得甲丁中長線。（六十尺。其法見求積。）以乘底。得數（三千三百六十尺。）倍之（六千七百二十尺。）爲實。合計三邊（共一百九十二尺。）爲法除之得容員徑。（此以全周除四倍積得容員徑。）若鈍角形亦同上法。

或以全周除倍積得容員半徑。

或以半周除積得容員半徑並同。

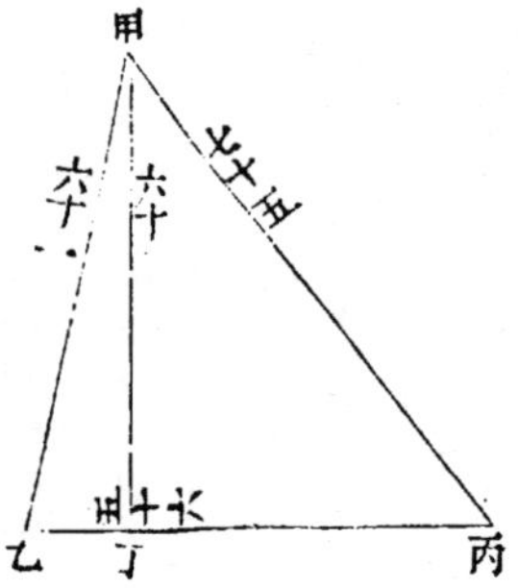

凡求得內容員徑三十五尺。

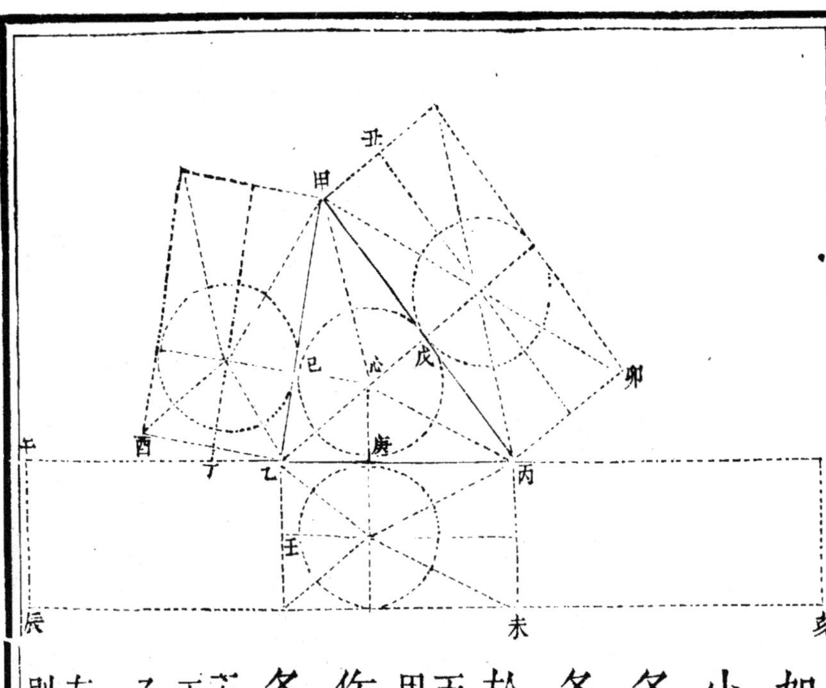

如圖。自容員心作對角線。分爲小三角形三。各以員半徑爲高。各邊爲底。若於各邊作長方而各以邊爲長。半徑爲闊。必倍大於各小三角形。如壬丙長方。倍大于丙心乙形。丙丑長方。倍大于丙心甲形。又甲丁長方。倍大于甲心乙形。作加一倍之長方。則四倍大於各小三角。如未乙長方。倍大于丙壬長方。必四倍于丙心乙三角。則卯甲亦四倍于丙心甲。而甲酉亦四倍于甲心乙。於是而通爲一大長方。移卯甲長方爲亥丙。移甲酉爲乙辰。則成亥午大長方形矣。必四倍原形之冪而以三邊合數爲長以容員之徑爲闊然則以中長線乘底而倍之者正爲積之四倍也以三邊除之豈不卽得員徑乎。

論曰銳角鈍角並以周爲法此與句股形用弦和和同但必先求中長線耳。

三角容員第三術　以中垂線爲員半徑曰以量代算。

假如甲乙丙三角形求容員徑。既不用算故不言邊角之數。

如求積術均分甲乙二角之度各作虛線交于己。

卽己爲容員之心。

次以己爲心儘一邊爲界運規作員此員界必切三邊。

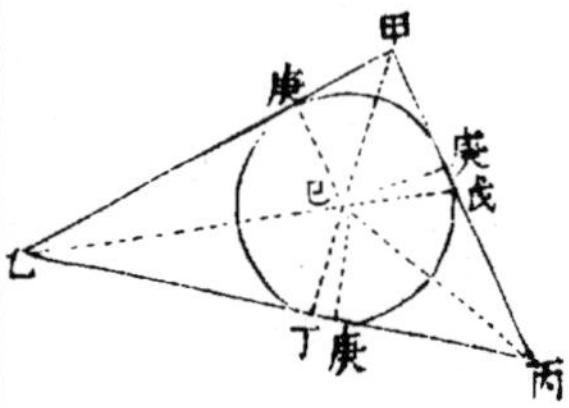

於是從已心向三邊各作十字垂線。必俱在切員之點。而等爲員半徑。知半徑。知全徑矣。半徑各如已庚線。

論曰。此容員心。卽三角形之心。故以容員半徑乘半總卽得積也。

又案此術亦句股及銳鈍兩角通用。

三角容員第四術　用三較連乘。

假如甲乙丙鈍角形。乙丙邊四百三十二尺。甲丙邊五百尺。甲乙邊一百四十八尺。求容員徑。

術以半總五百四十尺。求得乙丙邊較一百八尺。甲丙邊較四十尺。乙甲邊較三百九十二尺。三較連乘得數一百六十九萬三千四百四十尺。以半總除之得數三千一百三十六尺。四因之。一萬二千五百四十四尺。爲實平方開之得容員徑。

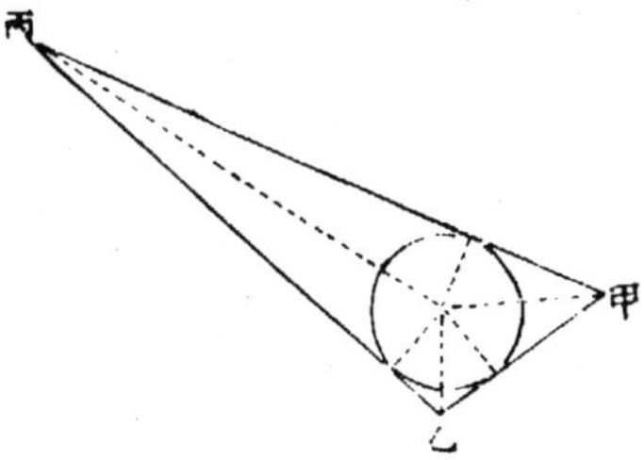

凡求得内容員徑一百一十二尺。鋭角同法。

解曰。此所得者。爲容員徑上之自乘方冪。故開方得徑。

三角容方第一術

假如甲乙丙句股形。甲丙股。三十六尺。乙丙句。一十八尺。求容方。依正方角而以容方之一徑切于弦。

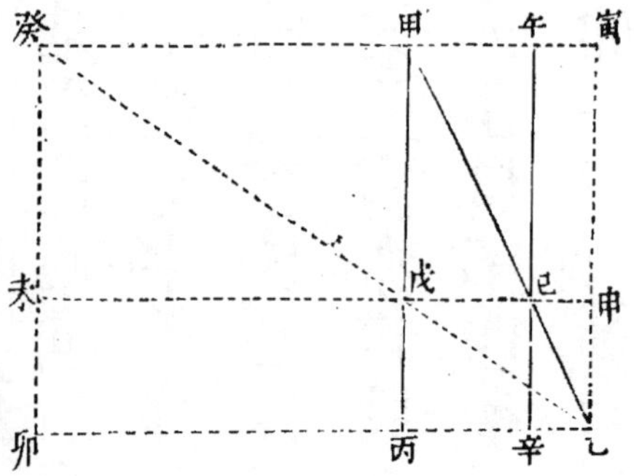

術以句股相乘。得數六百四十八尺爲實。以句股和五十四尺爲法。除之。得所求。

求到内容方徑一十二尺。

如圖。作寅乙線與股平行。作寅甲線與句平行。成寅丙長方。爲句股形倍積。

次引寅甲線横出。截之于癸。引乙丙句横

出截之于卯。使引出兩線（甲癸、丙卯）及皆如甲丙股。仍作卯癸線聯之。乃從癸作斜線至乙。割甲丙股于戊。則戊丙為所求容方之邊。又從戊作申未横線。與上下兩線平行。割甲乙弦于巳。則巳戊為所求容方之又一邊。末從巳作午辛立線。割丙乙句于辛。則巳辛及辛丙又為兩對邊。而四邊相等。為句股形内所容之方。

解曰。寅卯大長方。以癸乙斜線分兩句股。則相等。而寅戊與戊卯兩長方等。則寅丙長方與申卯長方亦等。（寅丙内。減寅戊而加相等之戊卯。即戌申卯。）夫寅丙者。句股倍積。而申卯者。句股和乘容方徑也。（乙丙句。丙卯股。合之為申卯形之長。申乙及未卯。並同方徑為闊。）故以句股和除倍積。得容方徑。

又解曰。寅丙長方。分兩句股而等。則寅戊與午丙兩長方等。（寅巳與己丙既等。則于寅戊丙減寅〔己丙加相等之己丙。即成午丙。〕而寅戊原等戊卯。則午丙亦與戊卯等。夫午丙形之丙甲與戊卯形之丙卯。皆股也。則兩形等積。又等邊矣。其長等。其闊亦等。〔甲丙與丙卯既等。則辛丙與戊丙亦等。〕而對邊悉等。即成正方形。

論曰。此以句爲底。股爲高也。若以股爲底。句爲高。所得亦同。其容方依正方角。乃古法也。三角以底闊合中長除積。蓋生于此。

假如〔甲乙丙〕句股形。乙丙弦二十八尺。其積一百六十八尺。求容方依弦線。而以容方之兩角切于句股。

術以弦除倍積〔三百三十六尺〕得對角線〔一十二尺〕與弦相併〔四十尺〕爲法。倍積爲實。法除實。得所求。

求到容方徑。八尺四寸。

如圖。作寅丑線與乙丙弦平行。又作寅丙及丑乙與甲丁對角線平行。成丑丙長方。爲句股倍積。次引乙丙弦至卯。引寅丑線至癸。使癸丑及卯乙。並同甲丁。仍作癸卯線聯之。次從癸向丙作斜線。割丑乙線于子。遂從子作申未線。與乙丙弦平行。割甲乙股于庚。割甲丙句于巳。則庚巳爲容方之一邊。末從庚作辰壬線。從巳作午辛線。並與甲丁平行。而割乙丙弦于壬於辛。則辛壬及庚壬及巳辛三線。並與庚巳等。而成正方。

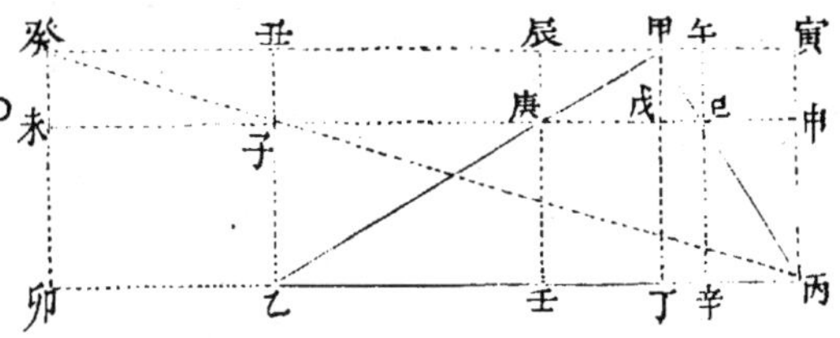

解曰。寅子長方。與子卯長方等積。癸丙線分寅卯形爲兩句股而等。則兩句股內所作之方必等。午壬長方。又與寅子等。寅丁形以甲丙線分爲兩句股。則寅巳與巳丁等。又丑丁形以甲乙線分爲兩句股。則丑庚與丁庚等。若移寅巳作巳丁。移丑庚作丁庚。則午丁等寅戊。而辰丁等丑戊。合之而午壬等寅子。則午壬亦與子卯等。而午壬之邊午辛及辰壬。子卯之邊卯乙及未子。並等。甲丁對角線。則兩形午壬子卯。等積又等邊矣。其長等。其闊亦等。辰壬既等卯乙。則辛壬亦等子乙。而庚壬及巳辛。亦不得不等。故四線必俱等也。

又解曰。寅子既與子卯等。則寅乙必與申卯等。于寅乙丙。移寅子居子卯之位。即戌申卯。而寅乙者。倍積也。申卯者。底偕中長乘容方徑也。乙丙。弦也。卯乙。即甲丁對角中長線也。合之爲丙卯之長。其兩端之闊申丙及未卯。並同方徑。故合弦與對角線爲法。以除倍積。得容方徑。

論曰。此以一邊爲底。中長線爲高也。既以一邊爲底。其容方卽依此。一邊而以兩方角切餘二邊也。句股形。故以弦爲底。若銳角形。則任以一邊爲底。但依大邊則容方轉小。亦如句股形依方角之容方必大于依弦線之容方也。鈍角形但可以大邊爲底。其求之則皆一法也。

三角容方第二術 以圖算。

假如鋭角形求容方。任以一邊爲底。

如圖。以乙丙最小邊爲底。先從對角甲作中長垂線至丁。又從乙角作丑乙立線。與甲丁平行而等。乃從甲角作横線過丑至癸。截丑癸亦如甲丁。乃從癸向丙角作斜線。割丑乙立線于子。末以子乙之度截中長線甲丁垂線于戊。即戊丁爲容方之徑。從戊作己庚。又從己作線至辛。從庚作線至壬。成庚己辛壬。即所求容方。

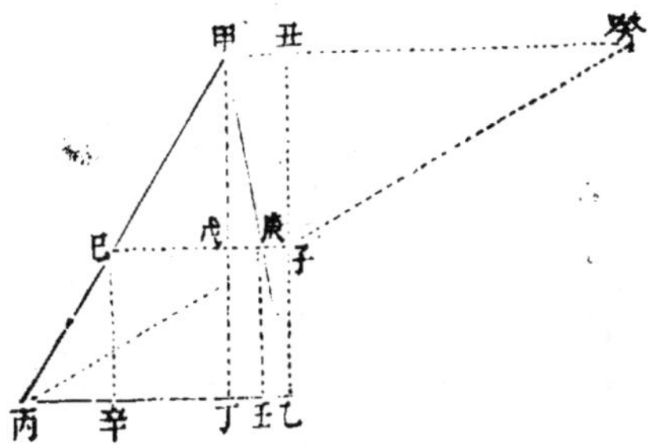

解曰。甲戊與戊丁。若甲丁與乙丙。子丑癸句股。與子乙丙形有子交角必相似。則丑子句與子乙句。若丑癸股與乙丙股。而丑子原與甲戊等。子乙與戊丁等。丑癸與甲丁等。則甲戊與戊丁。亦若甲丁與乙丙。又甲戊與已庚。若甲丁與乙丙。甲已庚三角。為甲丙乙之截形。必相似。則甲戊與已庚。若甲丁與乙丙。合兩比例觀之。則甲戊與戊丁。若甲戊與已庚。而已庚即戊丁。

以次大邊為底

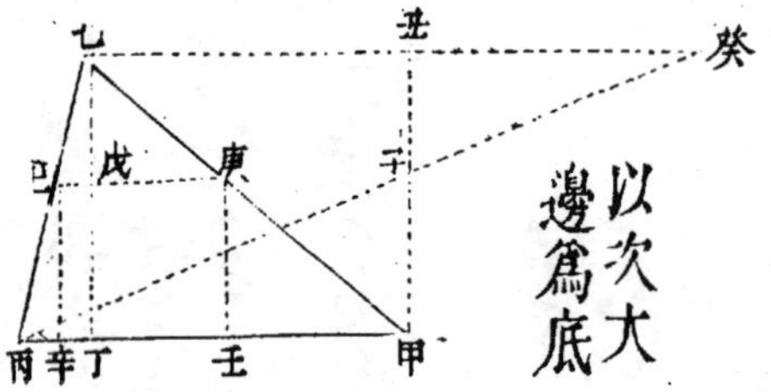

以大邊為底

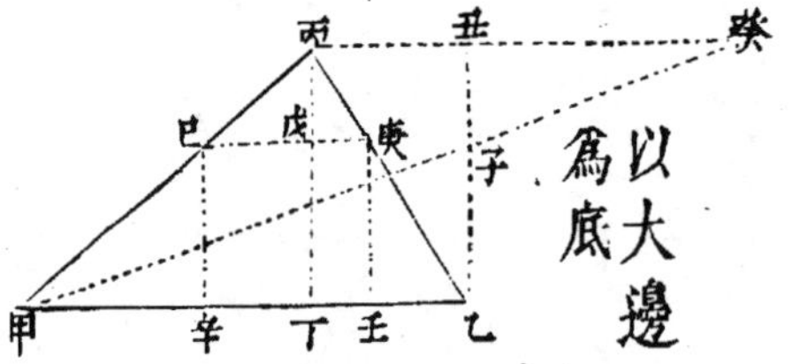

以上並銳角形。

凡銳角三邊並可為底。

而皆一法。

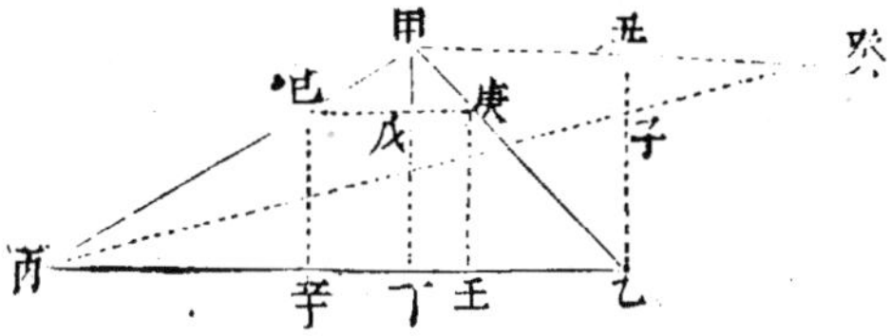

假如鈍角形求容方。則惟有大邊可爲底。法同銳角。

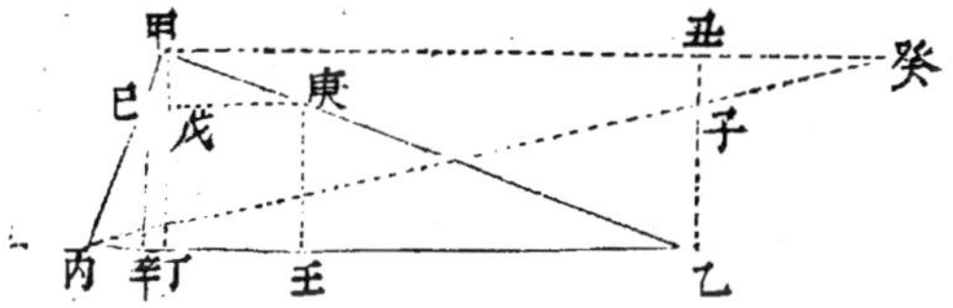

假如句股形求容方、以弦爲底。法亦同鈍銳兩角。

假如句股形求容方。以股爲底。則于句端甲作橫線。與股平行。而截之于癸。使癸甲如甲乙句。乃自癸向丙作斜線。割甲乙句于戊。則戊乙卽容方之一邊。末作巳戊與股平行。作巳辛與句平行。卽成容方。或以句爲底。則從股端丙作丙癸橫線與股等。亦作癸甲斜線。割丙乙股于戊。其所得容方亦同。圖如左。

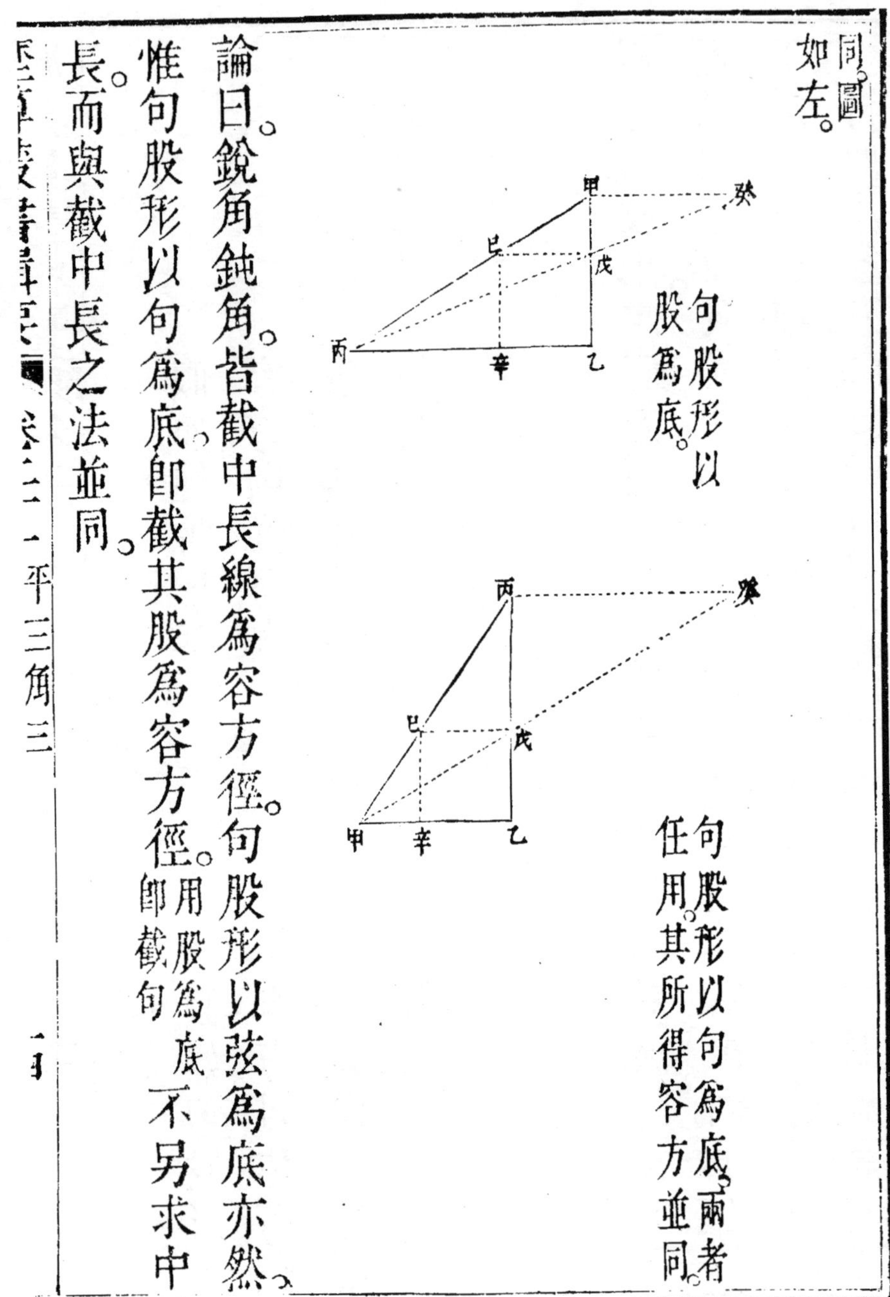

句股形以股爲底。

句股形以句爲底。兩者任用。其所得容方並同。

論曰。銳角鈍角。皆截中長線爲容方徑。句股形以弦爲底亦然。惟句股形以句爲底。卽截其股爲容方徑。用股爲底卽截句不另求中長。而與截中長之法並同。

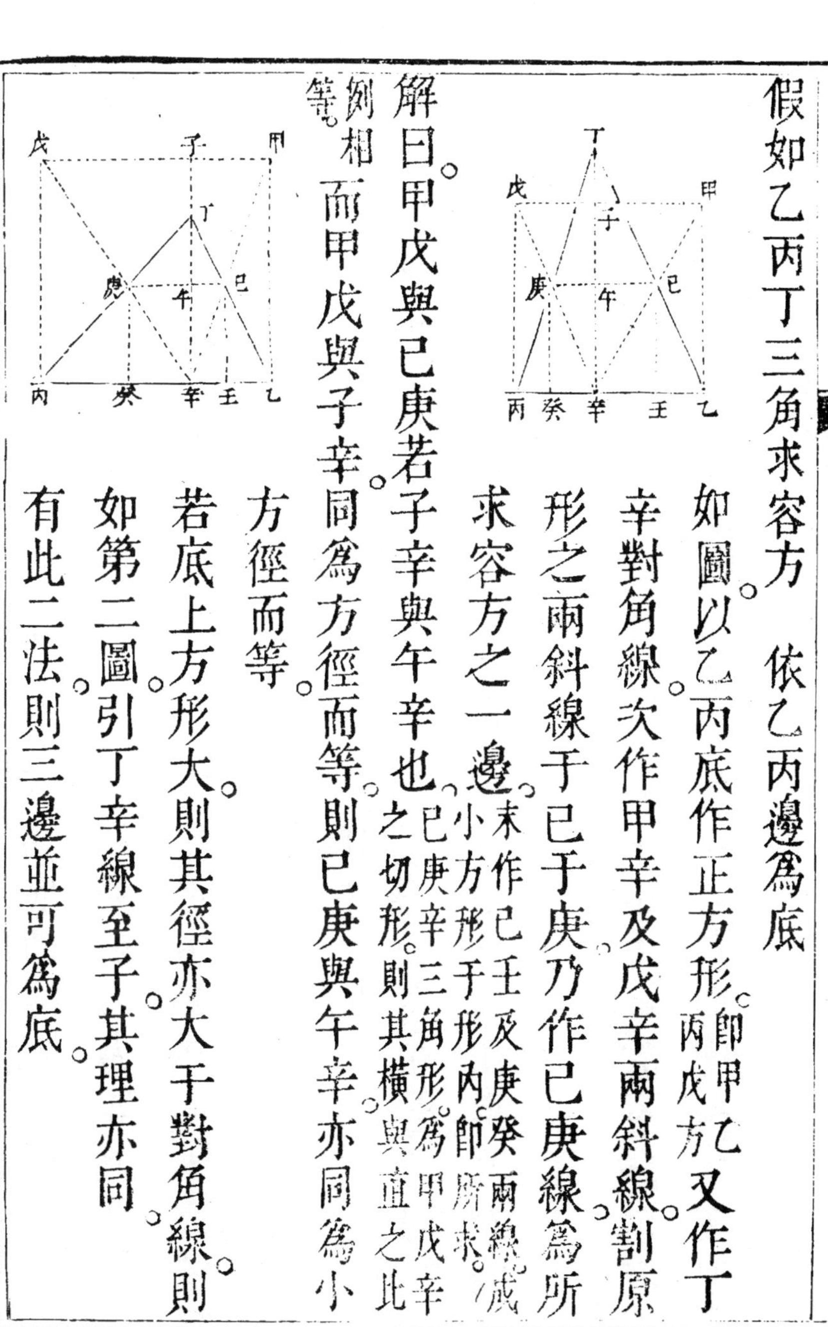

假如乙丙丁三角求容方　依乙丙邊爲底

如圖以乙丙底作正方形（卽甲乙丙戊方）又作丁辛對角線次作甲辛及戊辛兩斜線割原形之兩斜線于己于庚乃作己庚線爲所求容方之一邊（末作己壬及庚癸兩線成小方形于形內卽所求）

解曰甲戊與己庚若子辛與午辛也（己庚辛三角形爲甲戊辛之切形則其橫與直之比例相等）而甲戊與子辛同爲方徑而等則己庚與午辛亦同爲小方徑而等

若底上方形大則其徑亦大于對角線則如第二圖引丁辛線至子其理亦同

有此二法則三邊並可爲底

鈍角形用大邊爲底。句股形用弦爲底。並同第二圖。

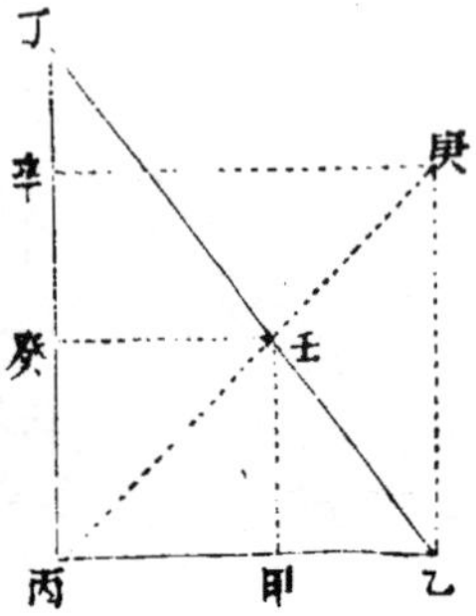

若句股形以句爲底。求容方。如圖。即用乙丙句作庚乙丙辛方形。從方角庚向丙作斜線。割丁乙弦于壬。從壬作癸壬及甲壬二線。即所容方。或用股上方。則引出句邊如股。

解曰。庚丙線分丙角爲兩平分。則其橫直線自相等。壬癸與癸丙相等。壬甲與甲丙相等。則四線皆等。而成正方。嘉禾陳礪菴用分角法求容方。與此同理。

論曰。此皆以底上方形爲法。而得所求小方也。故不論頂之偏正。其所得容方並同。惟句股容方依正方角。則中長線與原邊合而爲一。法雖小異。其用不殊。

三角形外切平員第一術　句股形以弦爲徑

假如甲乙丙句股形乙丙弦長四尺五寸二分。求外切員。

術以弦折半取心。得半徑二尺二寸六分。其弦長四尺五寸二分。卽外切平員全徑。以平員周率三五五乘之。徑率一一三除之。得員周一十四尺二寸。

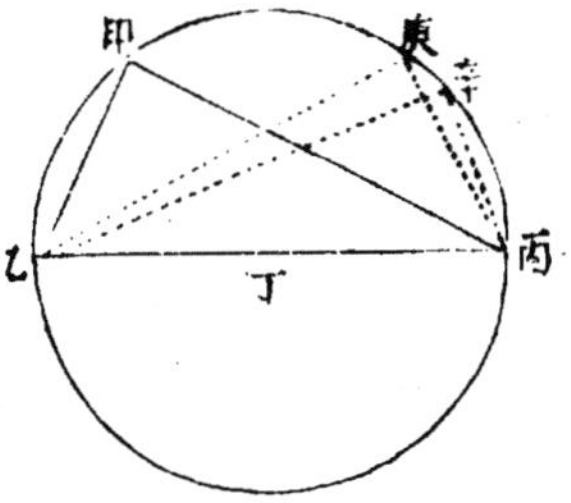

如圖乙丙員徑。卽句股形之弦。折半于丁。卽員心也。以乙丁半徑爲度。從丁心運規作員。必過甲。而句股形之三角皆切員周矣。

論曰。凡平員徑上。從兩端各作直線至員周相會。則成正方角。

如乙丙徑之兩端。于丙于乙。各作直線會于甲。則甲角必爲正角。而爲句股形。假令兩線相遇于庚。卽成庚乙丙句股形。于辛亦然。以其皆正角故也。故不問句股長短。而並以其弦爲外切員之徑。

又論曰。徑一百一十三。而周三百五十五。此鄭端清世子所述祖冲之術也。見律呂精義。 按古率周三徑一。李淳風等釋古九章以爲術從簡易。舉大綱而言之。誠爲通論。諸家所傳徑五十周一百五十七。則魏劉徽所改。謂之徽率。徑七周二十二。則祖冲之所定。謂之密率。由今以觀。冲之自有兩率。一爲七與二十二。一爲一一三與三五五。蓋以其捷者爲恒用之須。而存其精者明測算之理。亦可以觀古人之用心矣。

三角形外切平員第二術　分邊取員心。以圖算。

假如甲乙丙句股形。求外切員。

術任于句或股平分之作十字正線此線過弦線之點即員心
如圖甲乙丙形平分甲乙股于戊從戊作
庚丁十字線至乙丙弦分弦爲兩平分而
丁即員心從丁作外切員則甲乙丙三點
並切員周而乙丁丙丁庚丁皆半徑

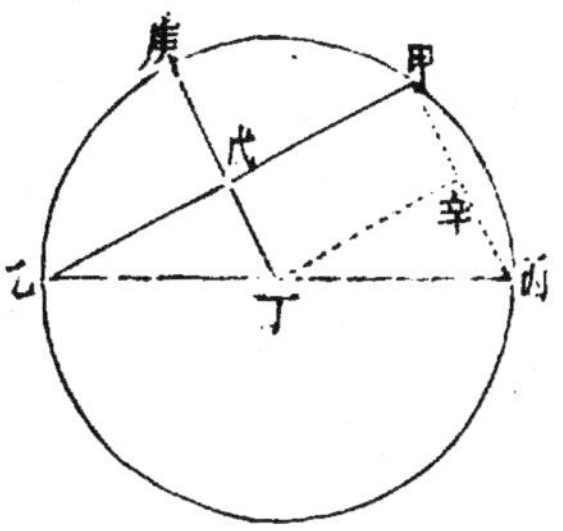

論曰若平分甲丙句于辛從辛作十字正線亦必至丁故但任分其一邊即可得心

又論曰若依第一術先得丁心從丁心作直線與句平行即此線能分股線爲兩平分如丁庚線與甲丙句平行過甲乙股即平分股線于戊若與股平行而分句線亦然如丁辛線與甲乙股平行即分句線于辛

右句股形外切平員之心在弦線中央

假如鋭角形求形外切員

術任以兩邊各平分之作十字線引長之必相遇於一點即爲員心。

如圖甲乙丙鋭角形任以甲丙邊平分之於戊作庚戊丁十字線又任以乙丙邊平分之於壬作癸壬丁十字線兩直線稍引長之相遇於丁以丁爲心作員則甲乙丙三角並切員周而丁癸丁庚皆半徑

論曰試於餘一邊再平分之作十字正線亦必會於此點故此點必員心如甲乙邊再平分之于辛作子辛丁十字線亦必相遇于丁點

右鋭角形外切平員之心在形之內

假如鈍角形求形外切員　術同鋭角

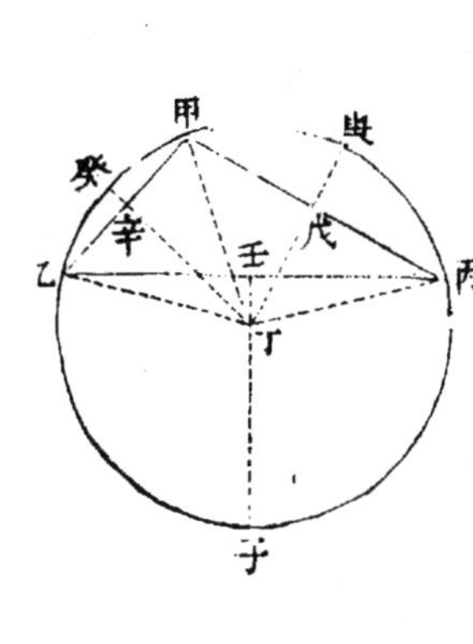

如圖甲乙丙形甲爲鈍角任分甲丙於戊分甲乙於辛各作十字線會於丁心從丁作員則丁庚丁癸皆半徑而三角並切員周若用大邊平分于壬作壬丁子線亦同

論曰試於丁心作線至丙至乙至甲必皆成員半徑與丁庚丁癸同故丁爲員心也

右鈍角形外切平員之心在形之外

總論曰此與容員之法不同何也内容員之心即三角形之心故其半徑皆與各邊爲垂線而不能平分其邊然從心作線至角即能分各角爲兩平分此分角求心之法所由以立也外切

員之心非三角形之心其心或在形內或在形外距邊不等而能以十字線剖各邊爲兩平分此分邊求心之法所由以立蓋即三點串員之法也

附三點串員

有甲乙丙三點欲使之並在員周術任以甲爲心作虛員分用元度以丙爲心亦作虛員分兩員分相交於戊於辛作戊辛直線又任以乙爲心以丙爲心各作同度之虛員分相交于庚于壬作庚壬直線兩直線相遇于丁以丁爲心作員則三點並在員周

員周有三點不知其心亦用此法

終